装配式建筑"十四五"系列教材

2022年山东省职业教育在线精品课程"装配式混凝土建筑工程施工"配套教材

2021年山东省继续教育数字化共享课程"装配式混凝土结构建筑安装施工技术"配套教材

装配式混凝土建筑构件生产与施工

主　编◎陈光圆

副主编◎张　伟　王　艳　杜港港　孙　政

参　编◎张　凯　李　勤　刘继良　何振鲁　杨星星

U0278584

华中科技大学出版社

http://press.hust.edu.cn

中国·武汉

图书在版编目（CIP）数据

装配式混凝土建筑构件生产与施工/陈光圆主编.—武汉：华中科技大学出版社，2023.3（2024.8重印）
ISBN 978-7-5680-9079-7

Ⅰ.①装… Ⅱ.①陈… Ⅲ.①装配式混凝土结构-装配式构件-生产工艺-高等职业教育-教材 ②装配式混凝土结构-装配式构件-工程施工-高等职业教育-教材 Ⅳ.①TU37

中国国家版本馆 CIP 数据核字（2023）第 008113 号

装配式混凝土建筑构件生产与施工　　　　　　　　　　　　　　　　陈光圆　主编
Zhuangpeishi Hunningtu Jianzhu Goujian Shengchan yu Shigong

策划编辑：康　序
责任编辑：段亚萍
封面设计：孢　子
责任监印：朱　玢
出版发行：华中科技大学出版社（中国·武汉）　　　电话：(027)81321913
　　　　　武汉市东湖新技术开发区华工科技园　　　邮编：430223
录　　排：武汉创易图文工作室
印　　刷：武汉开心印印刷有限公司
开　　本：787mm×1092mm　1/16
印　　张：22
字　　数：535 千字
版　　次：2024 年 8 月第 1 版第 2 次印刷
定　　价：58.00 元

本书根据高等职业教育装配式建筑工程技术专业教学基本要求和最新的装配式建筑相关国家标准及规范进行编写。

本书最大的特点是根据《职业教育专业目录（2021年）》装配式建筑工程技术专业人才培养目标定位和新型建筑工业化的需要构建了教学内容。"装配式混凝土建筑构件生产与施工"课程的教学目标是培养装配式建筑施工企业和混凝土预制构件生产厂家从事装配式建筑施工及构件生产的高素质技术技能人才。本书编者多次深入混凝土预制构件生产工厂、施工现场进行调研，结合工厂对人才的需求和装配式建筑发展的趋势，分析出混凝土预制构件生产所需的技能岗位，并根据生产、施工需求确定岗位标准，然后分析岗位所需的知识和能力，从而确定本书的编写大纲。

本书的编写力求使教学过程与生产过程对接、教学内容与工作内容对接，从而实现培养工程构件生产与检测、现场装配施工的技术管理人才的目标。本书本着实用、够用的原则，对教学内容进行了精心优化，以任务式的体例编写，意在加强学习者的动手操作能力培养。课程教学理实一体，重在实践教学，每个教学任务都设置了工程虚拟实例操作。全书图文并茂，配置了大量的数字化教学资源，可以实现线上线下混合式教学。

本书分为9个教学单元，即预制构件生产与制作、预制混凝土柱、预制混凝土梁、预制混凝土墙、预制混凝土板、预制混凝土楼梯、预制混凝土其他构件、预制构件生产管理与验收、PC安装与管线预埋。为了方便教学和便于学生轻量化自学，本书配有二维码教学资源链接，教学单元后附有知识拓展，各学校可以根据实际情况选择。

本书编写分工如下：全书由枣庄科技职业学院陈光圆、张凯老师统稿，陈光圆担任主编，滕州建工建设集团有限公司张伟、枣庄科技职业学院王艳、山东振兴建设集团有限公司杜港港、山东正袖建设工程项目管理有限公司孙政任副主编，枣庄科技职业学院张凯、滕州市住房建设事业发展中心李勤、山东滕建投资集团兴唐工程有限公司刘继良及武汉真道智享科技有限公司何振鲁、杨星星参

编。单元 1 由枣庄科技职业学院王艳编写;单元 2、单元 3、单元 8 和单元 9 由枣庄科技职业学院陈光圆、张凯编写;单元 4、单元 6 由滕州建工建设集团有限公司张伟、滕州市住房建设事业发展中心李勤、山东滕建投资集团兴唐工程有限公司刘继良编写;单元 5、单元 7 由山东正袖建设工程项目管理有限公司孙政、山东振兴建设集团有限公司杜港港编写;全书的工程实例由武汉真道智享科技有限公司何振鲁、杨星星编写。本书软件操作部分为武汉真道智享科技有限公司装配式建筑生产和施工系列虚拟仿真软件资源。本书配套数字化教学视频及微课由武汉真道智享科技有限公司、杭州万霆科技有限公司、山东新之筑信息科技有限公司统筹策划并联合制作。

本书在编写过程中参阅了大量文献资料,在此对各位同行以及资料的提供者深表谢意。由于编者水平有限,书中难免存在不足和疏漏之处,敬请广大读者批评指正。

为了方便教学,本书还配有电子课件等资料,任课教师可以发邮件至 husttujian@163. com 索取。

扫码加入"装配式混凝土建筑工程施工"智慧职教 MOOC

编　者
2022 年 12 月

目录 Contents

单元1

预制构件生产与制作

YUZHI GOUJIAN SHENGCHAN YU ZHIZUO

学习目标

知识目标：

1. 熟悉混凝土预制构件（PC 构件）生产线相关知识。

2. 掌握 PC 构件工厂选址原则及制约因素。

3. 掌握 PC 构件工厂总体规划内容。

能力目标：

1. 能协助工程师对 PC 构件工厂进行选址。

2. 能协助工程师对 PC 构件工厂进行初步总体规划。

3. 能协助 PC 构件生产线生产厂家进行设备的选型和安装调试。

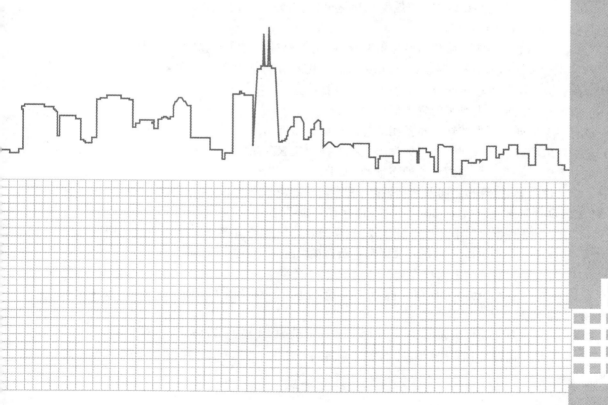

1.1   预制构件厂总体规划与工艺

　　一个完整的预制厂应由办公区和生活区两部分组成,其中办公区包括接待室、会议室、内业室、外业室、试验室、财务室、材料室等;生活区包括伙房、餐厅、宿舍、娱乐室、健身室等。构件厂选址应充分考虑周围的交通环境(包括原材料进厂的运输及构件出厂运输),周围的水、电供应,垃圾外运、污水排放等各项因素。还需合理规划厂区内材料堆放区、构件堆放区、构件生产区,工作区及生活区的布局,满足标准化管理要求。

1.1.1   预制构件厂总体规划

1.预制构件厂总体规划原则

　　(1)根据厂址所在地区的自然条件,结合生产、运输、环境保护、职业卫生与劳动安全、职工生活,以及电力、通信、热力、给排水、防洪和排涝等设施,经多方案综合比较后确定。

　　(2)在符合生产流程、操作要求和使用功能的前提下,建筑物、构筑物等设施应采用联合、集中、多层布置;应按工厂生产规模和功能分区,合理地确定通道宽度;厂区功能分区及建筑物、构筑物的外形宜规整。

　　(3)生产主要功能区域包括原材料储存、混凝土配料及搅拌、钢筋加工、构件生产、构件堆放和试验检测等,在总平面设计上,应做到合理衔接并符合生产流程要求。

　　(4)应以构件生产车间等主要设施为主进行布置。

　　(5)构件流水线生产车间宜条形布置。

　　(6)应根据工厂生产规模布置相适应的构件成品堆场。

　　(7)生产附属设施和生活服务设施应根据社会化服务原则统筹考虑。

　　(8)变电所及公用动力设施的布置,宜位于负荷中心。

　　(9)建筑物、构筑物之间及其与铁路、道路之间的防火间距,以及消防通道的设置,应符合《建筑设计防火规范》(GB 50016—2014)等有关的规定。

　　(10)原材料物流的出入口以及接收、储存、转运、使用场所等应与办公和生活服务设施分离,易产生污染的设施宜设在办公区和生活区的常年主导风向下风向。

　　(11)人流和物流的出入口设置应符合城市交通有关要求,实现人流和物流分离,避免运输货流与人流交叉。应方便原材料、产品运输车进出。尽量减少中间运输环节,保证物流顺畅、径路短捷、不折返、不交叉。

　　(12)应结合当地气象条件,使建筑物具有良好的朝向、采光和自然通风条件。

　　(13)分期建设应统一规划,近期工程应集中、紧凑、合理布置,并应与远期工程合理衔接。

2.影响规划的因素

1）项目选址的区域位置现状

（1）场地竖向标高。合理地进行竖向设计,在满足使用的前提下尽可能节省土方工程量,可以有效降低土地平整的成本;同时,应考虑竖向设计是否会影响部分功能实现或增加较大成本才能实现。

（2）红线图内地块的尺寸及形状。如图1-1所示,两个厂区红线图内地域形状不同,将形成两种完全不同的规划风格。

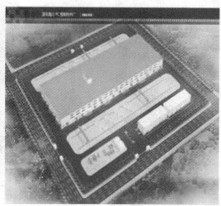

图1-1　厂区规划图

2）项目所在区域配套设施影响

（1）水——生活用水、生产用水。

生活用水:必须符合饮用水标准,多采用市政供水管网。

生产用水:混凝土搅拌用水必须对其化验,符合搅拌用水标准,构件冲洗用水可以使用处理后的污水。

（2）电——PC厂用电总功率一般不低于800 kVA,所以,在建厂选址过程中应注意是否需要单独增容设线,此项对建设过程中实际操作及投资额均有影响。

（3）气——目前,环保审批在项目立项及手续办理中涉及锅炉项目,一般在燃烧介质上必须使用油或气等洁净能源,从综合成本上考虑,燃气锅炉较为经济。

（4）暖——目前,按相关政策要求,办公及生活供暖多采用联网集中供暖。车间是否采暖将与生产相关,所以推荐使用蒸汽锅炉自供暖。

（5）汽——集中供暖无法满足生产用蒸汽使用要求,一般需自建蒸汽锅炉。

上述各种配套设施若单独建设,既影响工期,又增大资本投入,所以建议选址时予以考虑。

3）工业用地指标规定

《工业项目建设用地控制指标》对固定资产投资强度、容积率、建筑系数、行政办公及生活服务设施用地所占比重进行了相关规定。

（1）建筑系数:项目用地范围内各种建筑物、用于生产和直接为生产服务的构筑物占地面积总和占总用地面积的比例不应低于30%。

（2）行政办公及生活服务设施用地所占比重:工业项目所需行政办公及生活服务设施用地面积不得超过工业项目总用地面积的7%。

（3）绿地率：工业企业内部一般不得安排绿地。但因生产工艺等特殊要求需要安排一定比例绿地的，绿地率不得超过20%。

1.1.2　预制构件生产工艺布置

预制构件生产的核心关键是生产工艺形式和工艺流程，必须根据构件形式进行单独的设计。采用不同的工艺形式，在工厂投资、生产效率、成本摊销等方面的差异很大。各类预制构件生产工艺主要有以下几种：

1. 固定模台法

传统预制构件多采用固定模台法。手工作业，可按照流水生产组织形式，如图1-2所示。固定模台法通常采用平面浇筑的方法（见图1-3），它具有适用性好、管理简单、设备成本较低的特点，但难以机械化，人工消耗较多，如图1-4所示。

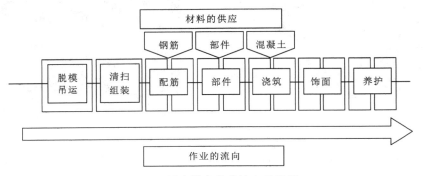

图1-2　固定模台作业流水示意图

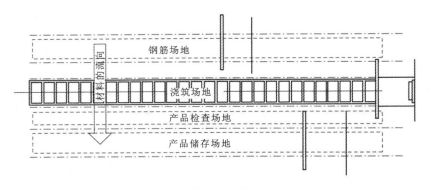

图1-3　固定模台平面浇筑工艺方法

图1-4　固定模台法工厂内景

　　成组立模法是一种立式的固定模台法。成组立模法也称电池组立模,通常用于内墙板构件的生产,具有节省空间、养护效果好、预制构件表面平整等许多优点;缺点是受制于构件形状,通用性不强,如图1-5和图1-6所示。

图1-5　成组立模法设备　　　　　　　　　图1-6　成组立模内部构造

2.流动模台法

　　目前,大多数的PC构件生产线采用这种方式,如图1-7和图1-8所示。该方式为多品种、柔性节拍、移动式自动化生产线。

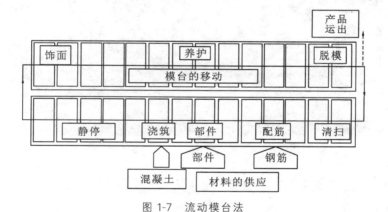

图1-7　流动模台法

图1-8　流动模台法设备布置示意图

1—清扫机;2—边模布置机械;3—钢筋加工设备;4—钢筋骨架布置设备;5—布料机;
6—翻转机械;7—模台存取机;8—平移摆渡设备;9—立板机;10—构件运输台车

1.2　预制构件制作设备、模具及工具

1.2.1　预制构件制作设备

图 1-9 所示是一个采用流动模台法进行设备布置的工厂实例。

图 1-9　流动模台法主要设备布置

预制混凝土制造设备通常包括混凝土空中运输车、混凝土输送平车、桥式起重机、布料机、振动台、辊道输送线、横移摆渡车、模台存取机、蒸养窑、构件运输平车、模台等，如图 1-10 至图 1-15 所示。

图 1-10　混凝土空中运输车

图 1-11　布料机

图 1-12　振动台

图 1-13　输送辊道及横移摆渡车

图 1-14　模台存取机及蒸养窑

图 1-15　钢模台

1.2.2　预制构件制作模具

现有的模具体系可分为独立式模具和大模台式模具（即模台可公用，只加工侧模）。独立式模具用钢量较大，适用于构件类型较单一且重复次数多的项目。大模台式模具只需制作侧边模，底模还可以在其他工程上重复使用。

主要模具类型：梁模、柱模、叠合楼板模具、阳台板模具、楼梯模具、内墙板模具和外墙板模具等。如图 1-16 至图 1-24 所示为几种常见的模具类型。

图 1-16　楼梯的平打模具

图 1-17　楼梯的立打模具

图 1-18　叠合板固定式边模及橡胶边模

图 1-19　叠合板的角钢边模

图 1-20　叠合板的长边采用通长边模

图 1-21　剪力墙模具的顶模和底模

图 1-22　剪力墙模具的侧模

图 1-23　梁模

图 1-24　柱模

1. 模具使用要求

(1) 编号要点：由于每套模具被分解得较零碎，需按顺序统一编号，防止错用。

(2) 组装要点：边模上的连接螺栓和定位销一个都不能少，必须紧固到位。为了构件脱模时边模顺利拆卸，防漏浆的部件必须安装到位。

(3) 吊模等工装的拆除要点：在预制构件蒸汽养护之前，应把吊模和防漏浆的部件拆除。选择此时拆除的原因为吊模好拆卸，在流水线上，不占用上部空间，可降低蒸养窑的层高；混凝土几乎还没有强度，防漏浆的部件很容易拆除，若等到脱模时，混凝土的强度已达到 20 MPa 左右，防漏浆部件、混凝土和边模会紧紧地粘在一起，极难拆除。因此，防漏浆部件必须在蒸汽养护之前拆掉。

(4) 模具的拆除要点：当构件脱模时，首先将边模上的螺栓和定位销全部拆卸掉，为了保证模具的使用寿命，禁止使用大锤。拆卸的工具宜为皮锤、羊角锤、小撬棍等工具。

(5) 模具的养护要点：在模具暂时不使用时，需在模具上涂刷一层机油，防止腐蚀。

2. 模具安装注意事项

(1) 模具到厂定位后的精度必须复测，试生产实物预制构件的各项检测指标均在标准的允许公差内，方可投入正常生产。

(2) 侧模和底模应具有足够的刚度、强度和稳定性，并符合构件精度要求。

(3) 侧模和底模的材料宜选用钢材，面板主材选用 Q235 钢板。

(4) 预制构件宜预留与模板连接用的孔洞、螺栓，预留位置应与模板模数相符并便于模板安装。

(5) 预制构件接缝处模板宜选用定型模板，并与预制构件可靠连接，模板安装应牢固，且模板拼缝应严密、平整、不漏浆。

(6) 模具与底模固定方式分为定位销加螺栓固定方式和磁力盒固定方式。当采用磁力盒固定模具时，应选择符合模具特征和生产厂规定的磁力盒规格及布置要求。

(7) 预制混凝土构件在钢筋骨架入模前，应在模具表面均匀涂抹脱模剂。宜选用水性脱模剂，严禁隔离剂污染钢筋与混凝土接槎处。

(8) 模具每次使用后，应清理干净，和混凝土接触部分不得留有水泥浆和混凝土残渣。

1.2.3　常用工具

1. 横吊梁

横吊梁俗称铁扁担、扁担梁，常用于梁、柱、墙板、叠合板等构件的吊装。用横吊梁吊运部品构件时，可以防止因起吊受力不均而对构件造成破坏，便于构件的安装、校正。常用的横吊梁有框架式吊梁（见图 1-25）、单根吊梁。

2. 吊索

通常，吊索（见图 1-26）是由钢丝绳或铁链制成的，因此，钢丝绳或铁链的允许拉力即为吊索的允许拉力，在使用时，其拉力不应超过其允许拉力。

图 1-25　框架式吊梁

图 1-26　吊索

3. 新型接驳器

用于连接新型吊点的接驳器包括各种用于圆头吊钉、套筒吊钉、平板吊钉的接驳器,如图 1-27 至图 1-29 所示。它们具有接驳快速、使用安全等特点。

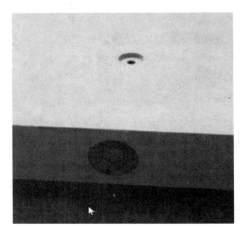

图 1-27　圆头吊钉接驳器

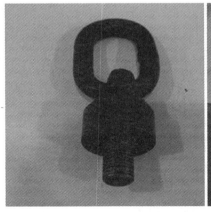

图 1-28　套筒吊钉接驳器

图 1-29 平板吊钉接驳器

4. 磁性固定装置

磁性固定装置主要包括边模固定磁盒及其连接附件、磁力边模、磁性倒角条以及各种预埋件固定磁座,如图 1-30 至图 1-32 所示。

与采用螺栓和螺母的传统固定方式相比,磁性固定装置对平台没有任何损伤,拆卸快捷方便,磁盒可以重复使用,不但提高效率,也具有很高的经济实用性。

图 1-30 各种磁性固定装置

图 1-31　管线预埋磁性固定装置　　　　　　图 1-32　手压操作的磁性固定装置

5.夹具

　　夹具是预制过程中用来迅速固定边模、支架或预埋件并准确定位的装置。常用的夹具有 U 形夹具、大力钳等,如图 1-33 至图 1-36 所示。

图 1-33　U 形夹具　　　　　　　　　　图 1-34　U 形夹具使用方式

图 1-35　大力钳　　　　　　　　　　图 1-36　大力钳使用方式

1.3 装配式生产软件介绍

下载安装说明：

1.登录

在浏览器网址栏输入网址 fz.zdzxtech.cn，在登录界面输入账号密码，单击登录（见图 1-37）。

图 1-37 登录

2.下载

进入平台后，使用鼠标单击"装配式建筑预制构件生产仿真实训系统"（见图 1-38），单击弹窗中的"确定"按钮（见图 1-39），程序在网页后台进行下载，下载完成后打开安装包所在文件夹。

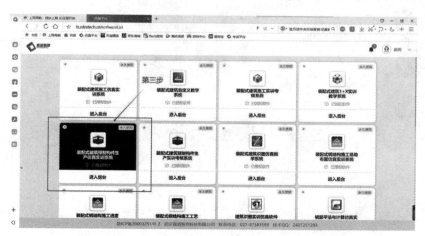

图 1-38 下载程序

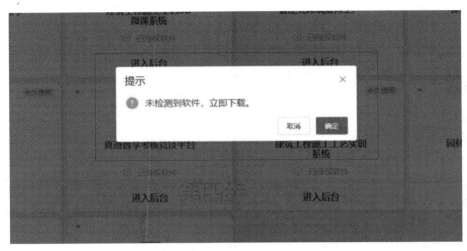

图 1-39　确定下载

3. 解压并安装软件

右键单击压缩文件,选择"解压到当前文件夹"选项,文件解压后双击安装包,继续下一步,可在文件安装路径中修改盘符,单击"下一步"继续安装(见图 1-40)。

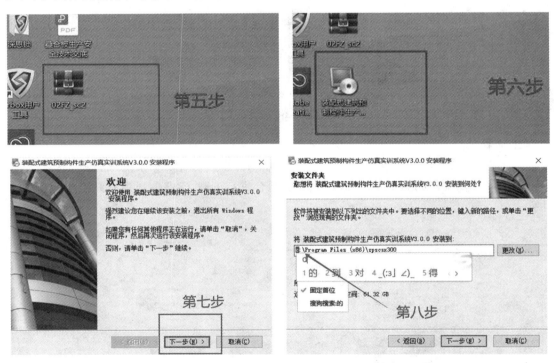

图 1-40　解压并安装文件

4. 安装完成

双击软件,登录账号进入软件模块(见图 1-41)。

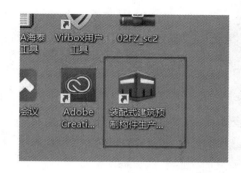

图 1-41　完成安装

课后习题

一、填空题

1.构件流水线生产车间宜_____布置。

2.成组立模法是一种_____的固定模台法。

3._____通常采用平面浇筑的方法,它具有适用性好、管理简单、设备成本较低的特点,但难以机械化,人工消耗较多。

4.预制混凝土制造设备通常包括混凝土空中运输车、混凝土输送平车、桥式起重机、_____、_____、辊道输送线、横移摆渡车、模台存取机、_____、构件运输平车、_____等。

5.模具与底模固定方式分为_____固定方式和_____固定方式。

二、简答题

1.简要回答钢筋生产线布置要求。

2.简要回答清扫机的安装流程。

3.简要回答焊机安装场地的一般要求。

三、实操题

1.正确下载安装"装配式建筑预制构件生产仿真实训系统"。

单元 2

预制混凝土柱

YUZHI HUNNINGTU ZHU

学习目标

知识目标：

1. 熟悉预制混凝土柱构件生产流程。

2. 了解预制混凝土柱存储与运输注意事项。

3. 掌握预制混凝土柱施工流程与工艺要求。

能力目标：

1. 能够在现场协助工程师进行装配式构件安装。

2. 能够控制并确保结构安装质量措施满足设计及施工要求。

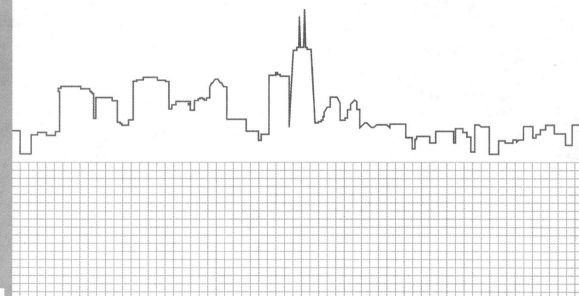

2.1 预制混凝土柱构件生产

　　预制混凝土柱按照其制作工艺不同,可分为预制混凝土实心柱和预制混凝土矩形柱壳。预制混凝土柱的外观多种多样,包括矩形、圆形和工字形等。在满足运输和安装要求的前提下,预制柱的长度可达到 12 m 或更长。其中矩形柱是框架结构中常见的结构柱型式,在框架结构中起到传递梁上荷载作用,矩形柱随着建筑结构一起建造,属于结构主体框架,如图 2-1 和图 2-2 所示。

图 2-1　预制混凝土柱工厂加工示意图

图 2-2　预制混凝土框架柱现场连接示意图

　　预制混凝土柱是建筑物的主要竖向结构受力构件,一般采用矩形截面。现以一预制混凝土结构柱为例,介绍预制混凝土柱构件的生产过程。该预制混凝土柱以图 2-3 所示的 KZ4 为例,该柱相关属性如图 2-3 所示。

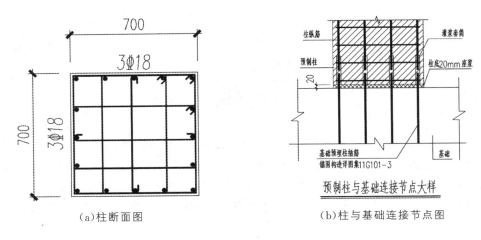

（a）柱断面图　　　　　　（b）柱与基础连接节点图

图 2-3　KZ4 大样图

（注：标高为基础顶至 3.9 m；纵筋为 4C20＋12C18；箍筋为 C8@100/200；假设基础顶标高±0.000）

根据图 2-3 可知，该预制混凝土柱的断面尺寸为 700 mm×700 mm，柱高（3.9－0.02）m＝3.88 m。配筋：四个角筋为 4 根直径 20 mm 的 HRB400 三级钢；b 边和 h 边的中部筋均为 3 根直径 18 mm 的 HRB400 三级钢；箍筋为直径 8 mm 的 HRB400 三级钢，加密区间距 100 mm，非加密区间距 200 mm，为 5×5 的箍筋。若对该柱进行加工生产，其生产工艺流程如图 2-4 所示。

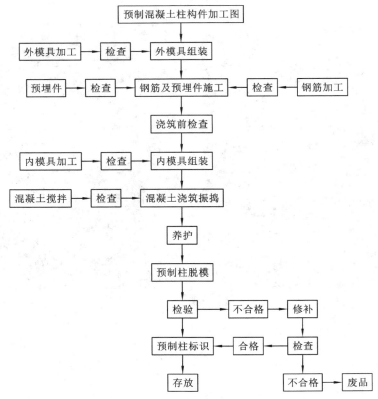

图 2-4　预制混凝土柱生产工艺流程示意图

2.1.1　预制柱生产模具组装

1.模具制作工艺

预制构件制作工艺有两种方式:固定方式和流动方式。固定方式是模具布置在固定的位置,包括固定模台工艺、立模工艺和预应力工艺等。流动方式是模具在流水线上移动,也称为流水线工艺,包括受控流水线、半自动流水线和全自动流水线。

模具制作加工工序可概括为开料、制成零件、拼装成模。

首先,依照零件图开料,将零件所需的各部分材料按图纸尺寸裁制。部分精度要求较高的零件,裁制好的板材还需要进行精加工来保证其尺寸精度符合要求。

其次,将裁制好的材料依照零件图进行折弯、焊接、打磨等制成零件。部分零件因其外形尺寸对产品质量影响较大,为保证产品质量,焊接好的零件还需对其局部尺寸进行精加工。

最后,将制成的各零件依照组装图拼模。拼模时应保证各相关尺寸达到精度要求。待所有尺寸均符合要求后,安装定位销及连接螺栓,随后安装定位机构和调节机构。再次复核各相关尺寸,如无问题,模具即可交付使用。

2.模具的选择

预制混凝土柱的模具由边模和固定模台组合而成,模台为底面模具,边模为构件侧边和端部模具,如图 2-5 至图 2-7 所示。

图 2-5　预制混凝土柱的模具

模具所用材料通常为钢材,钢材是预制构件模具用得最多的材料,包括钢板、型钢、定位销、堵孔塞、磁性边模等。其钢材的力学性能指标应符合现行国家标准《钢结构设计标准》(GB 50017—2017)的规定,钢板应采用 Q235-B 钢或 Q345 钢。模具最常用的是 6～10 mm 厚的钢板,由于模具对变形及表面光洁度要求较高,与混凝土接触面的钢板不宜用卷板,应当用开平板。

图 2-6　预制混凝土柱钢固定模台

图 2-7　预制混凝土柱端部模具

3.底模及模具清理

模具使用前,需将底模和边模上附着的混凝土残余清理干净,具体操作及要求如下:

(1)用钢丝球或刮板将内腔残留混凝土及其他杂物清理干净,使用压缩空气将模具内腔吹干净,以用手擦拭手上无浮灰为准。

(2)所有模具拼接处均用刮板清理干净,保证无杂物残留,确保组模时无尺寸偏差。

(3)清理模具各基准面边沿,利于抹面时保证厚度要求。

(4)清理模具工装,保证工装无残留混凝土。

(5)清理模具外腔,并涂油保养。

(6)清理下来的混凝土残灰要及时收集到指定的垃圾筒内。

4.固定模台组装

(1)模具组装前要查看模台与模具表面是否清理干净。

(2)模具组装前每一块模板上要均匀喷涂脱模剂,包括连接部位。对于有粗糙面要求的模具面,如果采用缓凝剂方式,须涂刷缓凝剂。

(3)模具组装要稳定牢固。

(4)应选择正确的模具进行拼装,在拼装部位粘贴密封条来防止漏浆。

(5)在固定模台上组装模具,模具与模台连接应选用定位销和螺栓固定。螺栓固定方式如图 2-8 所示。边模与模台连接另一种方式是磁性边模通过磁盒连接,如图 2-9 所示。

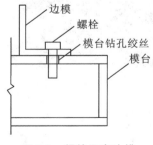
图 2-8　螺栓固定边模

图 2-9　磁盒固定边模

(6)组装模具应按照组装顺序,对于需要先吊入钢筋骨架的构件,在吊入钢筋骨架后再组装模具。

（7）组装完成的模具应对照图样自检,然后由质检员复检。

5.组模及模具固定时的注意事项

（1）模具拼装时不许漏放紧固螺栓或磁盒,在拼接部位要粘贴密封胶条,密封胶条粘贴要平直、无间断、无褶皱,胶条不应在构件转角处搭接。

（2）组模后,要对组模尺寸及对角线进行检查。

（3）各部位螺丝拧紧,模具拼接部位不得有间隙,确保模具所有尺寸偏差控制在误差范围以内。

6.涂刷脱模剂

模具验收合格后模具面均匀涂刷脱模剂,模具夹角处不得漏涂。

1）脱模剂选用原则

（1）脱模效果较好,减少吸附力,要能确保构件在脱模起吊时不发生黏结损坏现象。

（2）能保持板面整洁,易于清理,不影响柱面粉刷质量。

2）喷涂底模

将模台移动至刷脱模剂工位,喷涂机的喷油管对模台表面进行脱模剂喷洒,抹光器对模台表面进行扫抹,使隔离剂均匀地涂在底板表面。喷涂机采用高压超细雾化喷嘴,实现均匀涂隔离剂,隔离剂厚度、喷涂范围可以通过调整喷嘴参与作业的数量、喷涂角度及模台运行速度来调整。

3）边模涂刷脱模剂

框架柱边模采用人工涂刷的方式涂刷脱模剂,涂刷时具体要求如下:

（1）涂刷隔离剂前检查模具清理是否干净。

（2）隔离剂必须采用水性隔离剂,且需时刻保证抹布（或海绵）及隔离剂干净无污染。

（3）用干净抹布蘸取隔离剂,拧至不自然下滴为宜,均匀涂抹在模具内腔,保证无漏涂。

（4）涂刷隔离剂后的模具表面不准有明显痕迹。

2.1.2　预制柱钢筋与预埋件施工

1.钢筋选材及制作要求

1）钢筋选材

钢筋包括光圆钢筋、带肋钢筋和扭转钢筋等,通常为直条（定尺长度）或盘圆状钢材,如图 2-10 和图 2-11 所示。

在装配式混凝土结构中,钢筋的各项力学性能指标均应符合现行国家标准《混凝土结构设计规范（2015 年版）》（GB 50010—2010）的规定。其中,采用套筒灌浆连接和浆锚搭接连接的钢筋应采用热轧带肋钢筋,其屈服强度标准值不应大于 500 MPa,极限强度标准值不应大于 630 MPa。

预制混凝土构件用钢筋应符合现行国家标准《钢筋混凝土用钢 第 1 部分:热轧光圆钢筋》（GB/T 1499.1）、《钢筋混凝土用钢 第 2 部分:热轧带肋钢筋》（GB/T 1499.2）、《冷轧带肋钢筋》（GB/T 13788）等的有关规定,并应符合以下要求:

图 2-10　直条(定尺长度)钢材　　　　　　图 2-11　盘圆钢材

① 受力钢筋宜使用屈服强度标准值为 400 MPa 和 500 MPa 的热轧钢筋;

② 进场钢筋应按规定进行见证取样检测,检验合格后方可使用;

③ 钢筋进场应按批次的级别、品种、直径和外形分类码放,并注明产地、规格、品种和质量检验状态等;

④ 预制混凝土构件用钢筋应具备质量证明文件,并应符合设计要求;

⑤ 预制混凝土构件中的钢筋焊接网应符合现行国家标准《钢筋混凝土用钢 第 3 部分:钢筋焊接网》(GB/T 1499.3)的有关规定。

2) 钢筋的制作要求

(1) 钢筋的加工。

钢筋加工制作时,要将钢筋加工表与设计图复核,检查下料表是否有错误和遗漏,对每种钢筋要按下料表检查是否达到要求,经过这两道检查后,再按下料表放出实样,试制合格后方可成批制作。成品钢筋加工制作中如需要钢筋代换时,必须充分了解设计意图和代换材料性能,严格遵守现行钢筋混凝土设计规范的各种规定,并不得以等面积的高强度钢筋代换低强度的钢筋。凡重要部位的钢筋代换,需征得甲方、设计单位同意,并有书面通知时方可代换。钢筋加工一般要经过钢筋除锈、钢筋调直、钢筋切断、钢筋成型四道工序。

(2) 钢筋常规加工方法及注意事项。

① 钢筋的除锈。

钢筋均应清除油污和锤打能剥落的浮皮、铁锈。大量除锈,可通过钢筋冷拉或钢筋调直机调直过程中完成;少量的钢筋除锈,可采用电动除锈机或喷砂方法除锈,钢筋局部除锈可采取人工用钢丝刷或砂轮等方法进行。

如果除锈后钢筋表面有严重的麻坑、斑点等,已伤蚀截面时,应降级使用或剔除不用,带有蜂窝状锈迹钢筋,不得使用。

② 钢筋的调直。

对局部曲折、弯曲或成盘的钢筋应加以调直。钢筋调直普遍使用卷扬机拉直和用调直机调直(见图 2-12),在缺乏设备时,可采用弯曲机、平直锤或人工锤击矫直粗钢筋和用绞磨拉直细钢筋。

用卷扬机拉直钢筋时,应注意控制冷拉率:HPB300 级钢筋不宜大于 4%;HRB335、HRBF335、HRB400、HRBF400 级钢筋及不准采用冷拉钢筋的结构不宜大于 1%。用调直机调直钢筋和用锤击法平直粗钢筋时,表面伤痕不应使截面面积减少 5% 以上。调直后的钢筋应平直、无局部曲折,冷拔低碳钢筋表面不得有明显擦伤。

③ 钢筋的切割。

钢筋弯曲成型前,应根据配料表要求长度分别截断,通常宜用钢筋切断机进行(见图 2-13)。在缺乏设备时,可用断丝钳(剪断钢丝)、手动液压切断(切断不大于 Φ16 mm 钢筋),对 Φ40 mm 以上钢筋,可用氧乙炔焰切割。

图 2-12　钢筋调直机

图 2-13　钢筋切断机

切割时,应将同规格钢筋根据不同长短搭配、统筹排料;一般先断长料,后断短料,以减少短头和损耗。避免用短尺量长料,防止产生累积误差,应在工作台上标出尺寸、刻度,并设置控制断料尺寸用的挡板。切断过程中如发现劈裂、缩头或严重的弯头等,必须切除。切断后钢筋断口不得有马蹄形或起弯等现象,钢筋长度偏差不应大于±10 mm。

④ 钢筋的弯曲成型。

钢筋的弯曲成型多用弯曲机进行,在缺乏设备或少量钢筋加工时,可用手工弯曲成型,系在成型台上用手摇扳子每次弯 4～8 根 Φ8 mm 以下钢筋。或用板柱铁板和扳子,可弯 Φ32 mm 以下钢筋,当弯直径 Φ28 mm 以下钢筋时,可用两个扳柱加不同厚度钢套,钢筋扳子口直径应比钢筋直径大 2 mm。曲线钢筋成型,可在原钢筋弯曲机的工作盘中央,放置一个十字架和钢套,另在工作盘四个孔内插上短轴和成型钢套,与中央钢套相切,钢套尺寸根据钢筋曲线形状选用,成型时钢套起顶弯作用,十字架则协助推进。螺旋形钢筋成型,小直径可用手摇滚筒;较粗(Φ16 mm～Φ30 mm)钢筋,可在钢筋弯曲机的工作盘上安设一个型钢制成的加工圆盘,盘外直径相当于需加工螺旋筋(或圆箍筋)的内径,插孔相当于弯曲机扳柱间距,使用时将钢筋一头固定,即可按一般钢筋弯曲加工方法弯成所需的螺旋形钢筋。钢筋弯曲机如图 2-14 和图 2-15 所示。

图 2-14　小型钢筋弯曲机

图 2-15　大型钢筋弯曲机

　　钢筋弯曲时应将各弯曲点位置划出,划线尺寸应根据不同弯曲角度和钢筋直径扣除钢筋弯曲调整值。划线应在工作台上进行,如无划线台而直径以尺度量划线时,应使用长度适当的木尺,不宜用短尺接量,以防发生差错。第一根钢筋弯曲成型后,应与配料表进行复核,符合要求后再成批加工。成型后的钢筋要求形状正确,平面上无凹曲,弯点处无裂缝。其尺寸允许偏差为:全长±10 mm,弯起钢筋弯点位移20 mm,弯起钢筋的起弯高度±5 mm。

　　2.预制柱钢筋制作

　　1)预制柱钢筋的制作

　　根据图2-3所示预制柱的大样图所给的尺寸数据,利用全自动钢筋机械加工预制柱的各种箍筋,设备通过计算机控制识别输入进来的图样,安装图样要求从钢筋调直、成型、焊接、剪断等全过程实现自动化,大大减少人工作业,提高工作效率,如图2-16和图2-17所示。

　　　　图2-16　箍筋全自动成型机　　　　　　　　　图2-17　箍筋码放储存

　　2)预制柱钢筋骨架和预埋件

　　钢筋骨架和预埋件必须严格按照构件加工图及下料单要求制作,首件钢筋制作,必须通知技术、质检及相关部门检查验收。制作过程中应当定期、定量检查,对于不符合设计要求及超过允许偏差的一律不得绑扎,按废料处理。钢筋骨架的安装及验收如图2-18至图2-21所示。

　　　　图2-18　钢筋骨架的安装　　　　　　　　　图2-19　钢筋骨架安装后的验收

　　钢筋骨架应满足预制构件设计图纸要求,宜采用专用钢筋定位件,入模符合下列要求:

　　(1)钢筋骨架尺寸应准确,骨架吊装时应采用多吊点的专用吊架,防止骨架产生变形。

图 2-20 钢筋的安装

图 2-21 钢筋工程验收

（2）保护层垫块宜采用塑料类垫块，且应与钢筋骨架绑扎牢固；垫块按梅花状布置，间距应满足钢筋限位及控制变形的要求。

（3）钢筋骨架入模时应平直、无损伤，表面不得有油污或者锈蚀。

（4）应按预制柱图纸安装好钢筋连接套管、连接件、预埋件。

预制柱表面的预埋件、螺栓孔和预留孔洞应按构件模板图进行配置，应满足预制构件吊装、制作工况下的安全性、耐久性和稳定性。

把验收合格的预制柱的钢筋骨架放入之前已组装好的预制柱模具内，如图 2-22 所示。

图 2-22 预制柱钢筋骨架入模

2.1.3 预制柱混凝土浇筑

按照生产计划混凝土用量进行混凝土搅拌，混凝土浇筑过程中注意对预埋件的保护，浇筑厚度使用专门的工具测量，严格控制，振捣后应当至少一次抹压。预制柱浇筑完成后进行一次收光，收光过程中应当检查外露的钢筋及预埋件，并按照要求调整。浇筑时，洒落的混凝土应当及时清理。浇筑过程中，应充分有效振捣，避免出现漏振造成的蜂窝、麻面现象，浇筑时，按照试验室要求预留试块。预制柱混凝土的浇筑、振捣和抹面如图 2-23 和图 2-24 所示。

图 2-23　混凝土浇筑、振捣

图 2-24　人工抹面

2.1.4　预制柱混凝土养护

养护是保证混凝土质量的重要环节,对混凝土的强度、抗冻性、耐久性有很大的影响。混凝土养护有三种方式:常温、蒸汽、养护剂养护。

预制混凝土构件一般采用蒸汽(或加温)养护,蒸汽(或加温)养护可以缩短养护时间,快速脱模,提高效率,减少模具和生产设施的投入。由于预制柱是体积较大的预制构件,宜采用自然养护方式,如图 2-25 所示。

2.1.5　预制柱脱模

预制构件养护后,构件拆模应严格按照顺序拆除模具,不得使用振动方式拆模。构件拆模时,应仔细检查确认构件与模具直接连接部分完全拆除后方可起吊。预制构件拆模起吊时,应根据设计要求或具体生产条件确定所需的混凝土标准立方体抗压强度,同时应满足下列要求:

(1)脱模混凝土强度应不小于 15 MPa。

(2)梁、柱等较厚预制构件起吊时,混凝土强度不应小于 30 MPa。

(3)构件起吊应平稳,预制构件的脱模方式如图 2-26 所示。

图 2-25　工作台养护

图 2-26　预制柱起吊脱模

（4）构件脱模后，存在不影响结构性能、钢筋、预埋件或连接件锚固的局部破损和构件表面的非受力裂缝时，可用修补浆料进行表面修补后使用。

2.1.6 预制柱检验

预制柱构件脱模后，应进行成品质量验收，其检查项目包括预制构件的外观质量、外形尺寸、钢筋、连接套筒、预埋件、预留孔洞等。检查结果和方法符合现行国家标准的规定。检验允许的偏差及检验方法如表 2-1 所示。

表 2-1 预制构件的尺寸偏差及检验方法

项目			允许偏差/mm	验收方法
长度	楼板、梁、柱、桁架	＜12 m	±5	尺量
		≥12 m 且＜18 m	±10	
		≥18 m	±20	
宽度、高(厚)度	楼板、梁、柱、桁架		±5	尺量一端及中部，取其中偏差绝对值
表面平整度	楼板、梁、柱、桁架		5	2 m 靠尺和塞尺量测
侧向弯曲	楼板、梁、柱		$L/750$ 且≤20	拉线、直尺量测，最大侧向弯曲处
预留孔	中心线位置		5	尺量
	孔尺寸		±5	
预埋件	预埋螺栓		2	尺量
	预埋螺栓外露长度		+10，−5	
	预埋套筒、螺母中心线位置		2	
	预埋套筒、螺母与混凝土面平面高差		±5	

注：1. L 为构件长度(mm)。

2. 检查中心线和孔洞尺寸偏差时，沿纵、横两个方向测量，并取其中偏差较大值。

2.1.7 预制柱标识

预制柱验收合格后，应在明显部位标识构件型号、生产日期和质量验收合格标志。预制柱脱模后应在其表面显著位置按构件设计制作图规定对每个预制柱进行编码。预制柱生产企业应按照其有关标准规定或合同要求，对其供应的产品签发产品质量证明书，明确重要参数，有特殊要求的产品还应提供安装说明书。

2.1.8 装配式生产软件操作：预制柱生产工艺操作说明

1. 进入模块

1）界面介绍

在软件模块界面单击"构件生产与工艺"，在显示的下拉列表中选择"预制柱生产工艺"

模块(见图 2-27)。

图 2-27　选择模块

2)操作说明

进入模块后查看操作说明,使用鼠标和键盘上的 W、A、S、D 键(或方向键)对场景进行缩放、旋转、漫游等操作(见图 2-28)。

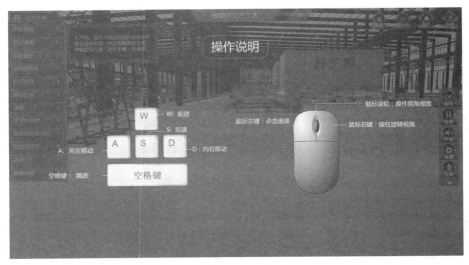

图 2-28　查看操作说明

2. 产前准备

1)人员准备

在预制柱生产前,作业人员要完成产前培训并进行安全生产交底。单击场景中"人员准备"的标识,从物品存放架上拾取安全帽、劳保工装、防护手套、防滑鞋并进行穿戴(见图 2-29)。

2)工具材料准备

单击场景中"工具材料准备"的标识,检查相关设备、工具是否处于安全操作状态;根据

图 2-29 人员准备

构件图纸及生产工艺要求,从存放架上将生产过程中要使用到的灰铲、电动扳手、卷尺、墨斗、扁刷、滚刷、密封条、磁盒、撬棍、螺栓、扎丝等工具材料领取到工具盒内(见图 2-30)。

3)模具准备

打开图纸,确认预制柱模具的尺寸,单击场景中"模具准备"的标识,使用卷尺测量存放架上的预制柱模具,选择尺寸符合要求的模具(见图 2-31)。

3.模台清理

单击场景中"模台清理"的标识,将固定模台上残留的混凝土用铁铲铲掉,将模台上以及模台周围的垃圾清扫干净,运到垃圾池等待处理(见图 2-32)。

4.测量放线

打开图纸,根据图纸确定预制柱的边线的位置,确定完成后,在场景中的工具库中选择卷尺,将卷尺拖动至场景中"测量放线"的标识处,使用卷尺在固定模台上测量出预制柱的边线,并标记画线(见图 2-33)。

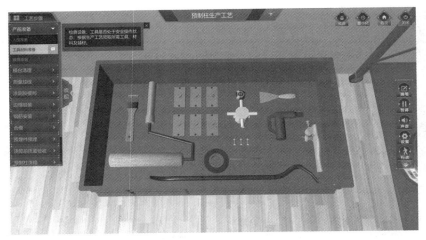

图 2-30　工具材料准备

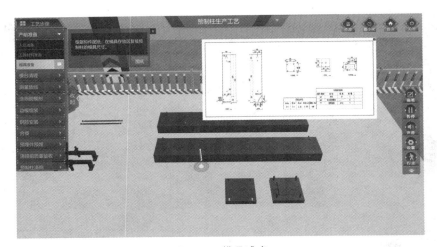

图 2-31　模具准备

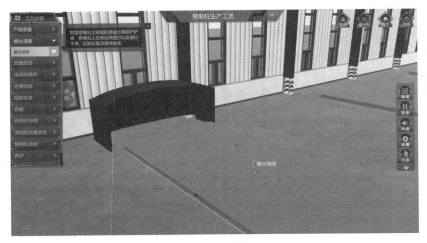

图 2-32　模台清理

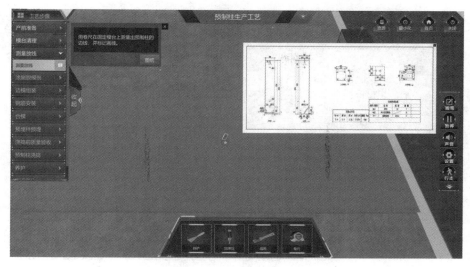

图 2-33 测量放线

5.涂刷脱模剂

1）涂刷边模

在场景中的工具库中选择脱模剂,将脱模剂拖动至场景中"涂刷边模"的标识处,使用滚刷将脱模剂均匀地涂刷在模具的内侧上,与混凝土接触的各个面都要涂抹到位(见图 2-34)。

图 2-34 涂刷边模

2）涂刷模台

单击场景中"涂刷模台"的标识,在模台上涂刷脱模剂,涂刷时要保证脱模剂均匀,不能积液,不得漏涂。在需要做粗糙面的模具内侧面涂刷缓凝剂,以便构件冲洗后形成粗糙面(见图 2-35)。

6.边模组装

1）粘贴密封条

在场景中的工具库中选择密封条,将密封条拖动至场景中"粘贴密封条"的标识处,在模

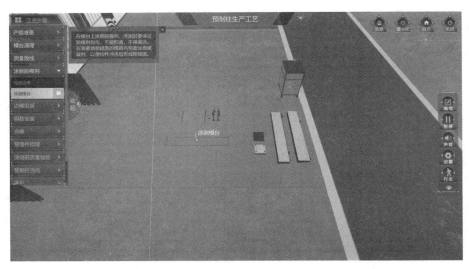

图 2-35　涂刷模台

具的拼缝位置贴上密封条,跟模台接触的模具都要粘贴(见图 2-36)。

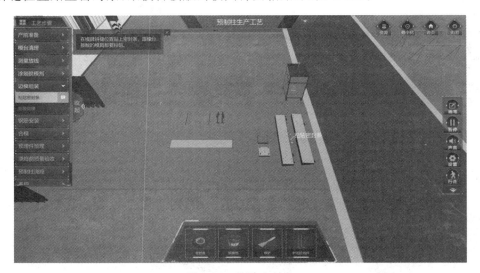

图 2-36　粘贴密封条

2)组装侧模

密封条粘贴完成后,单击场景中"组装侧模"的标识,根据模台上的边线,将预制柱的两个侧模安装到指定的位置,然后用固定磁盒将模具固定在模台上(见图 2-37)。

7.钢筋安装

1)连接灌浆套筒

打开图纸,识读构件的相关信息,单击场景中"连接灌浆套筒"的标识,将灌浆套筒一端与纵向筋固定,在灌浆套筒的进出浆口安装波纹管,应注意波纹管的长度,确保能够伸出模具并留有一定的长度(见图 2-38)。

2)绑扎钢筋骨架

打开图纸,识读并确认相关构件的信息,单击场景中"绑扎钢筋骨架"的标识,在钢筋绑

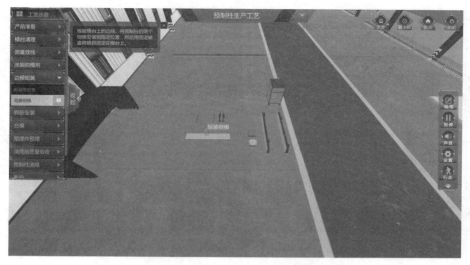

图 2-37 组装侧模

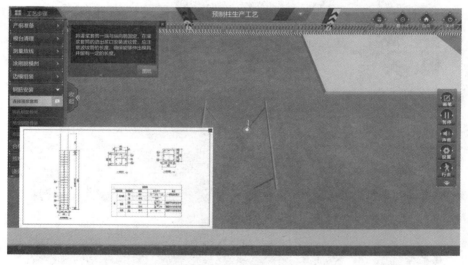

图 2-38 连接灌浆套筒

扎区绑扎柱钢筋,将纵筋和箍筋放置在绑扎支架上,按图纸要求用扎丝将纵筋与箍筋、拉筋绑扎固定,绑扎时,要注意灌浆套筒上波纹管的朝向正确(见图 2-39)。

3）吊放钢筋骨架

单击场景中"吊放钢筋骨架"的标识,将绑扎好的钢筋骨架吊放到组好的侧模内,当钢筋接近模台时,调整钢筋位置,使钢筋骨架能够完全置于模具中,钢筋放置好后,将波纹管从侧模中穿出(见图 2-40)。

4）布设垫块

单击场景中"布设垫块"的标识,在钢筋骨架的三个侧面安装塑料垫块,确保混凝土保护层厚度符合设计的要求(见图 2-41)。

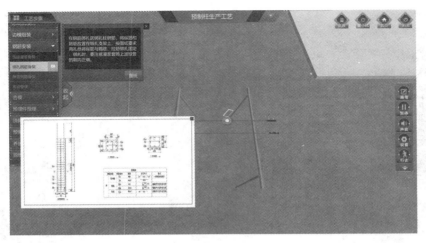

图 2-39　绑扎钢筋骨架

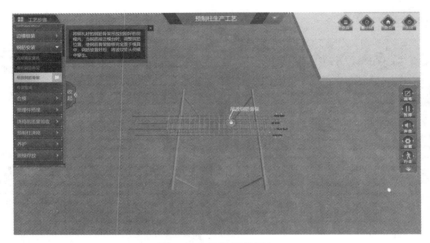

图 2-40　吊放钢筋骨架

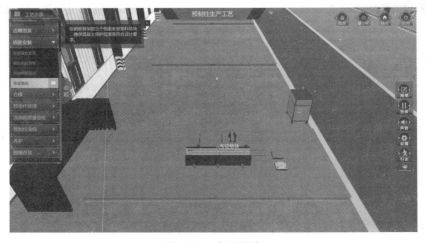

图 2-41　布设垫块

8.合模

1）固定柱底模具

单击场景中"固定柱底模具"的标识，将预制柱底部模具安装到指定位置，安装时，模具上的工装要与灌浆套筒对准，使用磁盒将模具底部进行固定，使用电动扳手将模具之间的螺栓进行拧固（见图2-42）。

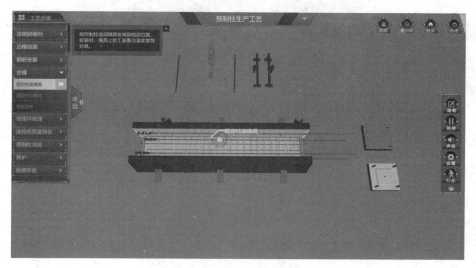

图 2-42　固定柱底模具

2）固定柱顶模具

单击场景中"固定柱顶模具"的标识，固定预制柱的顶部模具，柱顶模具与模台之间用磁盒固定，柱顶的模具与模具之间用螺栓固定（见图2-43）。

图 2-43　固定柱顶模具

3）固定拉杆

单击场景中"固定拉杆"的标识，将侧面模具上的拉杆进行锁紧固定（见图2-44）。

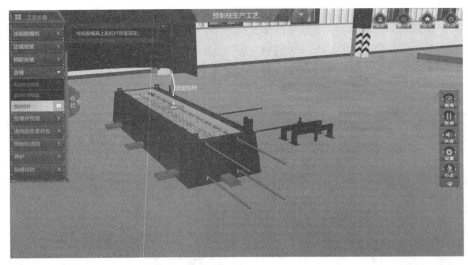

图 2-44　固定拉杆

9.预埋件埋设

1）预埋排气孔

在场景中的工具库中选择 PVC 管,将 PVC 管拖动至场景中"预埋排气孔"的标识处,打开图纸,确认排气孔的位置,将排气用的 PVC 管一端固定到预制柱底部端板模具上,另一端固定到侧面模具上(见图 2-45)。

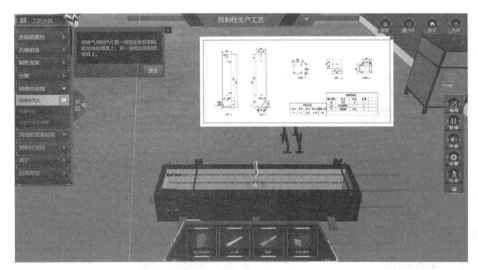

图 2-45　预埋排气孔

2）预埋吊钉

在场景的工具库中选择吊钉,将吊钉拖动至场景中"预埋吊钉"标识处,打开图纸,确定吊钉的位置,将圆头吊钉与橡胶球固定,用十字花螺纹将橡胶球安装在模具指定的位置,吊钉安装好后,在模具内侧用两根短钢筋将吊钉固定在钢筋网上(见图 2-46)。

3）安装内埋式螺母

在场景的工具库中选择内埋式螺母,将内埋式螺母拖动至场景中"安装内埋式螺母"的

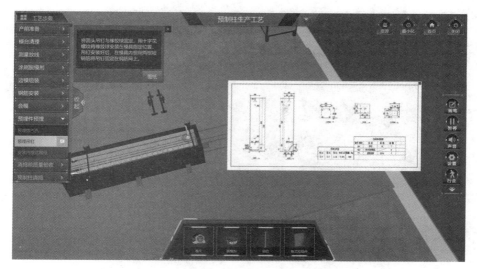

图 2-46　预埋吊钉

标识处,打开图纸,确定好螺母安装的位置,将斜支撑预埋件固定到模具侧面的指定位置,预埋件上的短钢筋与钢筋骨架绑扎固定;在侧模上安装工装,用螺杆将斜支撑预埋件与工装固定,使用扎丝将预埋件上的短钢筋与钢筋骨架绑扎固定(见图 2-47)。

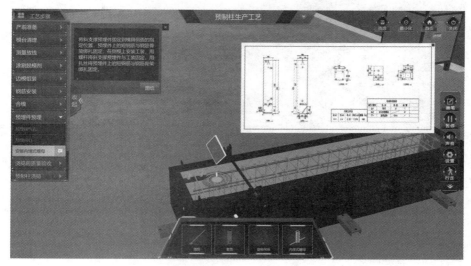

图 2-47　安装内埋式螺母

10. 浇捣前质量验收

1) 模具验收

单击场景中"模具验收"的标识,打开图纸,确认模具的长、宽、对角线的尺寸,使用卷尺分别对模具的长、宽以及对角线尺寸进行测量,检查模具是否安装牢固,测量模具尺寸是否符合设计要求(见图 2-48)。

2) 钢筋验收

单击场景中"钢筋验收"的标识,打开图纸,确认钢筋的信息,查看钢筋型号是否正确,使用卷尺测量箍筋间距,箍筋应布置整齐且间距符合图纸要求;测量保护层厚度,塑料垫块布

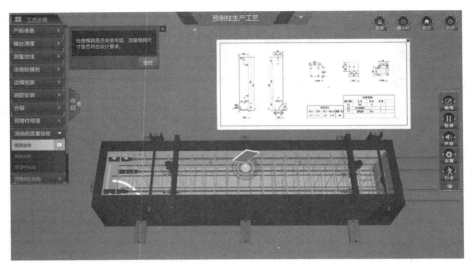

图 2-48　模具验收

设应保证保护层厚度的要求;测量纵筋外伸长度,确保钢筋安装符合图纸要求(见图 2-49)。

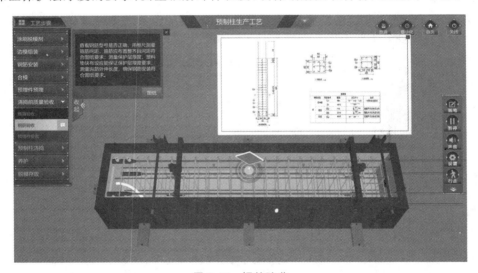

图 2-49　钢筋验收

3) 预埋件验收

单击场景中"预埋件验收"的标识,打开图纸,确认预埋件的信息。目测预埋件的数量,测量预埋件中心至模具边的距离及垂直高度,确保预埋件安装符合设计要求(见图 2-50)。

11.预制柱浇捣

1) 封堵

在场景的工具库中选择橡胶条,将橡胶条拖动至场景中"封堵"标识处,进行封堵。混凝土浇筑前,应在边模与钢筋的缝隙中填塞橡胶条(注意模具的四边均需填塞),以防止浇筑混凝土时,浆液流出模具外(见图 2-51)。

2) 布料、振捣

单击场景中"布料、振捣"的标识,使用龙门吊将混凝土的料斗吊至待浇筑的预制柱模具

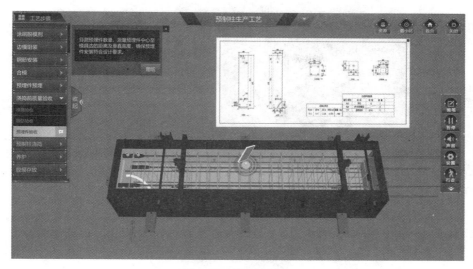

图 2-50 预埋件验收

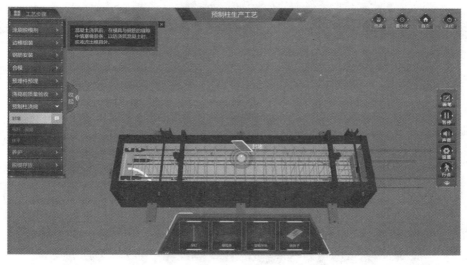

图 2-51 封堵

上方,打开卸料口,将混凝土均匀地浇筑于预制柱模具内,一边浇筑一边用振捣棒将混凝土振捣均匀(见图 2-52)。

3)抹平

在场景的工具库中选择铁抹子,将铁抹子拖动至场景中"抹平"标识处,使用铁抹子将混凝土面刮平,确保混凝土面平整,尤其要注意预埋件周边的部位(见图 2-53)。

12. 养护

1)拆除工装

单击场景中"拆除工装"的标识,在混凝土养护前,将固定预埋件的工装拆下来(见图 2-54)。

图 2-52　布料、振捣

图 2-53　抹平

图 2-54　拆除工装

2）养护

打开养护表，根据构件信息，确认好蒸汽棚的养护温度、时间等参数，单击场景中"养护"的标识，将二维码标牌嵌入混凝土内，注意二维码朝上，然后用蒸养棚将整个模台罩住，蒸养棚四周应密封严实，将蒸汽管插入蒸养棚，设置好时间与温度开始蒸养，蒸养完成后撤掉蒸汽管，收起蒸养棚（见图2-55）。

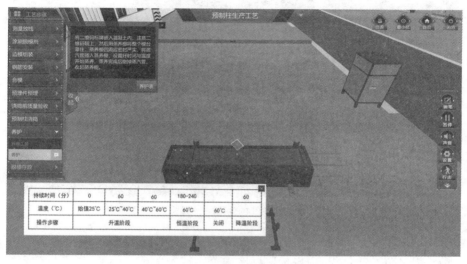

图 2-55　养护

13.脱模存放

1）检查构件强度

在场景的工具库中选择回弹仪，将回弹仪拖动至场景中"检查构件强度"的标识处，使用回弹仪检测构件的强度，达到15 MPa以上方可脱模起吊（见图2-56）。

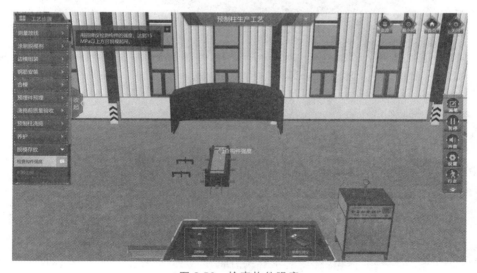

图 2-56　检查构件强度

2）拆除边模

在场景的工具库中选择电动扳手，将电动扳手拖动至场景中"拆除边模"的标识处，使用电动扳手拆除模具之间连接的螺栓；使用橡胶锤敲打模具，使用撬棍将模具与构件分离，将拆下来的模具收集起来，堆放在固定模台旁边的场地（见图 2-57）。

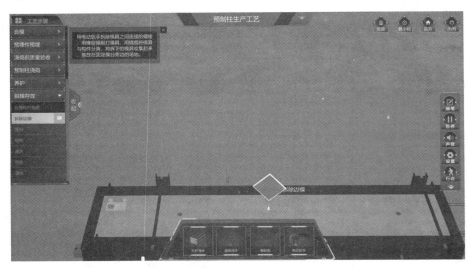

图 2-57　拆除边模

3）质检

单击场景中"质检"的标识，用保护层厚度检测仪检验保护层厚度，用卷尺检查钢筋的外伸长度，测量预埋件至构件边线的距离，观察混凝土外表面，混凝土外观不应有严重的缺陷；用卷尺测量构件的尺寸，各检查部分均应符合验收规范（见图 2-58）。

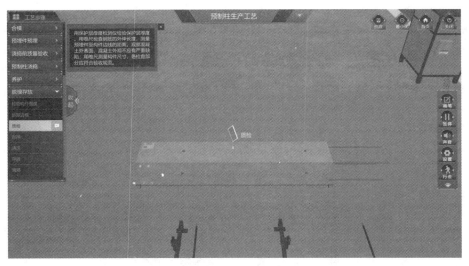

图 2-58　质检

4）起吊

单击场景中"起吊"的标识，将旋转吊环与柱面上的预埋螺母连接，然后连接龙门吊的吊钩，将柱构件吊起 200～300 mm，略作停顿，检查吊挂是否牢固，确认无误后，将构件吊运至清洗区（见图 2-59）。

图 2-59 起吊

5）清洗

在场景的工具库中选择高压水枪，将高压水枪拖动至场景中"清洗"的标识处，使用高压水枪冲刷构件，使其露出粗糙面（见图 2-60）。

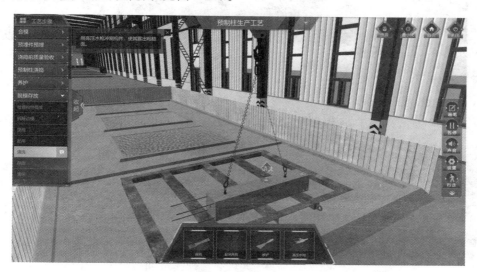

图 2-60 清洗

6）存放

单击场景中"存放"的标识，将构件吊至存放区，存放时，构件底部应放置垫木或钢制托架（见图 2-61）。

7）清场

单击场景中"清场"的标识，构件生产完成后应清场，将模台、地面上的垃圾清理干净，在生产区域内将所有使用到的工具、图纸、文件等收集存放好（见图 2-62）。

图 2-61　存放

图 2-62　清场

2.2　预制混凝土柱存储与运输

2.2.1　预制柱存储

1. 存储技术准备

（1）预制柱运进施工现场前，应对堆放场地占地面积进行计算，根据施工组织设计编制现场堆放场内构件堆放的平面布置图。

（2）预制柱卸货堆放区应按构件型号、类别进行合理分区，集中堆放，吊装时可进行二次搬运。

2.存储作业条件

（1）堆放场地应平整坚实，基础四周松散土应分层夯实，堆放应满足地基承载力要求。

（2）混凝土构件存放区域应在起重机械工作范围内。

3.存储

（1）堆放预制柱的地面必须平整坚实，进出道路应畅通，排水良好，以防构件因地面不均匀下沉而倾倒。

（2）预制柱应按型号、吊装顺序依次堆放，先吊装的构件应堆放在外侧或上层，并将有编号或有标志的一面朝向通道一侧。堆放位置应尽可能在安装起重机械回转半径范围内，并考虑到吊装方向，避免吊装时转向和再次搬运。

（3）预制柱构件的堆放高度，应考虑堆放处地面的承压力和构件的总重量以及构件的刚度及稳定性的要求，不得超过2层。

（4）构件堆放要保持平稳，底部应放置垫木。成堆堆放的构件应以垫木隔开，垫木厚度应高于吊环高度，构件之间的垫木要在同一条垂直线上，且厚度要相等。

（5）堆放构件的垫木，应能承受上部构件的重量。

（6）构件堆放应有一定的挂钩绑扎间距，堆放时，相邻构件之间的间距不小于200 mm。

（7）预制柱通常采用平面堆放方式，且采用两块垫木支撑，如图2-63所示。

图2-63　预制混凝土柱工厂加工示意图

2.2.2　预制柱运输

1.一般规定

（1）预制柱的运输由构件厂自行组织或委托物流公司进行构件运输。

（2）预制柱出厂前应完成相关的质量验收，验收合格的预制构件才可运输。

（3）运输前应确定预制柱出厂日的混凝土强度。在起吊、移动过程中混凝土强度不得低于15 MPa；在设计无明确要求时，预制柱强度应不低于设计强度的75%才能运输。

（4）预制柱运输前，构件厂应与施工单位负责人沟通，制订构件运输方案，包括：配送构件的结构特点及重量、构件装卸索引图、选定装卸机械及运输车辆、确定搁置方法。构件运输方案得到双方签字确认后才能运输。

（5）根据施工现场的吊装计划，提前将现场所需型号和规格的预制柱发运至施工现场。

在运输前应按清单仔细核对预制柱的型号、规格、数量及是否配套。

（6）装卸场地应进行硬地化处理，能承受构件堆放荷载和机械行驶、停放要求；装卸场地应满足机械停置、操作时的作业面及回车道路要求，且空中和地面不得有障碍物。

（7）场（厂）内运输道路应有足够宽的路面和坚实的路基；弯道的最小半径应满足运输车辆的拐弯半径要求。

（8）超宽、超高、超长的构件，需公路运输时，应事先到有关单位办理准运手续，并应错过车辆流动高峰期。

（9）预制柱运输过程中，应有可靠的固定构件的措施，不得使构件变形、损坏。

（10）运输途中应严格遵守相关交通法规，服从交通管理人员的指挥。

2. 装卸

1）装卸准备

（1）根据施工总包单位需求计划，安排预制柱的装车计划，编制装车计划。

（2）根据预制柱的重量和外形尺寸，设计并制作好运输支架，以通用型为主。

（3）应编制预制柱装卸方案，包括预制柱装车时起吊点及起吊方法、预制柱最不利截面的抗裂计算等。

（4）质检员应确定预制柱的质量、工程名称、构件名称、生产日期及合格的标记等构件信息，并确定装车日期。

（5）预制柱装车前应对装车人员进行技术交底，并由交底双方签字确认。

2）装卸机具

（1）厂地内机具：行车（龙门吊）、叉车、汽车起重机。

（2）安全防护机具：运输支架、抗弯拉索、捆绳、葫芦架、花篮螺丝、收紧器等。

3）装卸条件

（1）装车前应保证吊运机具行车道路地面平整，并已硬地化处理，确保吊运机具的行车宽度和转弯半径。

（2）吊运机具应进行功能检查、调试，运输车辆应进行车况检查。

（3）装车吊运工应持有操作资格证，并做好安全防护。

4）装车

（1）凡需现场拼装的构件应尽量将构件成套装车，或按安装顺序装车，运至安装现场。

（2）构件起吊时应拆除与相邻构件的连接，并将相邻构件支撑牢固。

（3）对大型构件，宜采用龙门吊或行车吊运。

（4）对小型预制构件，宜采用叉车、汽车起重机转运。

（5）当构件采用龙门吊装车时，起吊前应检查吊钩是否挂好，构件中螺丝是否拆除等，避免影响到构件起吊安全。

（6）预制柱从成品堆放区吊出前，应根据设计要求或强度验算结果，在运输车辆上支设好运输架。

（7）柱运输时可采用平放方式，平放时叠放层数不宜超过3层（见图2-64）；也可采用立放方式，立放运输时应防止倾覆。装车时支点搁置要正确，位置和数量应符合设计要求。

（8）根据预制柱形状及构件重心位置分布，合理设定预制柱吊点位置。预埋吊具宜选用预埋吊钩（环）或可拆卸的埋置式接驳器。

（9）预制柱装车时吊点和起吊方法，不论上车运输或卸车堆放，都应按设计要求和施工

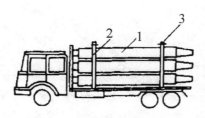

图 2-64 载重汽车运框架柱
1—框架柱;2—运架立柱;
3—捆绑钢丝绳及捯链

方案确定。吊点的位置还应符合下列规定:

① 两点起吊的,吊点位置应高于构件的重心或起吊千斤顶与构件的上端锁定点高于构件的重心。

② 细长的和薄型的构件起吊,可采用多吊点或特制起吊工具,吊点和起吊方法按设计要求进行,必要时由施工技术人员计算确定。

③ 变截面的构件起吊时,应做到平起平放,否则截面面积小的一端应先起升。

(10) 运输构件的搁置点:一般等截面预制柱构件在长度 1/5 处。

(11) 预制柱起吊时应保持水平,慢速起吊并注意观察。下落时平缓,落架时应防止摇摆碰撞,损伤货品棱角或表面瓷砖。

(12) 预制柱装车时应轻起轻落,左右对称放置在车上,保持车上荷载分布均匀;卸车时按"后装的先卸"的顺序进行,使车身和构件稳定。预制柱装车编排应尽量将重量大的构件放在运输车辆前端中央部位,重量小的构件则放在运输车辆的两侧,并降低构件重心,使运输车辆平稳,行驶安全。

(13) 采用平运叠放方式运输时,叠放在车上的构件之间,应采用垫木,并在同一条垂直线上,且厚度相等。有吊环的构件叠放时,垫木的厚度应大于吊环的高度,且支点垫木上下对齐,并应与车身绑扎牢固。

(14) 预制柱与车身、构件与构件之间应设有板条、草袋等隔离体,避免运输时构件滑动、碰撞。

(15) 预制柱构件固定在装车架后,应用专用帆布带或夹具或斜撑夹紧固定,帆布带压在货品的棱角前应用角铁隔离,构件边角位置或角铁与构件之间接触部位应用橡胶材料或其他柔性材料衬垫等缓冲。

(16) 对于不容易掉头和又重又长的构件,应根据其安装方向确定装车方向,以利于卸车就位。

(17) 临时加长车身,在车身上排列数根(数量由计算确定)超过车身长度的型钢(如工字钢、槽钢等)或大木方(截面 200 mm×300 mm),使之与车身连接牢固;装车时将构件支点置于其上,使支点超出车身,超出的长度由计算确定。

(18) 构件抗弯能力较差时,应设抗弯拉索,拉索和捆扎点应计算确定,如图 2-65 所示。

(19) 采用拖车装运方法运输,若需在公路行驶时,须经交通管理部门批准方可实施。

3.运输准备

1) 运输技术准备

(1) 应组织有司机参加的有关人员进行运输道路的情况查勘,包括沿途上空有无障碍

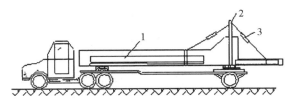

图 2-65　设抗弯拉索的运输方法
1—构件；2—支架；3—抗弯拉索

物，公路桥的允许负荷量，通过的涵洞净空尺寸等。如沿途横穿铁道，应查清火车通过道口的时间。

（2）对司机进行交底。运输超高、超宽、超长构件时，应在指定路线上行驶。牵引车上应悬挂安全标志，超高的部件应有专人照看，并配备适当器具，保证在有障碍物情况下安全通过。

2）运载机具

预制构件的运输首先要考虑公路管理部门要求和运输路线的实际状况，以满足运输安全为前提。装载构件后，运输车的总宽度不超过 2.5 m，总高度不超过 4.0 m，总长度不超过 15.5 m，总重量不超过运输车的允许载重，且不得超过 40 t。预制构件的运输可采用低平板半挂车或专用运输车，如图 2-66 所示。

图 2-66　低平板半挂车和构件专用运输车

3）作业条件

（1）运输车辆应车况良好，刹车装置性能可靠；使用拖挂车或两平板车连接运输超长构件时，前车上应设转向装置，后车上设纵向活动装置，且有同步刹车装置。

（2）运输道路畅通，无交通事故或事故不影响通行。

（3）混凝土预制构件装车完成后，应再次检查装车后构件质量，对于在装车过程中造成构件碰损部位，立即安排专业人员修补处理，保证装车的预制构件合格。

4. 运输基本要求

（1）场内运输道路必须平整坚实，经常维修，并有足够的路面宽度和转弯半径。载重汽车的单行道宽度不得小于 3.5 m，拖车的单行道宽度不得小于 4 m，双行道宽度不得小于 6 m；采用单行道时，要有适当的会车点。载重汽车的转弯半径不得小于 10 m，半拖式拖车的转弯半径不宜小于 15 m，全拖式拖车的转弯半径不宜小于 20 m。

（2）构件在运输时应固定牢靠，以防在运输中途倾倒，或在道路转弯时车速过高被甩出。

（3）根据路面情况掌握行车速度。道路拐弯必须降低车速。

（4）采用公路运输时，若通过桥涵或隧道，则装载高度，对二级以上公路不应超过 5 m；对三、四级公路不应超过 4.5 m。

（5）装有构件的车辆在行驶时，应根据构件的类别、行车路况控制车辆的行车速度，保持车身平稳，注意行车动向，严禁急刹车，避免事故发生。

（6）构件的行车速度应不大于表 2-2 规定的数值。

表 2-2　行车速度参考表/(km/h)

构件分类	运输车辆	人车稀少，道路平坦，视线清晰	道路较平坦	道路高低不平，坑坑洼洼
一般构件	汽车	50	35	15
长、重构件	汽车	40	30	15
	平板(拖)车	35	25	10

（7）预制柱宜集中运输，避免边吊边运。

（8）评估装车后车辆安全运行状况，通知司机试运行一小段距离确保安全后，签署货物放行条、随车产品品质质量控制资料及产品合格证，顺利送抵安装现场。

2.3　预制混凝土柱施工

2.3.1　施工准备

（1）预制柱安装施工前应编制专项施工方案，并经施工总承包企业技术负责人及总监理工程师批准。

（2）预制柱安装施工前应对施工人员进行技术交底，并由交底人和被交底人双方签字确认。

（3）预制柱安装施工前，应编制合理可行的施工计划，明确预制柱吊装的时间节点。

2.3.2　材料要求

（1）预制柱：预制柱进场后，检查预制柱的规格、型号、预埋件位置及数量、外观质量等，均应符合设计和相关标准要求，预制柱应有出厂合格证。

（2）灌浆材料：灌浆材料选用成品高强灌浆料，应具有大流动性、无收缩、早强高强等特点，并应符合现行行业标准《钢筋连接用套筒灌浆料》(JG/T 408)的有关规定。

（3）对于出现破损的预制柱，修补材料可采用掺 108 胶的水泥砂浆(掺水泥重的 15％)。

2.3.3　施工机具

1. 配置施工机具

(1) 吊装机具:钢丝绳、卡环、螺栓、平衡钢梁、自动扳手、起重设备、千斤顶等。

(2) 辅助机具:对讲机、吊线锤、经纬仪、激光扫平仪、索具、撬棍、可调斜支撑、铁制垫片、钢筋限位框、梁柱定型钢板等。

2. 机具要求

(1) 平衡钢梁:在预制柱起吊、安装过程中平衡预制柱受力,平衡钢梁可用槽钢及钢板加工制作。

(2) 手持式电动搅拌机:用于搅拌预制柱纵向受力钢筋使用的灌浆料,保持灌浆料的流动度。

(3) 钢筋限位框:在预制柱安装前,钢筋限位框用于固定预留钢筋,使其在允许偏差范围内。

(4) 梁柱定型钢板:梁柱定型钢板用于封堵梁柱接合处,以防梁柱接合处漏浆。

2.3.4　作业条件

(1) 预制构件施工现场道路应做硬地化或铺设钢板处理,以满足施工道路地基承载力要求。

(2) 考虑施工道路的运输流线、转弯半径等因素,合理规划预制柱起吊区堆放场地位置,满足吊装施工现场车通路通。

(3) 根据预制柱吊装索引图,确定合理的预制柱吊装起点,并在预制柱上标明吊装区域和吊装顺序编号。

(4) 预制柱安装前,应确认预制柱安装工作面,以满足预制柱安装要求。

(5) 预制柱吊装前,根据楼层已弹好的平面控制线和标高线,确定预制柱安装位置及标高,并复核。

(6) 预制柱进场后,检查预制柱规格、型号、预埋件位置及数量、外观质量等,应符合设计要求,并做预制柱进场检查记录。

2.3.5　施工操作工艺

1. 工艺框图

工艺框图如图 2-67 所示。

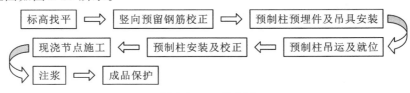

图 2-67　工艺框图

2.标高找平

预制柱安装施工前,通过激光扫平仪和钢尺检查楼板面平整度,用铁制垫片使楼层平整度控制在允许偏差范围内。

3.竖向预留钢筋校正

根据所弹出墙、柱线,采用钢筋限位框,对预留插筋进行位置复核。对中心位置偏差超过10 mm的插筋,根据图纸采用1∶6冷弯校正,不得烘烤。对个别偏差较大的插筋,应将插筋根部混凝土剔凿至有效高度后再进行冷弯校正,以确保预制柱浆锚连接的质量。

4.吊具及紧固件安装

1)预制柱吊具安装

塔吊挂钩挂住两条1号钢丝绳→1号钢丝绳连接起吊卡环→1号钢丝绳通过卡环和预制柱预埋吊环连接→预埋吊环和预制柱连接。

2)预制柱紧固件的安装

预制柱紧固件分别在起吊区和安装层安装,紧固件通过两端的高强螺栓穿过预埋在结构板(预制柱)内的螺纹套筒与楼板(预制柱)连接成整体,通过调节斜支撑来控制预制柱的垂直度以及对预制柱进行临时固定。

5.预制柱吊运及就位

(1)预制柱起吊方式。

预制柱的吊点采用预留拉环的方式,起吊钢丝绳与预制柱预埋吊环垂直连接,钢丝绳应处于起吊点的正上方。

(2)预制柱吊运。

预制柱采用慢起、快升、缓放的操作方式,在构件起吊区配置一名信号工和两名司索工,预制柱起吊时,司索工拆除预制柱的安全固定装置,塔吊司机在信号工的指挥下,塔吊缓缓持力,将预制柱吊离存放架,然后快速运至预制柱安装施工层。

(3)在预制柱就位前,应清理预制柱安装部位基层,然后在信号工的指挥下,将预制柱缓缓吊运至安装部位的正上方,并核对预制柱的编号。

6.预制柱的安装及校正

1)预制柱的安装

在预制柱安装施工层配置一名信号工和四名吊装工,在信号工的指挥下,塔吊将预制柱下落至设计安装位置,下一层预制柱的竖向预留钢筋一一插入预制柱底部的套筒中,定向入座后,立即加设不少于2根的斜支撑对预制柱临时固定,斜支撑与楼面的水平夹角不应小于60°。

2)预制柱的校正

吊装工根据已弹好的预制柱的安装控制线和标高线,用2 m长靠尺、吊线锤检查预制柱的垂直度,并通过可调斜支撑微调预制柱的垂直度,预制柱安装施工时应边安装边校正。

7.预制柱与叠合梁节点连接

1)预制柱与叠合梁端部节点

预制柱作为叠合梁的支座,叠合梁搁置在预制柱上,叠合梁纵向受力钢筋在预制柱端节点处采用机械直锚,搁置长度、锚固长度应符合设计规范要求。

2)预制柱与叠合梁中间节点

预制柱作为叠合梁的支座,预制柱两端的叠合梁分别搁置在预制柱上,搁置长度应符合设计规范要求,叠合梁纵向受力底筋在中间节点宜贯通或采用对接连接,面筋采用贯通钢筋连接预制柱两端的叠合梁面层。

8. 注浆

（1）灌浆前,应对预制构件底部缝隙进行封闭,封堵应严密,确保不漏浆。

（2）灌浆料应采用电动设备搅拌充分、均匀,搅拌时间不宜少于 3 min。搅拌后,宜静置 2 min 后使用。灌浆料应在加水后 30 min 内用完。

（3）灌浆施工时,环境温度应符合灌浆料产品使用说明书要求;环境温度低于 5 ℃时不宜施工。

（4）灌浆作业应采用压浆法从套筒下方注浆口注入,当浆料从出浆口流出后应及时封堵。

（5）当出现无法出浆的情况时,应立即停止灌浆作业,查明原因并及时排除障碍。对于未密实饱满的灌浆套筒,应采取可靠措施从灌浆孔或出浆孔补灌。

（6）灌浆操作全过程应有专职检验人员负责旁站监督并及时形成施工质量检查记录。

（7）在灌浆料强度达到 35 MPa 后,方可拆除预制构件的临时支撑及进行上部结构吊装与施工。

（8）散落的灌浆料拌和物不得二次使用;剩余的拌和物不得再次添加灌浆料、水后混合使用。

（9）灌浆施工时环境温度应在 5 ℃以上,必要时应对连接处采取保温加热措施,保证浆料在 48 小时凝结硬化过程中连接部位温度不低于 10 ℃。灌浆完成后等待 24 小时（强度达到 35 MPa）方可进行下道工序施工。

（10）清理注浆口。在注浆料终凝前应及时清理注浆口溢出的灌浆料,随注随清,防止污染预制柱表面,注浆管口应抹压至构件表面平整,不得凸出或凹陷。

9. 成品保护

（1）预制柱进场后堆放不得超过四层。

（2）预制柱吊装施工之前,应采用橡胶材料保护叠合预制柱成品阳角。

（3）预制柱在起吊过程中应采用慢起、快升、缓放的操作方式,防止预制柱在吊装过程中与建筑物碰撞造成缺棱掉角。

（4）预制柱在施工吊装时不得踩踏板上钢筋,避免其偏位。

知识拓展

1. 预制混凝土柱施工图识读

某工程预制混凝土柱如图 2-68 至图 2-71、表 2-3 和表 2-4 所示,其工程概况如下:预制柱按环境类别一类设计,最外层钢筋保护层厚度按 30 mm 设计,构件抗震等级为三级,钢筋均采用 HRB400,钢材采用 Q235-B 级钢材;灌浆套筒和套筒灌浆料应符合国家现行有关标准的规定,构件吊装用吊件、临时支撑用预埋螺母等其他预埋件应符合国家现行有关标准的规定;柱上下键槽平面尺寸相同,方向相反,厚度均为 30 mm,柱灌浆透气孔平面定位于键槽中心。

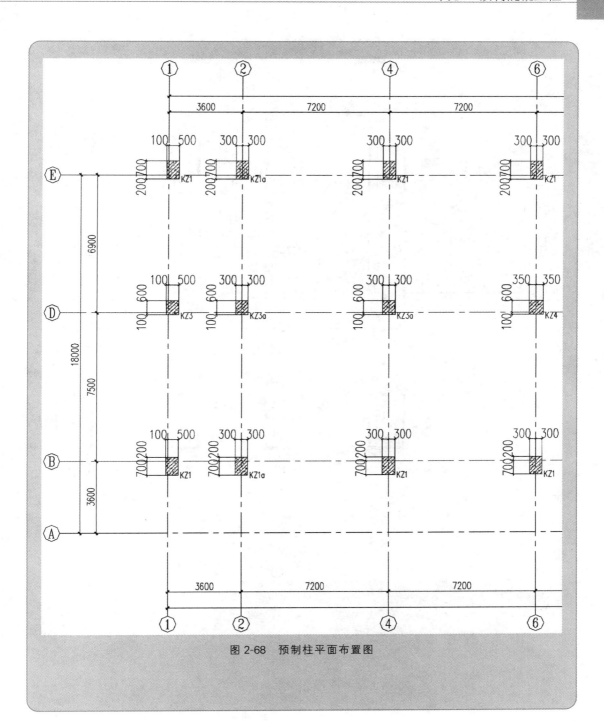

图 2-68　预制柱平面布置图

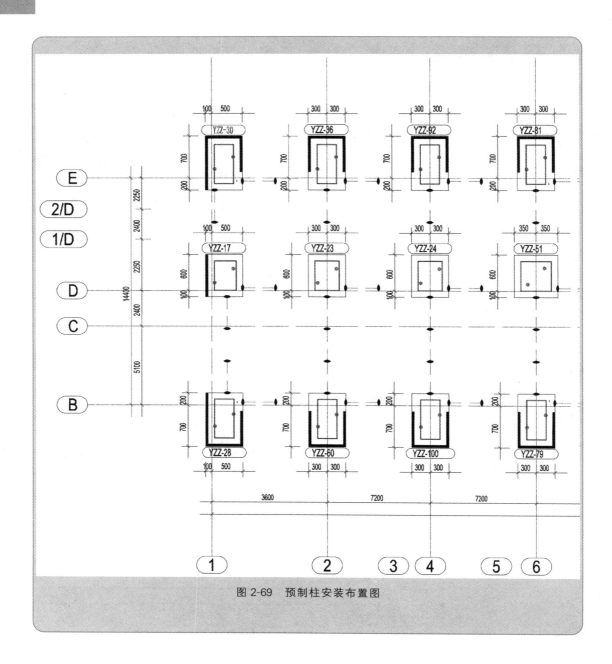

图 2-69 预制柱安装布置图

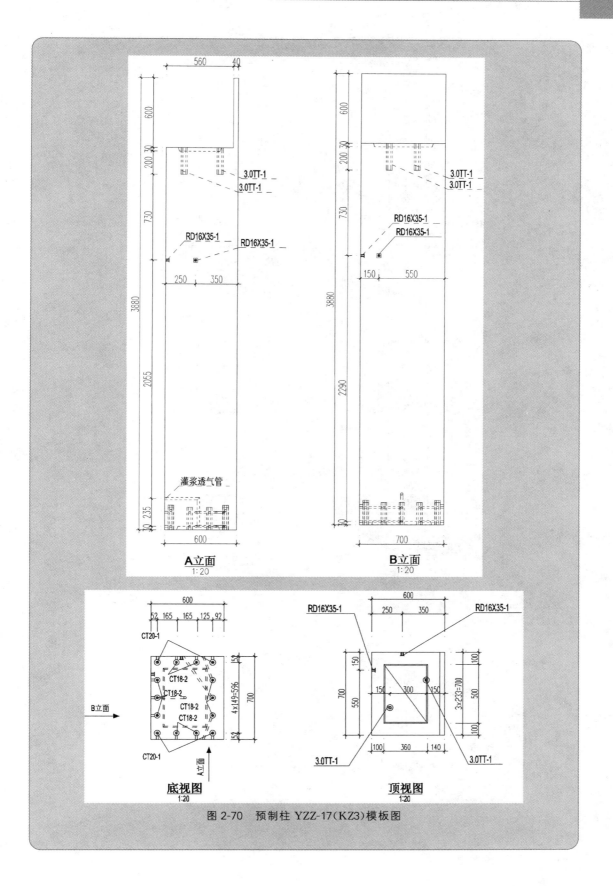

图 2-70 预制柱 YZZ-17(KZ3)模板图

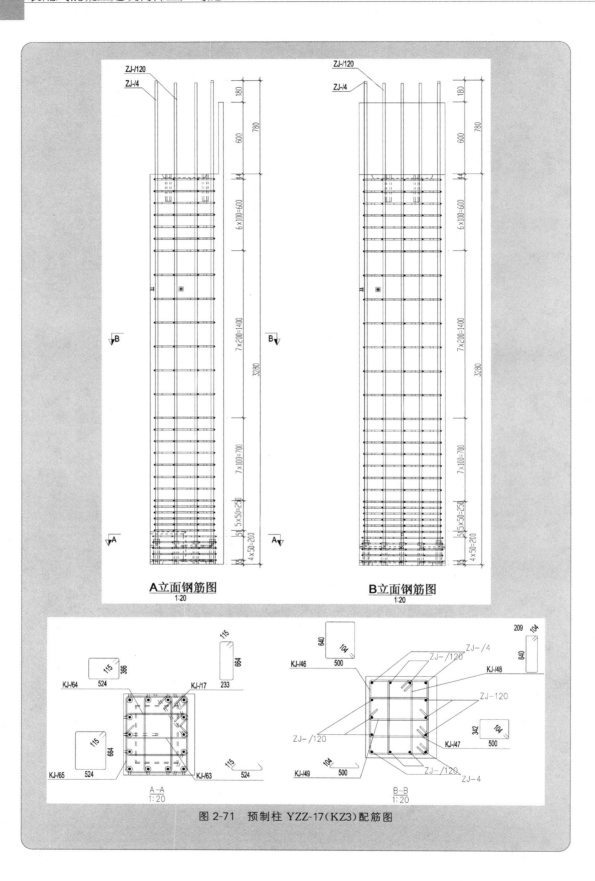

图 2-71   预制柱 YZZ-17(KZ3)配筋图

表 2-3　预制柱 YZZ-17(KZ3)钢筋材料表

编号	直径	数量	等级	长度	单重	总重	弯曲形状
ZJ-/4	20	4	HRB400	3870	9.56	38.2	3877
ZJ-/120	18	10	HRB400	3870	7.73	77.3	3877
KJ-/49	10	26	HRB400	690	0.43	11.1	104　45°　500　45°
KJ-/63	8	5	HRB400	750	0.30	1.5	115　45°　45°　524
KJ-/17	8	5	HRB400	1950	0.77	3.9	115　233　664
KJ-/46	10	26	HRB400	2410	1.49	38.7	104　500　640
KJ-/47	10	26	HRB400	1820	1.12	29.2	104　342　500
KJ-/48	10	26	HRB400	1830	1.13	29.4	104　209　640
KJ-/64	8	5	HRB400	1940	0.77	3.8	115　366　524
KJ-/65	8	5	HRB400	2530	1.00	5.0	115　524　664
总重						238.0	

表 2-4　预制柱 YZZ-17(KZ3)其他材料表

零件号	规格	长度	材质	数量		重量/kg		备注
				单件数量	总数量	单重	总重	
混凝土-Y	600×700	3880	C30	1	1	4074.0	4074.0	
TQG-2	D20	515	Miscel	1	1	0.0	0.0	
DG-15	D16	413	Miscel	2	2	0.0	0.0	
DG-14	D16	196	Miscel	4	4	0.0	0.0	
DG-7	D18	28	Miscel	8	8	0.0	0.0	
DG-13	D16	30	Miscel	14	14	0.0	0.0	
3.0TT-1	PD50×13	230	Q235B	2	448	2.7	1191.1	
P1	PL3×35	35	Q235B	2	994	0.0	28.7	
RD16×35-1	O21×5	27	Q235B	2	994	0.1	50.6	
CT20-1	PD48×14	211	Q235B	4	2688	2.4	6357.8	
CT18-2	PD45×13	193	Q235B	10	3200	1.9	6050.5	
合计							17752.7	

1) 预制柱平面图识读

(1) 预制柱模板图识读。

从图 2-70 中可以读取出 YZZ-17 模板图中的以下内容：

预制柱的断面尺寸 600 mm×700 mm,总高 3880 mm;柱顶翻边尺寸宽度 700 mm,高度 600 mm,厚度 40 mm;柱上下键槽尺寸 360 mm×500 mm,厚度 30 mm;柱顶两个吊件 3.0TT-1 距离柱左右两侧各为 150 mm,距离前面两侧各为 233 mm;由顶视图可知,左侧预制柱身支撑套筒 RD16×35-1 距离柱后面 150 mm,后面预制柱身支撑套筒 RD16×35-1 距离柱左侧 250 mm,高度(2290＋30) mm＝2320 mm;灌浆套筒注浆孔距离底部 30 mm,灌浆透气管距离注浆孔 235 mm;由底视图可知,注浆孔水平方向的距离从左至右分别为 52 mm、165 mm、165 mm、125 mm、92 mm。

(2) 预制柱配筋图识读。

从图 2-71 和表 2-3 中可以读取出 YZZ-17 配筋图中共有 10 种类型的钢筋,根据前面工程概况,构件抗震等级为三级,各种钢筋信息内容如下：

① ZJ-/4 号钢筋为 4 根直径 20 mm 的 HRB400 三级钢,纵筋,下端插入套筒内,上端延伸出柱顶部。

② ZJ-/120 号钢筋为 10 根直径 18 mm 的 HRB400 三级钢,纵筋,下端插入套筒内,上端延伸出柱顶部。

③ KJ-/49 号钢筋为 26 根直径 10 mm 的 HRB400 三级钢,单肢箍,两端弯锚 135°,直锚长度为 104 mm。

④ KJ-/63 号钢筋为 5 根直径 8 mm 的 HRB400 三级钢,单肢箍,两端弯锚 135°,直锚长度为 115 mm。

⑤ KJ-/17 号钢筋为 5 根直径 8 mm 的 HRB400 三级钢,双肢箍,两端弯锚 135°,直锚长度为 115 mm。

⑥ KJ-/46 号钢筋为 26 根直径 10 mm 的 HRB400 三级钢,双肢箍,两端弯锚 135°,直锚长度为 104 mm。

⑦ KJ-/47 号钢筋为 26 根直径 10 mm 的 HRB400 三级钢,双肢箍,两端弯锚 135°,直锚长度为 104 mm。

⑧ KJ-/48 号钢筋为 26 根直径 10 mm 的 HRB400 三级钢,双肢箍,两端弯锚 135°,直锚长度为 104 mm。

⑨ KJ-/64 号钢筋为 5 根直径 8 mm 的 HRB400 三级钢,双肢箍,两端弯锚 135°,直锚长度为 115 mm。

⑩ KJ-/65 号钢筋为 5 根直径 8 mm 的 HRB400 三级钢,双肢箍,两端弯锚 135°,直锚长度为 115 mm。

2) 预制柱详图识读

从图 2-71 的 A 立面钢筋图和 A—A、B—B 断面图可知,在 A 立面钢筋图中,从下往上:第一根箍筋距离柱底 35 mm,长度为 200 mm 的范围箍筋的间距为 50 mm,长度为 250 mm 的范围箍筋的间距为 50 mm,长度为 700 mm 的范围箍筋的间距为 100 mm,长度为 1400 mm 的范围箍筋的间距为 200 mm,长度为 600 mm 的范围箍筋的间距为 100 mm,最上面一根箍筋距离柱顶 44 mm。A—A 与 B—B 断面图钢筋的阅读方法相同,以 A—A 为例,该断面图中箍筋类型为 4×5,即最外面一个大的双肢箍 KJ-/65,水平方向套上一个小的双肢箍 KJ-/17,竖直方向套上一个小的双肢箍 KJ-/64,竖直方向还有一个单肢箍 KJ/-63。

3) 预制柱施工图识读实训

某工程预制柱 YZZ-23 如图 2-72 和图 2-73、表 2-5 和表 2-6 所示,试结合图 2-70 和图 2-71 阅读该预制柱模板图及配筋图的相关内容。

2. 预制混凝土柱工程量计算

1) 预制柱钢筋与预埋件工程量计算

预制柱钢筋工程量,设计有规定时按设计规定计算,如图 2-71(YZZ-17)和表 2-3 所示,给出了该预制柱中 10 种钢筋的设计用量;设计未规定的,可按以下方法进行计算,135°弯钩增加长度按 $1.9d$,平直段长度取 $\max(10d,75)$ 计算。

(1) 预制柱钢筋工程量计算。

① ZJ-/4 号钢筋长度＝3877 mm,共 4 根,总长度＝3877×4 mm＝15508 mm。

② ZJ-/120 号钢筋长度＝3877 mm,共 10 根,总长度＝3877×10 mm＝38770 mm。

③ KJ/-49 号钢筋长度＝(500＋11.9×10×2) mm＝738 mm,共 26 根,总长度＝738×26 mm＝19188 mm。

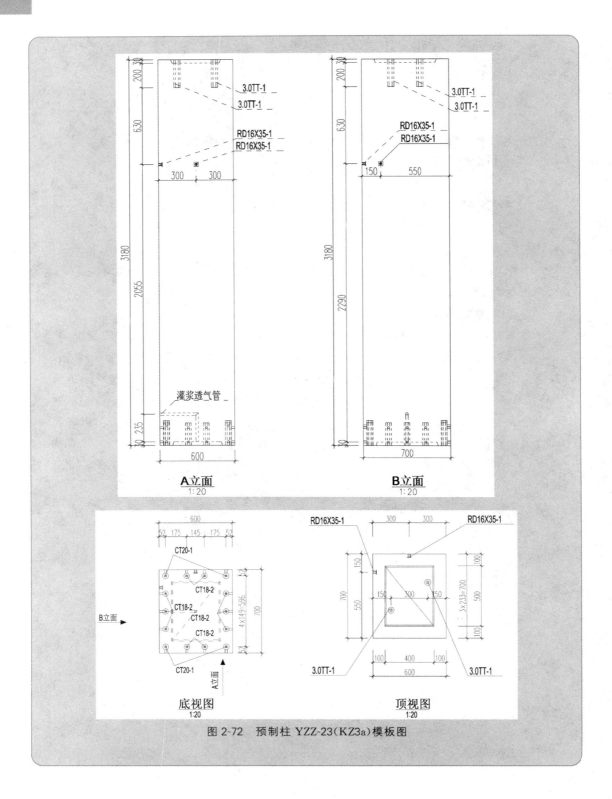

图 2-72　预制柱 YZZ-23（KZ3a）模板图

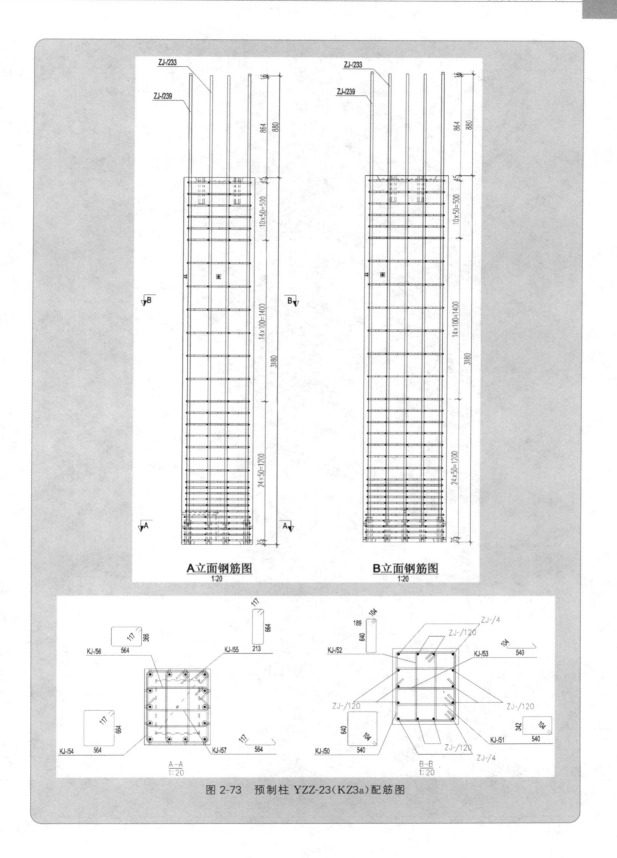

图 2-73　预制柱 YZZ-23（KZ3a）配筋图

表 2-5　预制柱 YZZ-23(KZ3a)配筋表

编号	直径	数量	等级	长度	单重	总重	弯曲形状
ZJ-/233	18	10	HRB400	3890	7.77	77.7	3893
ZJ-/239	20	4	HRB400	3890	9.61	38.4	3893
KJ-/53	10	25	HRB400	730	0.45	11.3	104　45° 540 45°
KJ-/57	10	5	HRB400	790	0.49	2.4	117　45° 45° 564
KJ-/50	10	25	HRB400	2490	1.54	38.4	104 540 640
KJ-/51	10	25	HRB400	1900	1.17	29.3	104 342 540
KJ-/52	10	25	HRB400	1790	1.10	27.6	104 189 640
KJ-/54	10	5	HRB400	2610	1.61	8.1	117 564 664
KJ-/55	10	5	HRB400	1910	1.18	5.9	117 213 664
KJ-/56	10	5	HRB400	2010	1.24	6.2	117 366 564
总重						245.3	

表 2-6 预制柱 YZZ-23(KZ3a)其他材料表

零件号	规格	长度	材质	数量		重量/kg		备注
				单件数量	总数量	单重	总重	
混凝土-Y	600×700	3180	C30	1	1	3339.0	3339.0	
TQG-1	D20	535	Miscel	1	1	0.0	0.0	
DG-7	D18	28	Miscel	8	8	0.0	0.0	
DG-13	D16	30	Miscel	20	20	0.0	0.0	
3.0TT-1	PD50×13	230	Q235B	2	448	2.7	1191.1	
P1	PL3×35	35	Q235B	2	994	0.0	28.7	
RD16×35-1	O21×5	27	Q235B	2	994	0.1	50.6	
CT20-1	PD48×14	211	Q235B	4	2688	2.4	6357.8	
CT18-2	PD45×13	193	Q235B	10	3200	1.9	6050.5	
合计							17017.7	

④ KJ-/63 号钢筋长度=(524+11.9×8×2) mm=714.4 mm,共 5 根,总长度=714.4×5 mm=3572 mm。

⑤ KJ-/17 号钢筋长度=[(664+233)×2+11.9×8×2] mm=1984.4 mm,共 5 根,总长度=1984.4×5 mm=9922 mm。

⑥ KJ-/46 号钢筋长度=[(640+500)×2+11.9×10×2] mm=2518 mm,共 26 根,总长度=2518×26 mm=65468 mm。

⑦ KJ-/47 号钢筋长度=[(500+342)×2+11.9×10×2] mm=1922 mm,共 26 根,总长度=1922×26 mm=49972 mm。

⑧ KJ-/48 号钢筋长度=[(640+209)×2+11.9×10×2] mm=1936 mm,共 26 根,总长度=1936×26 mm=50336 mm。

⑨ KJ-/64 号钢筋长度=[(524+366)×2+11.9×8×2] mm=1970.4 mm,共 5 根,总长度=1970.4×5 mm=9852 mm。

⑩ KJ-/65 号钢筋长度=[(664+524)×2+11.9×8×2] mm=2566.4 mm,共 5 根,总长度=2566.4×5 mm=12832 mm。

(2)预制柱预埋件工程量计算。

由图 1-3 可知,3.0TT-1 吊件 2 个,预制柱身支撑套筒 2 个,CT20-1 套筒组件 4 个,CT18-2 套筒组件 10 个,灌浆透气管 1 个。

2)预制柱混凝土与配料工程量计算

(1)计算预制柱混凝土工程量。

单根 YZZ-17 混凝土工程量=0.6×0.7×3.28 m³+0.7×0.6×0.04 m³=1.394 m³

（2）计算混凝土配料工程量。

假设混凝土的石子粒径＜16 mm，参考山东省建筑工程消耗量定额 C30 混凝土每立方米水泥（32.5 MPa）用量 0.505 t，黄砂（过筛中砂）用量 0.355 m³，碎石（15 mm）用量 0.862 m³，水用量 0.21 m³，则该板各材料用量如下：

$$水泥用量＝1.394×0.505 \ t＝0.704 \ t$$
$$黄砂用量＝1.394×0.355 \ m^3＝0.495 \ m^3$$
$$碎石用量＝1.394×0.862 \ m^3＝1.202 \ m^3$$
$$水用量＝1.394×0.21 \ m^3＝0.293 \ m^3$$

3）预制柱工程量计算实训

某工程预制柱 YZZ-23 如图 2-72 和图 2-73、表 2-5 和表 2-6 所示，试计算该预制柱钢筋及混凝土相应工程量。

课后习题

一、填空题

1.预制混凝土柱是建筑物的主要竖向结构受力构件，一般采用_____截面。

2.模具最常用的是_____ mm 厚的钢板，由于模具对变形及表面光洁度要求较高，与混凝土接触面的钢板不宜用_____，应当用_____。

3.组装完成的模具应对照图样_____，然后由质检员_____。

4.预制柱应按_____、_____顺序依次堆放，先吊装的构件应堆放在_____或_____，并将有编号或有标志的一面朝向通道一侧。

5.构件堆放应有一定的挂钩绑扎间距，堆放时，相邻构件之间的间距不小于_____ mm。

二、简答题

1.简要回答预制柱的成品保护要求。

2.简要回答预制柱的吊运及就位要求。

3.简要回答预制柱起吊时吊点位置的选择要求。

三、实操题

1.正确操作"预制柱生产工艺"。

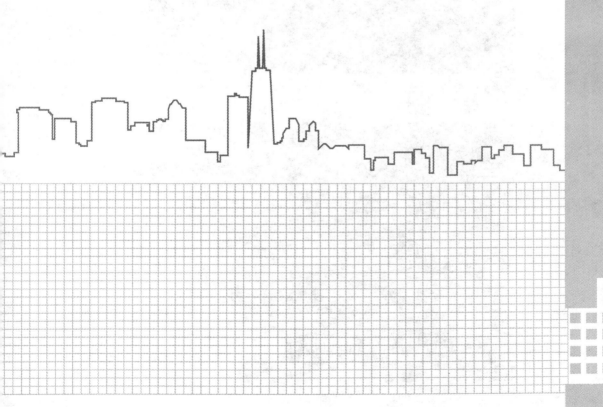

单元 3

预制混凝土梁

YUZHI HUNNINGTU LIANG

学习目标

知识目标：

1. 熟悉预制混凝土梁构件生产流程。
2. 了解预制混凝土梁存储与运输注意事项。
3. 掌握预制混凝土梁施工流程与工艺要求。

能力目标：

1. 能够在现场协助工程师进行装配式构件安装。
2. 能够控制并确保结构安装质量措施满足设计及施工要求。

3.1 预制混凝土梁构件生产

预制混凝土梁根据制造工艺不同可分为预制实心梁、预制叠合梁、预制梁壳三类。预制实心梁制作简单,构件自重较大,多用于厂房和多层建筑中(见图 3-1)。预制叠合梁便于预制柱和叠合楼板连接,整体性较强,运用十分广泛(见图 3-2 和图 3-3)。预制梁壳通常用于梁截面较大或起吊重量受到限制的情况,优点是便于现场钢筋的绑扎,缺点是预制工艺较复杂。根据梁截面形式可分为矩形截面梁、T 形截面梁、十字形截面梁、工字形截面梁、匸形截面梁、口形截面梁、不规则截面梁。

图 3-1 搁置于柱上的 L 形实心梁

图 3-2 预制混凝土叠合梁

图 3-3 叠合梁、柱现场连接

现以一预制混凝土叠合梁为例,详细说明预制混凝土梁构件的生产过程。该预制混凝土梁为某基顶～3.900 米二层梁平法施工图中的一预制混凝土结构梁,如图 3-4 所示。

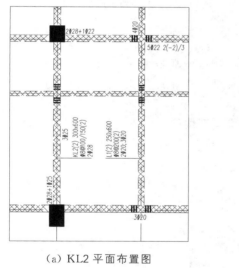

（a）KL2 平面布置图

（b）KL2 断面图

图 3-4 KL2 施工图

3.1.1 预制梁生产模具组装

1.模具的设计与制作

1）预制构件模具设计的总体要求

无论是模具专业厂家制作模具还是 PC 厂家自行制作模具,应当具备以下基本条件:

（1）有经验的模具设计人员,特别是结构工程师。

（2）金属模具应当有主要的加工设备:激光裁板机、线切割机、剪板机、磨边机、冲床、台钻、摇臂钻、车床和焊机等。

（3）有经验的技术工人队伍。

（4）可靠的质量管理体系。

2）预制构件模具制作的依据

模具制作须依据：

（1）构件图样与构件允许误差；

（2）模具设计要求书；

（3）根据安装计划排定的构件生产计划对模具数量与交货期的要求。

3）预制构件模具制作质量的总体要求

（1）预制构件图图样审查；

（2）模具制作图设计完成后应当由构件厂家签字确认；

（3）对模具材料进行检查，如预制构件模具以钢模为主，面板主材选用 HPB300 级钢板，支撑结构可选用型钢或者钢板，规格可根据模具形式选择，应满足以下要求：

① 模具应具有足够的承载力、刚度和稳定性，保证在构件生产时能可靠承受浇筑混凝土的重量、侧压力及工作荷载。

② 模具应支、拆方便，且应便于钢筋安装和混凝土浇筑、养护。

③ 模具的部件与部件之间应连接牢固；预制构件上的预埋件均应有可靠的固定措施。

（4）加工过程中对于质量要控制。

4）模具包装与运输

模具出厂应当有防止运输中损坏的保护措施，特别是混凝土与模具的接合面，防止磕碰、划伤表面，可选择木方或者其他软质的包装材料进行隔垫，运输中的模具应固定可靠，防止运输中急刹车对模具的损坏。

组装模具，可以将各部分加工出来的部件，运到构件工厂进行组装。如果是独立模具如楼梯、飘窗等应当在模具加工厂组装好。

5）模具的使用要求

（1）编号要点：由于每套模具被分解得较零碎，需按顺序统一编号，防止错用。

（2）组装要点：边模上的连接螺栓和定位销一个都不能少，必须紧固到位。为了构件脱模时顺利拆卸，防漏浆的部分必须安装到位。

（3）吊模等工装的拆除要点：在预制构件蒸汽养护之前，应把吊模和防漏浆的部分拆除。选择此时拆除的原因为吊模好拆卸，在流水线上不占用上部空间，可降低蒸养窑的层高；混凝土几乎还没有强度，防漏浆的部分很容易拆除，若等到脱模时，混凝土的强度已达到 20 MPa 左右，防漏浆部件、混凝土和边模会紧紧地粘在一起，极难拆除。因此，防漏浆部件必须在蒸汽养护之前拆掉。

（4）模具的拆除要点：当构件脱模时，首先将边模上的螺栓和定位销全部拆卸掉，为了保证模具的使用寿命，禁止使用大锤。拆卸的工具宜为皮锤、羊角锤、小撬棍等工具。

（5）模具的养护要点：在模具暂时不使用时，需在模具上涂刷一层机油，防止腐蚀。

2. 模具的选择

预制混凝土叠合梁是由预制混凝土底梁（或既有混凝土底梁）和后浇混凝土组成，分两阶段成型的整体受力结构构件。其下半部分在工厂进行预制加工，上半部分在工地现场叠合浇筑混凝土，如图 3-5 和图 3-6 所示。

图 3-5 工厂预制混凝土叠合梁

图 3-6 预制混凝土叠合梁现场连接

　　根据已知条件可知预制混凝土叠合梁的模具由边模和固定模台组合而成,模台为底面模具,边模为构件侧边和端部模具,如图 3-7 和图 3-8 所示。

图 3-7 固定模台

图 3-8　预制混凝土叠合梁边模

3. 预制构件生产的工艺流程

预制混凝土梁的生产工艺流程为：建筑施工图设计→构件拆卸设计（构件模板配筋图、预埋件设计图）→模具设计→模具制作→模台清理→模具组装→脱模剂涂刷→钢筋加工绑扎及预埋件施工→浇筑前检查→混凝土浇筑→养护→脱模、起吊→表面处理→质检→构件成品入库或运输，如图 3-9 所示。

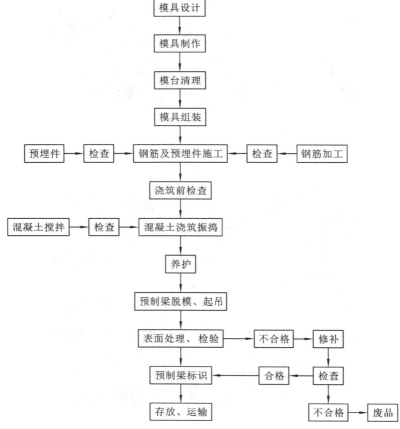

图 3-9　预制混凝土梁生产工艺

4.模具的清理

模具必须清理干净(见图3-10),不得存有铁锈、油污及混凝土残渣,接触面不应有划痕、锈渍和氧化层脱落等现象。对于存在变形超过允许偏差的模具一律不得使用,首次使用及大修后的模具应全数检查,使用中的模具应当定期检查,并做好检查记录。模具组装应连接牢固、缝隙严密,组装时应进行表面清洗或涂刷脱模剂,脱模剂使用前确保脱模剂在有效使用期内,脱模剂必须均匀涂刷。

5.预制构件制作生产模具的组装

(1)模具组装应按照组装顺序进行,对于特殊构件,要求钢筋先入模后组装。

(2)模具拼装时,模板接触面平整度、板面弯曲、拼装缝隙、几何尺寸等应满足相关设计要求。

(3)模具拼装应连接牢固、缝隙严密(见图3-11),拼装时,应进行表面清洗或涂刷水性或蜡质脱模剂(见图3-12),接触面不应有划痕、锈渍和氧化层脱落等现象。

图 3-10　模板清理

图 3-11　接缝处打胶密封

图 3-12　涂脱模剂

6．模具安装质量检验

（1）模具及所用材料、配件的品种、规格等应符合设计要求。

① 检查数量：全数检查。

② 检验方法：观察、检查设计图纸要求。

（2）用作底模的模台应平整光洁，不得下沉、裂缝、起砂或起鼓。

① 检查数量：全数检查。

② 检验方法：观察。

（3）模具的部件与部件之间、模具与模台之间应连接牢固；预制构件上的预埋件均应有可靠固定措施。

① 检查数量：全数检查。

② 检验方法：观察，摇动检查。

（4）模具内表面的隔离剂应涂刷均匀、无堆积，且不得沾污钢筋；在浇筑混凝土前，模具内应无杂物。

① 检查数量：全数检查。

② 检验方法：观察。

（5）预制构件模具安装的偏差及检验方法应符合表 3-1 的规定。

① 检查数量：首次使用及大修后的模具应全数检查；使用中的模具，同一工作班安装的模具，抽查 10％，且不少于 5 件。生产过程检验批质量验收记录表如表 3-2 所示。

② 检验方法：观察，拉线、尺量。

表 3-1　模具组装尺寸允许偏差及检验方法

项目		允许偏差/mm	检验方法
长度	梯段、梁、板	±4	尺量两侧，取其最大值
	柱	0，−10	
	墙板	0，−5	
宽度		0，−5	尺量两端及中部，取其中最大值

续表

项目		允许偏差/mm	检验方法
高(厚)度	梯段、板	+2,-3	尺量两端及中部,取其中最大值
	墙板	0,-5	
	梁、柱	+2,-5	
侧向弯曲	梯段、梁、板、柱	$L/1000$ 且$\leqslant15$	拉线、尺量最大弯曲处
	墙板	$L/1500$ 且$\leqslant15$	
板的表面平整度		3	2 m靠尺和塞尺量测
相邻模板表面高差		1	尺量
对角线差	板	7	尺量对角线
	墙板	5	
翘曲	板、墙板	$L/1500$	水平尺在两端量测
设计起拱	梁	±3	拉线、尺量跨中

特别提示:L 为构件长度(mm)。

表 3-2　生产过程检验批质量验收记录表

单位(子单位)工程名称					分项工程名称	装配式混凝土结构		
使用部门					构件数量	10		
生产单位					构件类型	叠合板		
施工执行标准名称及编号				《混凝土结构工程施工质量验收规范》(GB 50204—2015)	构件编号	201500800×× ×		
施工质量验收规范的规定					施工单位检查评定记录			
主控项目	钢筋原材料力学性能			第5.2.1条	符合要求			
	纵向受力钢筋的连接方式			第5.4.1条	符合要求			
	机械接头的力学性能			第5.4.2条	符合要求			
	受力钢筋的品种、级别、规格和数量			第5.4.3条	符合要求			
一般项目	分项	检查项目		允许偏差/mm	检查数据	检查日期	复查		
							复查数据	复查日期	复查人
	构件模板安装	长度	梁、楼板、阳台板	±4					
			墙板、柱	0,-5					
		宽度	楼板、墙砖	2,-5					
			梁	2,-5					
		高厚度	楼板	2,-3					
			墙板	0,-5					
			梁、柱	2,-5					

单位(子单位)工程名称				检查数据	检查日期	分项工程名称	装配式混凝土结构		
分项	检查项目		允许偏差/mm	检查数据	检查日期	复查			
						复查数据	复查日期	复查人	
一般项目	构件模板安装	侧向弯曲	梁、楼板、柱	$L/1000$ 且 $\leqslant15$ mm					
			墙板						
		楼板的表面平整度		3					
		相邻模板的表面高差		1					
		对角线差	楼板	7					
			墙板	5					
		翘曲	楼板、墙板	$L/1000$					
		设计起拱	梁	±3					
	钢筋加工	受力钢筋沿长度方向的净尺寸		±10					
		弯起钢筋的弯折位置		±20					
		箍筋外廓尺寸		±5					
	预埋件加工	预埋件锚板的边长		0，－5					
		预埋件锚板的平整度		1					
		锚筋	长度	10，－5					
			间距偏差	±10					
	钢筋安装	绑扎钢筋网	长、宽	＋5					
			网眼尺寸	±3					
		纵向受力钢筋	锚固长度	－20					
			间距	±10					
			排距	±5					
		纵向受力钢筋、箍筋保护层厚度	柱、梁	±5					
			楼板、墙板	±3					
		绑扎箍筋、横向钢筋间距		±20					
		钢筋弯起点位置		20					
		预埋件	中心线位置	5					
			水平高差	0，3					

续表

单位(子单位)工程名称						分项工程名称	装配式混凝土结构		
分项	检查项目		允许偏差/mm	检查数据	检查日期	复查			
						复查数据	复查日期	复查人	
一般项目	预埋件和预留孔洞安装	预埋板中心线位置偏移		3					
		预埋管、预留孔中心位置		2					
		外露钢筋	中心线位置偏移	3					
			外露长度	0,10					
		预埋螺栓	中心线位置	2					
			外露长度	0,10					
		预留洞	中心线位置	10					
			尺寸	0,10					
生产单位检查评定结果	生产线(施工员)					生产线班组长			
	主控项目合格,一般项目满足规范要求								
	生产单位质检员:					年 月 日			

（6）构件上的预埋件和预留孔洞宜通过模具进行定位,并安装牢固,其安装允许偏差应符合表 3-3 的规定。

① 检查数量:同一工作班安装的模具,抽查 10%,且不少于 5 件。

② 检验方法:尺量。

表 3-3　模具上预埋件、预留孔洞安装时的允许偏差及检验方法

项次	检验项目		允许偏差/mm	检验方法
1	预埋钢板、建筑幕墙用槽式预埋组件	中心线位置	3	用尺量测纵横两个方向的中心线位置,取其较大值
		平面高差	±2	钢直尺和塞尺检查
2	预埋管、电线盒、电线管水平和垂直方向的中心线位置偏移、预留孔、浆锚搭接预留孔(或波纹管)		2	用尺量测纵横两个方向的中心线位置,取其较大值
3	插筋	中心线位置	3	用尺量测纵横两个方向的中心线位置,取其较大值
		外露长度	+10,0	用尺量测
4	吊环	中心线位置	3	用尺量测纵横两个方向的中心线位置,取其较大值
		外露长度	0,−5	用尺量测

项次	检验项目		允许偏差/mm	检验方法
5	预埋螺栓	中心线位置	2	用尺量测纵横两个方向的中心线位置,取其较大值
		外露长度	+5,0	用尺量测
6	预埋螺母	中心线位置	2	用尺量测纵横两个方向的中心线位置,取其较大值
		平面高差	±1	钢直尺和塞尺检查
7	预留洞	中心线位置	3	用尺量测纵横两个方向的中心线位置,取其较大值
		尺寸	+3,0	用尺量测纵横两个方向尺寸,取其较大值
8	灌浆套筒及连接钢筋	灌浆套筒中心线位置	1	用尺量测纵横两个方向的中心线位置,取其较大值
		连接钢筋中心线位置	1	用尺量测纵横两个方向的中心线位置,取其较大值
		连接钢筋外露长度	+5,0	用尺量测

3.1.2　预制梁钢筋与预埋件施工

1. 钢筋

钢筋是指钢筋混凝土用和预应力钢筋混凝土用钢材,其截面为圆形,有时为带有圆角的方形。钢筋包括光圆钢筋和带肋钢筋。钢筋自身具有较好的抗拉、抗压强度,同时与混凝土之间具有很好的握裹力。因此两者结合形成的钢筋混凝土,既充分发挥了混凝土的抗压强度,又充分发挥了钢筋的抗拉强度,是一种耐久性、防火性很好的结构受力材料。

装配整体式结构中,钢筋的各项力学性能指标均应符合现行国家标准《混凝土结构设计规范》(GB 50010)的规定,其中采用套筒灌浆连接和浆锚搭接连接的钢筋应采用热轧带肋钢筋,其屈服强度标准值不应大于 500 MPa,极限强度标准值不应大于 630 MPa。根据已知条件选定钢筋进行绑扎施工,如图 3-13 所示。

图 3-13　预制混凝土叠合梁钢筋安装

2.预埋件

预埋件的材料、品种、规格、型号应符合国家相关标准规定和设计要求。预埋件的防腐防锈应满足现行国家标准《工业建筑防腐蚀设计标准》(GB/T 50046)和"涂覆涂料前钢材表面处理　表面清洁度的目视评定"(GB/T 8923)的规定。管线的材料、品种、规格、型号应符合国家相关标准规定和设计要求。管线的防腐防锈应满足现行国家标准《工业建筑防腐蚀设计标准》(GB/T 50046)和"涂覆涂料前钢材表面处理　表面清洁度的目视评定"(GB/T 8923)的规定。

预制构件预留预埋,预制梁也应预埋规格为 100 mm×150 mm、厚度 8 mm 的钢板,与其水平梁主体钢筋焊接形成整体接地连接。把验收合格的预制混凝土叠合梁的钢筋骨架放入之前已组装好的预制混凝土梁的模具内,如图 3-14 所示。

图 3-14　预制混凝土叠合梁钢筋骨架入模

3.1.3　预制梁混凝土浇筑

1.混凝土的定义

混凝土是指由胶凝材料、骨料和水(或不加水)按适当的比例配合、拌和制成混合物,经一定时间硬化而成的人造石材,在装配式建筑中主要用于制作预制混凝土构件和现场后浇。

混凝土的材料要求:装配整体式结构中,混凝土的各项力学性能指标和有关结构耐久性的要求应符合现行国家标准《混凝土结构设计规范》(GB 50010)的规定。预制构件的混凝土强度等级不宜低于 C30,预制预应力构件混凝土的强度等级不宜低于 C40,且不应低于 C30;现浇混凝土的强度等级不应低于 C25。

选定符合要求的混凝土后,在控制室控制搅拌站开始搅拌混凝土,完成搅拌后下料至混凝土运输小车,小车通过空中轨道运行至布料机上方并向布料机投料,布料机扫描到基准点开始自动布料,布料完成后振动平台开始工作,至混凝土表面无明显气泡时停止工作。

2.混凝土浇筑及振捣时的要点

(1)浇筑前检查混凝土坍落度是否符合要求,过大或过小不允许使用,且要料时不准超过理论用量的 2%。

(2)浇筑振捣时尽量避开埋件处,以免碰偏埋件。

（3）采用人工振捣方式，振捣至混凝土表面无明显气泡溢出，保证混凝土表面水平，无突出石子。

（4）浇筑时控制混凝土厚度，在达到设计要求时停止下料。

（5）工具使用后清理干净，整齐放入指定工具箱内。

（6）及时清扫作业区域，垃圾放入垃圾桶内。

混凝土浇筑及振捣如图 3-15 和图 3-16 所示。

图 3-15　混凝土浇筑

图 3-16　混凝土振捣

3.1.4　预制梁混凝土养护

混凝土养护可采用覆盖浇水和塑料薄膜覆盖的自然养护、化学保护膜养护和蒸汽养护方法。梁、柱等体积较大的预制构件宜采用自然养护方式；由于温度过低，需要对预制构件采用加热养护时，应制定相应的养护制度，预养时间宜为 1～3 h，升温速率应为 10～20 ℃/h，降温速率不应大于 10 ℃/h；梁、柱等较厚预制构件养护温度为 40 ℃；持续养护时间应不小于 4 h。构件脱模后，当混凝土表面温度和环境温差较大时，应立即覆膜养护。预制构件的养护如图 3-17 所示。

图 3-17　预制构件养护

3.1.5　预制梁脱模

预制构件养护达到要求后，对构件进行拆模时应严格按照顺序拆除模具，不得使用振动方式拆模。构件拆模时，应仔细检查确认构件与模具直接的连接部分完全拆除后方可吊；预制构件拆模起吊时，应根据设计要求或具体生产条件确定所需的混凝土标准立方体抗压强度。应严格按照下列要求进行施工：

（1）脱模前要检查混凝土强度是否达到规范要求，即其强度应不小于15 MPa。

（2）由于梁为较厚预制构件，起吊时，其混凝土强度不应小于30 MPa。

（3）对于预应力预制构件及拆模后需要移动的预制构件，拆模时的混凝土立方体抗压强度不应小于混凝土设计强度的75％。

（4）预制构件起吊应平稳。

（5）构件脱模后，存在不影响结构性能、钢筋、预埋件或连接件锚固的局部破损和构件表面的非受力裂缝时，可用修补浆料进行表面修补后使用。构件脱模后，构件外装饰材料出现破损应进行修补。

3.1.6　预制梁检验

预制混凝土结构中的构件检验关系到主体的质量安全问题，不可忽视。

预制混凝土梁脱模后，应进行成品质量验收，其检查项目包括预制构件的外观质量、外形尺寸、钢筋、连接套筒、预埋件、预留孔洞等。检查结果和方法符合现行国家标准的规定。检验允许的偏差及检验方法如表3-4所示。

表3-4　预制构件的尺寸偏差及检验方法

项目			允许偏差/mm	验收方法
长度	楼板、梁、柱、桁架	<12 m	±5	尺量
		≥12 m且<18 m	±10	
		≥18 m	±20	
宽度、高（厚）度	楼板、梁、柱、桁架		±5	尺量一端及中部，取其中偏差绝对值
表面平整度	楼板、梁、柱、桁架		5	2 m靠尺和塞尺量测
侧向弯曲	楼板、梁、柱		L/750且≤20	拉线、直尺量测最大侧向弯曲处
预留孔	中心线位置		5	尺量
	孔尺寸		±5	
预埋件	预埋螺栓		2	尺量
	预埋螺栓外露长度		+10，−5	
	预埋套筒、螺母中心线位置		2	
	预埋套筒、螺母与混凝土面平面高差		±5	

注：1. L 为构件长度（mm）。

2. 检查中心线和孔洞尺寸偏差时，沿纵、横两个方向测量，并取其中偏差较大值。

3.1.7　预制梁标识

预制梁验收合格后，应在明显部位标识构件型号、生产日期和质量验收合格标志，如图

3-18 所示。预制梁脱模后应在其表面显著位置按构件设计制作图规定对每个预制梁进行编码。预制梁生产企业应按照其有关标准规定或合同要求,对其供应的产品签发产品质量证明书,明确重要参数,有特殊要求的产品还应提供安装说明书。

图 3-18　预制梁标识

3.1.8　装配式生产软件操作:预制梁生产工艺操作说明

1. 进入模块

1) 界面介绍

在软件模块界面单击"构件生产与工艺",在显示的下拉列表中选择"预制梁生产工艺"模块(见图 3-19)。

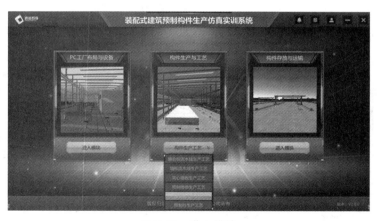

图 3-19　进入模块

2) 操作说明

进入模块后查看操作说明,使用鼠标和键盘上的 W、A、S、D 键(或方向键)对场景进行缩放、旋转、漫游等操作(见图 3-20)。

2. 产前准备

1) 人员准备

预制梁生产前,作业人员要完成产前培训并进行安全生产交底。单击场景中"人员准

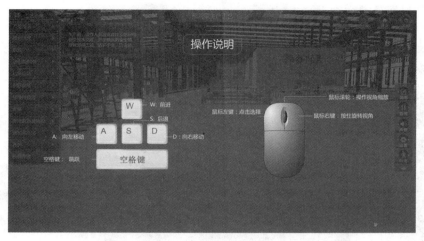

图 3-20 查看操作说明

备"的标识,从物品存放架上拾取安全帽、劳保工装、防护手套、防滑鞋并进行穿戴(见图 3-21)。

图 3-21 人员准备

2）工具材料准备

单击场景中"工具材料准备"的标识，检查相关设备、工具是否处于安全操作状态；根据构件图纸及生产工艺要求，从存放架上将生产过程中要使用到的灰铲、电动扳手、卷尺、墨斗、扁刷、滚刷、密封条、磁盒、撬棍、螺栓、扎丝等工具材料领取到工具盒内（见图 3-22）。

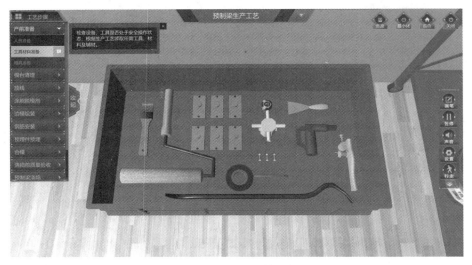

图 3-22　工具材料准备

3）模具准备

打开图纸，确认预制梁模具的尺寸，单击场景中"模具准备"的标识，使用卷尺测量存放架上的叠合板模具，选择尺寸符合要求的模具（见图 3-23）。

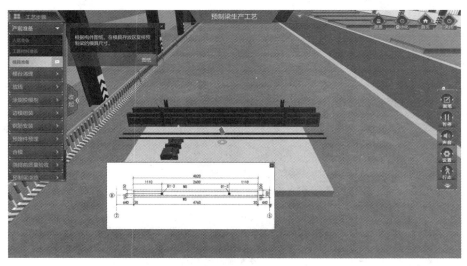

图 3-23　模具准备

3. 模台清理

单击场景中"模台清理"的标识，将固定模台上残留的混凝土用铁铲铲掉，将模台上以及模台周围的垃圾清扫干净，运到垃圾池等待处理（见图 3-24）。

图 3-24　模台清理

4.放线

在场景中的工具库中选择卷尺,将卷尺拖动至场景中"测量放线"的标识处,使用卷尺在固定模台上测量出预制梁的边线,并标记画线(见图 3-25)。

图 3-25　测量放线

5.涂刷脱模剂

1)涂刷边模

在场景中的工具库中选择脱模剂,将脱模剂拖动至场景中"涂刷边模"的标识处,将模具从存放区转运到模台上,使用滚刷将脱模剂涂刷到模具的内侧面,与混凝土接触的各个面都要涂抹到位(见图 3-26)。

2)涂刷模台

在场景中的工具库中选择脱模剂,将脱模剂拖动至场景中"涂刷模台"的标识处,使用滚刷在模台上涂刷脱模剂,涂刷时要保证脱模剂均匀,不能积液,不得漏涂(见图 3-27)。

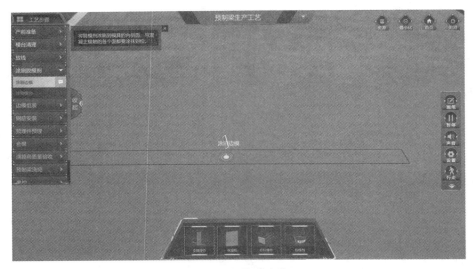

图 3-26　涂刷边模

图 3-27　涂刷模台

6. 边模组装

1）摆放侧模

在场景中的工具库中选择密封条，将密封条拖动至场景中"摆放侧模"的标识处，在模具拼缝位置贴上密封条，根据模台上的构件边线将预制梁模具两侧的侧模安装在指定的位置（见图 3-28）。

2）固定侧模

在场景中的工具库中选择磁盒，将磁盒拖动至场景中"固定侧模"的标识处，使用边模固定磁盒将模具固定在模台上（见图 3-29）。

7. 钢筋安装

1）绑扎钢筋

单击场景中"绑扎钢筋"的标识，打开图纸，识读并确定钢筋信息，使用卷尺测量钢筋出

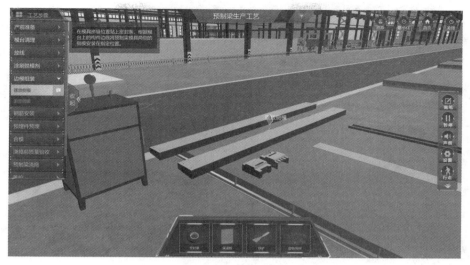

图 3-28　摆放侧模

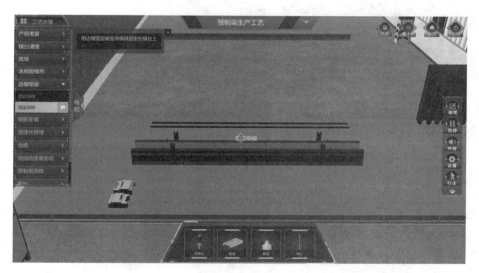

图 3-29　固定侧模

筋的尺寸,在侧模内绑扎纵筋和箍筋,绑扎时,要注意箍筋间距和纵筋的外伸长度应符合图纸要求(见图 3-30)。

2)布设垫块

钢筋绑扎完成后,单击场景中"布设垫块"的标识,在钢筋与模台、侧模之间布置塑料垫块,确保混凝土保护层厚度符合设计要求(见图 3-31)。

8.预埋件埋设

1)预埋吊钉

在场景的工具库中选择吊钉,将吊钉拖动至场景中"预埋吊钉"标识处,打开图纸,确定吊钉位置,在侧模顶面指定位置安装吊钉用工装,将圆头吊钉与橡胶球固定,用十字花螺纹将橡胶球固定在工装上,吊钉安装好后,在模具内侧面用两根短钢筋将吊钉固定在梁的钢筋上(见图 3-32)。

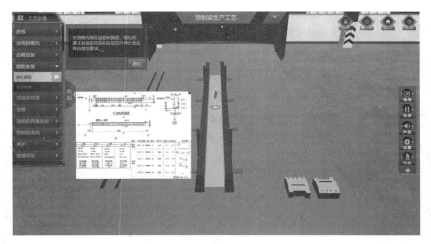

图 3-30　绑扎钢筋

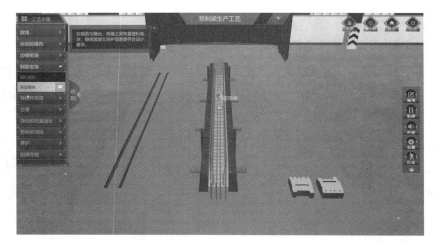

图 3-31　布设垫块

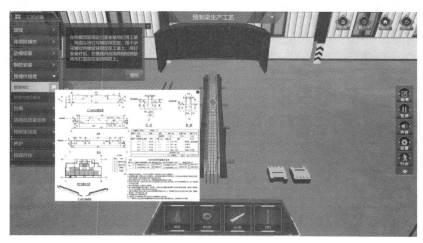

图 3-32　预埋吊钉

2）预埋内埋式螺母

在场景的工具库中选择内埋式螺母，将内埋式螺母拖动至场景中"预埋内埋式螺母"的标识处，将内埋式螺母安装到模具指定位置，用螺栓将其固定在楼梯模具上（见图3-33）。

图 3-33　预埋内埋式螺母

9.合模

1）合模

单击场景中"合模"的标识，将预制梁端部模具安装到指定位置，并与侧面连接固定（见图 3-34）。

图 3-34　合模

2）固定拉杆

单击场景中"固定拉杆"的标识，将预制梁两个侧面模具上的拉杆锁紧固定（见图 3-35）。

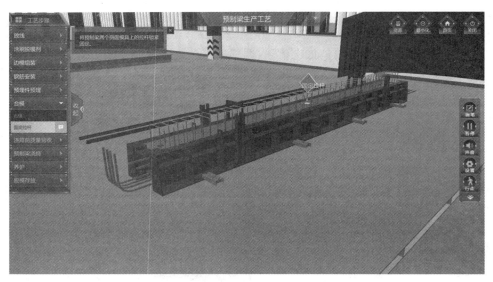

图 3-35　固定拉杆

10.浇捣前质量验收

1）模具验收

单击场景中"模具验收"的标识，使用卷尺分别对模具的长、宽尺寸进行测量，检查是否满足设计要求，手动检查边模是否安装牢固（见图 3-36）。

图 3-36　模具验收

2）钢筋验收

单击场景中"钢筋验收"的标识，查看钢筋型号是否正确，使用卷尺测量箍筋间距，箍筋应布置整齐且间距符合图纸要求；测量保护层厚度，塑料垫块布设应能保证保护层厚度要求；测量纵筋外伸长度，确保钢筋安装符合图纸要求（见图 3-37）。

3）预埋件验收

单击场景中"预埋件验收"的标识，使用卷尺对预埋件的安装位置进行测量，测量预埋件

图 3-37 钢筋验收

中心线至模具边的距离,确认安装是否符合要求。目测预埋件的数量,手动检查预埋件是否安装牢固(见图 3-38)。

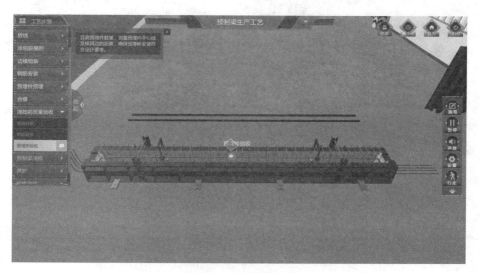

图 3-38 预埋件验收

11. 预制梁浇捣

1)封堵

单击场景中"封堵"的标识,混凝土浇筑前,应在边模与钢筋的缝隙中填塞橡胶条(注意模具的四边均需填塞),以防止浇筑混凝土时,浆液流出模具外(见图 3-39)。

2)布料、振捣

单击场景中"布料、振捣"的标识,使用龙门吊将混凝土料斗吊至待浇筑的预制梁模具上方,打开卸料口,将混凝土均匀地浇筑于预制梁模具内,一边浇筑一边用振捣棒将混凝土振捣均匀(见图 3-40)。

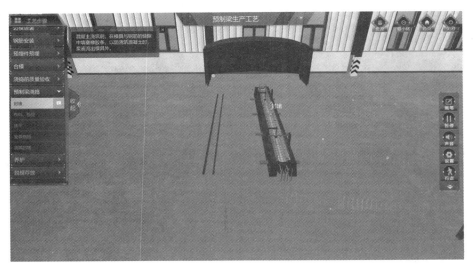

图 3-39　封堵

图 3-40　布料、振捣

3）抹平

单击场景中"抹平"的标识，使用铁抹子将混凝土面刮平，确保混凝土面平整，尤其要注意预埋件周边的部位（见图 3-41）。

4）安装格挡

单击场景中"安装格挡"的标识，将梁顶部的格挡模具穿过箍筋安装在端模上，并用螺栓连接固定（见图 3-42）。

5）浇筑凹槽

单击场景中"浇筑凹槽"的标识，根据图纸，对梁顶部凹槽浇筑 50 mm 高的混凝土（见图 3-43）。

图 3-41 抹平

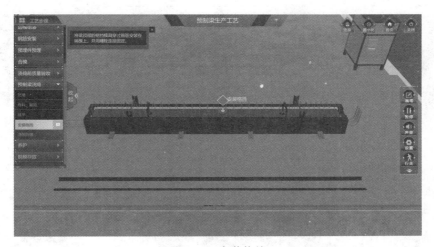

图 3-42 安装格挡

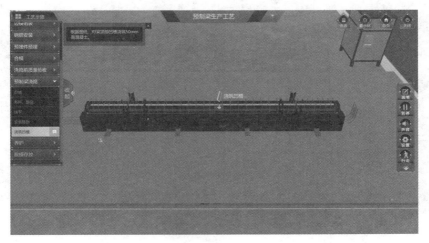

图 3-43 浇筑凹槽

12.养护

打开养护表,根据构件类型,确认好养护窑的养护温度、时间等参数,单击场景中"养护"标识,将二维码标牌嵌入混凝土内,注意二维码朝上,然后用蒸养棚将整个模台罩住,蒸养棚四周应密封严实,将蒸汽管插入蒸汽棚,设置好时间与温度开始蒸养,蒸养完成后撤掉蒸汽管,收起蒸汽棚(见图 3-44)。

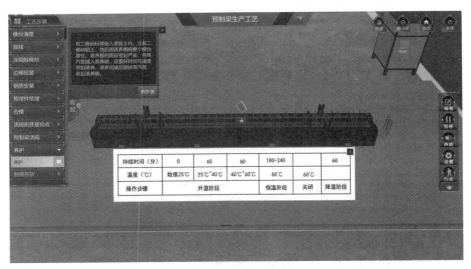

图 3-44　养护

13.脱模存放

1)检查构件强度

在场景的工具库中选择回弹仪,将回弹仪拖动至场景中"检查构件强度"的标识处,使用回弹仪检测构件的强度,达到 15 MPa 以上方可脱模起吊(见图 3-45)。

图 3-45　检查构件强度

2)拆除模具

单击场景中"拆除模具"的标识,使用电动扳手拆除模具之间连接的螺栓;使用橡胶锤敲打模具,用撬棍将模具与构件分离,将拆下来的模具收集起来,堆放在固定模台旁边的场地(见图3-46)。

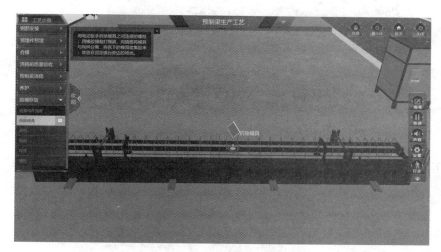

图3-46 拆除模具

3)质检

在场景的工具库中选择厚度检测仪,将厚度检测仪拖动至场景中"质检"的标识处;用厚度检测仪检测保护层厚度,使用卷尺检查钢筋的外伸长度,测量预埋件至构件边线的距离,观察混凝土外表面,混凝土外观不应有严重缺陷;用卷尺测量构件尺寸,各检查部分应符合验收规范(见图3-47)。

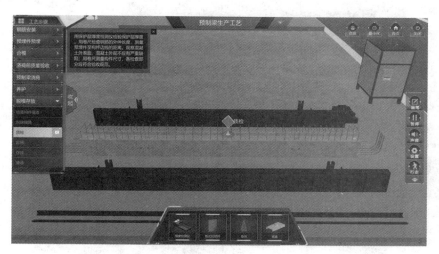

图3-47 质检

4)起吊

单击场景中"起吊"的标识,将鸭嘴吊具与梁上的吊钉连接,然后连接龙门吊的吊钩,将梁构件吊起200～300 mm,略作停顿,检查吊挂是否牢固,确认无误再吊运构件(见图3-48)。

5)存放

单击场景中"存放"的标识,使用龙门吊将构件吊至存放区,存放时,构件底部应放置垫木或钢制托架(见图3-49)。

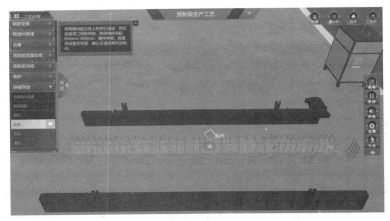

图 3-48　起吊

图 3-49　存放

6）清场

单击场景中"清场"的标识，构件生产完成后应清场，将模台、地面上的垃圾清理干净，在生产区域内将所有使用到的工具、图纸、文件等收集存放好（见图 3-50）。

图 3-50　清场

3.2　预制混凝土梁存储与运输

3.2.1　预制梁存储

（1）预制梁堆放场地应硬化处理，并有排水措施。

（2）预制梁成品应按合格区、待修区和不合格区分类堆放，并应对各区域进行醒目标识。

（3）预制梁堆放时受力状态宜与构件实际使用时受力状态保持一致，否则应进行设计验算。

（4）预制梁堆放应根据预制梁起拱值的大小和堆放时间采取相应措施。

（5）预制梁通常采用平面堆放方式。平放时，搁置点一般可选择在构件起吊点位置或经验算确定弯矩最小部位，每层构件间的垫块应处于同一垂直线上，堆垛层数不宜超过2层，如图3-51所示。

图 3-51　预制梁的存放

（6）垫块宜采用木质或硬塑胶材料，避免造成构件外观损伤。

（7）预制梁构件宜水平堆放，预埋吊装孔的表面朝上，且采用不少于两条垫木支撑，构件底层支垫高度不低于 100 mm，且应采取有效的防护措施。

3.2.2　预制梁运输

1.预制梁吊装

（1）预制梁应堆放整齐、牢固，防止构件失稳伤人。

（2）严禁超载装运。

（3）装运作业时必须统一号令，明确指挥，密切配合。

（4）绑扎构件的索具应定期进行检查，对有损坏的索具应做出鉴定。

（5）起重机安全操作应满足以下要求：

① 起吊机械应由经过专业培训的持证人员操作，起吊作业应由专人指挥。

② 各种起重机械应装设标明机械性能指示器,并根据需要安设卷扬限制器、载荷控制器、联锁开关等装置;轨道式起重机应安置行走限位器及夹轨钳;使用前应检查试吊。

③ 两机或多机抬吊时,必须有统一指挥,动作配合协调,吊重应分配合理,不得超过单机允许起重重量的80%。

④ 操作中要听从指挥人员的信号,信号不明或可能引起事故时,应暂停操作。

⑤ 起吊时起重臂下不得有人停留和行走,起重臂、构件必须与架空电线保持安全距离。

⑥ 构件起吊时,禁止在构件上站人或进行作业;如必须在构件上作业时,应将构件放下并将吊臂、吊钩及制动器刹住,司机和指挥人员不得离开工作岗位。

⑦ 应严格执行"十不吊"规定,如表3-5所示。

表3-5　"十不吊"规定

序号	具体情形
1	指挥信号不明或乱指挥不吊
2	超载不吊
3	斜拉构件不吊
4	构件上站人不吊
5	工作场地光线昏暗、无法看清场地及指挥信号不吊
6	绑扎不牢不吊
7	安全装置缺损或失效不吊
8	无防护措施不吊
9	恶劣天气不吊
10	重量不明构件不吊

2.预制梁驳运

(1)构件成品驳运时,必须使用专用吊具,应使每一根钢丝绳均匀受力。钢丝绳与成品的夹角不得小于45°,确保成品呈平稳状态,构件应轻起慢放。

(2)成品驳运时,运输车应有专用垫木,垫木位置应符合图纸要求。运输轨道应在水平方向无障碍物,车速应平稳缓慢,不得使成品处于颠簸状态。

(3)驳运过程中发生成品损伤时,应按要求进行修补,并重新检验。

3.预制梁装车运输要求

(1)装卸构件时应考虑车体平衡。

(2)运输T梁、工梁、桁架梁等易倾覆的大型构件,必须用斜撑牢固地支撑在梁腹上。

(3)运输时应采取绑扎固定措施,防止构件移动或倾倒。

(4)对构件边角部或与紧固装置接触处的混凝土,宜采用垫衬加以保护。

(5)运输线路有限高要求时,构件堆放高度不应超过限高要求。

4.预制梁运输

(1)预制梁运输前应制订预制构件的运输计划及方案,并进行实际路线踏勘。构件运输的总高度不宜超过4.5 m,总宽度不宜超过运输车辆的车宽;超高、超宽、形状特殊的大型构件的运输和码放应采取质量安全保证措施。

（2）预制梁运输宜选用低平板车，且应有可靠的稳定构件措施。预制梁的运输应在混凝土强度达到设计强度后进行。

（3）预制梁运输时可采用平放方式，平放时叠放层数不宜超过3层。

5.预制梁运输中的成品保护

（1）预制梁在驳运、堆放、出厂运输过程中应进行成品保护。

（2）预制梁在运输过程中宜在构件与刚性搁置点间填塞柔性垫片。

（3）预制梁暴露在空气中的预埋铁件应镀锌或涂刷防锈漆；预留钢筋应涂刷阻锈剂、涂抹环氧树脂类涂层、包裹掺有阻锈剂的水泥砂浆、封闭特制的封套或采用电化学方法以避免锈蚀。

（4）预制构件出厂前，应对灌浆套筒的灌浆孔和出浆孔进行透光检查，并清理灌浆套筒内的杂物。

3.3　预制混凝土梁施工

3.3.1　施工准备

叠合梁安装施工准备有以下几点：

（1）叠合梁安装前，应编制专项施工方案，并经施工总承包企业技术负责人及总监理工程师批准。

（2）叠合梁安装施工前，应对施工人员进行技术交底，并由交底人和被交底人双方签字确认。

（3）叠合梁安装施工前，应编制合理可行的施工计划，明确叠合梁吊装的时间节点。

3.3.2　材料要求

叠合梁安装的材料要求有以下几点：

（1）叠合梁进场后，检查预制叠合梁的规格、型号、外观质量等，均应符合设计要求和相关标准要求，叠合梁应有出厂合格证。

（2）接缝防漏浆材料采用专用PE棒。

（3）对于出现破损的叠合走道板修补材料可采用掺108胶的水泥砂浆（掺水泥重的15%）。

3.3.3　施工机具

施工机具如下：

（1）吊装机具：钢丝绳、卡环、螺栓、平衡钢梁、自动扳手、起重设备、千斤顶等。

（2）安装施工机具：经纬仪、水准仪、激光扫平仪、吊线锤、绳索、钢管、扣件式脚手架等。

3.3.4 作业条件

叠合梁安装作业条件有以下几点：

（1）施工道路：预制构件施工现场道路应做硬化或铺设钢板处理，以满足施工道路地基承载力要求。

（2）堆放场地：考虑施工道路的运输流线、转弯半径等因素，合理规划预制叠合梁起吊区堆放场地位置，满足吊装施工现场车通路通。

（3）叠合梁吊装顺序确定：根据叠合梁吊装索引图，确定合理的叠合梁吊装起点和吊装顺序。

（4）安装区作业面：叠合梁安装前，应确认叠合梁安装工作面，以满足叠合梁安装要求。

（5）测量放线定位：叠合梁吊装前，按设计要求，根据楼层已弹好的平面控制线和标高线，确定预制叠合梁安装位置线及标高线，并复核。

（6）叠合梁进场检查：叠合梁进场后，检查叠合梁规格、型号、外观质量等，应符合设计要求，并做叠合梁进场检查记录。

（7）叠合梁编码：根据叠合梁吊装索引图，在叠合梁上标明各个叠合梁所属的吊装区域和吊装顺序编码，以便于吊装工人确认。

3.3.5 施工操作工艺

1. 工艺框图

叠合梁安装施工工艺流程如图 3-52 所示。

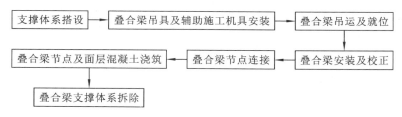

图 3-52 工艺框图

2. 支撑体系搭设

叠合梁支撑体系采用可调钢支撑搭设，并在可调钢支撑上铺设工字钢，根据叠合梁的标高线，调节钢支撑顶端高度，以满足叠合梁施工要求。

3. 叠合梁吊具及辅助施工机具安装

（1）叠合梁吊具安装。

塔吊挂钩挂住 1 号钢丝绳→钢丝绳通过卡环连接平衡钢梁→平衡钢梁通过卡环连接 2 号钢丝绳→2 号钢丝绳通过卡环连接叠合梁预埋拉环→拉环通过预埋与叠合梁连接，如图 3-53 所示。

（2）叠合梁在预制过程中,在其顶面两端各设置一根安全维护插筋,利用安全维护插筋固定钢管。

4.叠合梁吊运及就位

（1）叠合梁吊运。

① 叠合梁吊点采用预留拉环方式,起吊钢丝绳与叠合梁水平面所成夹角不宜小于45°。

② 根据塔吊设备的吊装参数确定构件起吊位置、施工楼层中的堆放位置及塔吊小车移动范围。起吊前进行吊具安装,吊装过程中应先吊装叠合梁,再吊装叠合板。由于主次梁底排主筋标高不同,必须先吊装主梁,后吊装次梁;吊装次梁前必须对主梁进行净空校核,叠合板吊装前必须对次梁净空进行校核。吊装完毕后,通过放出的构件边线调整水平位置,通过可调节的临时支撑调节叠合梁板的标高,使其误差在控制范围以内。

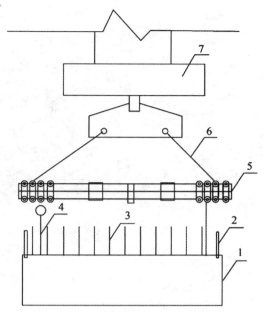

图3-53　叠合梁吊具安装
1—叠合梁;2—钢管;3—叠合梁钢筋;4—2号钢丝绳;
5—平衡钢梁;6—1号钢丝绳;7—塔吊挂钩

③ 叠合梁吊运宜采用慢起、快升、缓放的操作方式。叠合梁起吊区配置一名信号工和两名司索工,叠合梁起吊时,司索工将叠合梁与存放架的安全固定装置拆除,塔吊司机在信号工指挥下,塔吊缓缓持力,将叠合梁吊离存放架。

（2）叠合梁就位。

叠合梁就位前,清理叠合梁安装部位基层,在信号工指挥下,将叠合梁吊运至安装部位的正上方,并核对叠合梁的编号。叠合板支座处的搁置长度需要在吊装初期进行调整到位,一般用撬棍按图纸要求的支座处的搁置长度,轻轻调整。必要时,要借助塔吊绷紧钩绳（但板不离支座）,辅以人工用撬棍共同调整搁置长度。

5.叠合梁的安装及校正

（1）叠合梁安装。

当叠合梁安装就位后,塔吊在信号工的指挥下,将叠合梁缓缓下落至设计安装部位。叠合梁支座搁置长度应满足设计要求,叠合梁预留钢筋锚入剪力墙、柱的长度应符合规范要求,如图3-54所示。

（2）叠合梁校正。

① 叠合梁标高校正:吊装工根据叠合梁标高控制线,调节支撑体系顶托,对叠合梁标高进行校正。

② 叠合梁轴线位置校正:吊装工根据叠合梁轴线位置控制线,利用楔形小木块嵌入叠合梁,对叠合梁轴线位置进行调整。

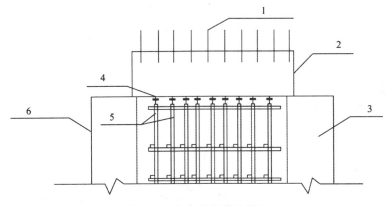

图 3-54　叠合梁安装及校正

1—叠合梁箍筋；2—叠合梁；3—预制柱；4—工字钢；5—预制柱；6—可调钢支撑

6.叠合梁节点连接

1）叠合主次梁节点

① 叠合主次梁边节点：叠合主梁作为叠合次梁的支座，叠合次梁预留钢筋锚入叠合主梁，锚入钢筋长度应符合设计规范要求，如图 3-55 所示。

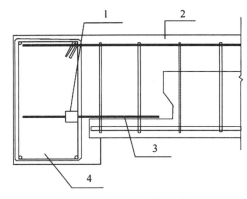

图 3-55　叠合主次梁边节点

1—预埋连接套筒；2—叠合次梁；3—底部搭接钢筋；4—叠合主梁

② 叠合主次梁中节点：叠合主梁作为叠合次梁的支座，叠合次梁分别搁置在叠合主梁上，搁置长度应符合设计规范要求；在叠合次梁键槽处底部采用搭接钢筋连接叠合次梁底筋，面筋采用贯通钢筋连接叠合主次梁，如图 3-56 所示。

2）叠合梁与预制剪力墙、柱节点

① 叠合梁与预制剪力墙、柱端部节点：预制剪力墙、柱作为叠合梁的支座，叠合梁搁置在预制剪力墙、柱上，叠合梁纵向受力钢筋在预制剪力墙、柱端节点处采用机械直锚，搁置长度、锚固长度均应符合设计规范要求，如图 3-57 所示。

② 叠合梁与预制剪力墙、柱中间节点：预制剪力墙、柱作为叠合梁的支座，预制剪力墙、柱两端的叠合梁分别搁置在预制剪力墙、柱上，搁置长度应符合设计规范要求；叠合梁纵向受力钢筋在中间节点宜贯通或采用对接连接，面筋采用贯通钢筋连接预制剪力墙、柱两端的叠合梁面层，如图 3-58 所示。

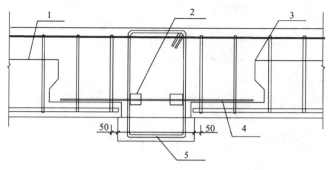

图 3-56　叠合梁中间节点

1—叠合次梁；2—预埋连接套筒；3—叠合次梁；4—底部搭接钢筋；5—叠合主梁

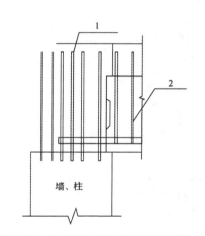

图 3-57　叠合梁与预制剪力墙、柱端节点

1—U形开口箍筋；2—叠合梁箍筋

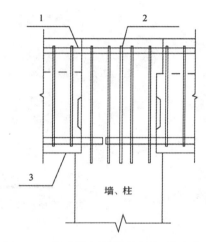

图 3-58　叠合梁与预制剪力墙、柱中节点

1—梁面筋贯通；2—U形开口箍筋；3—叠合梁

7.叠合梁节点及面层混凝土浇筑

混凝土浇筑前,应将模板内及叠合面垃圾清理干净,并剔除叠合面松动的石子、浮浆。叠合梁表面清理干净后,应在混凝土浇筑前 24 h 对节点及叠合面浇水湿润,浇筑前 1 h 吸干积水。

浇筑时,叠合梁节点采用较原结构高一标号的无收缩混凝土浇筑,布料要均匀,堆积高度不宜过高,以免荷载集中。厚度较大的叠合层,宜先用插入式振动棒顺浇灌方向平插振捣,在墙、梁部位钢筋较密集处应加强振捣,然后用平板振动器振捣。应确保叠合梁槽内及叠合梁与框架梁接头处混凝土的密实,发现跑模、漏浆时应及时处理。浇筑完成后采取覆盖浇水养护,在正常情况下,浇水养护时间不小于 7 d。

8.叠合梁支撑体系拆除

叠合梁浇筑的混凝土达到设计强度后,方可拆除叠合梁支撑体系。

9.成品保护

(1)叠合梁进场后堆放不得超过四层。

(2)叠合梁吊装施工之前,应采用橡胶材料保护叠合走道板成品阳角。

（3）叠合梁在起吊过程中应采用慢起、快升、缓放的操作方式，防止叠合板在吊装过程中与建筑物碰撞造成缺棱掉角。

（4）叠合梁在施工吊装时不得踩踏板上钢筋，避免其偏位。

3.3.6　预制墙板与结构柱的连接

预制墙板与结构柱的连接如图 3-59 和图 3-60 所示。

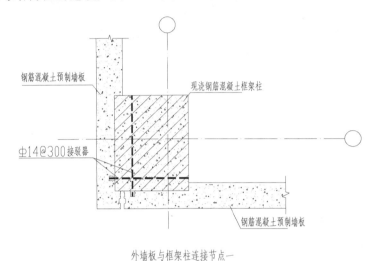

图 3-59　外墙板与框架柱连接节点一

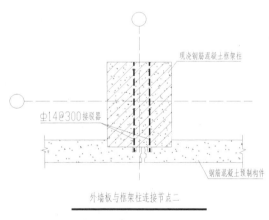

图 3-60　外墙板与框架柱连接节点二

3.3.7　装配式生产软件操作：预制梁吊装操作说明

1.进入模块

在软件模块界面选择"预制梁吊装"，并单击"进入"（见图 3-61）。

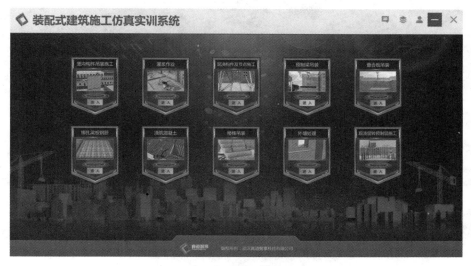

图 3-61 进入模块

2.测量放线

1）绘制水平位置线

单击场景中的"绘制预制梁水平位置线"的标识,打开图纸,识读相关信息,根据施工图纸,在预制墙和现浇墙模板侧面放出预制梁的水平位置线和控制线;在施工图中,预制梁搁置在剪力墙上,搁置的长度为 10 mm(见图 3-62)。

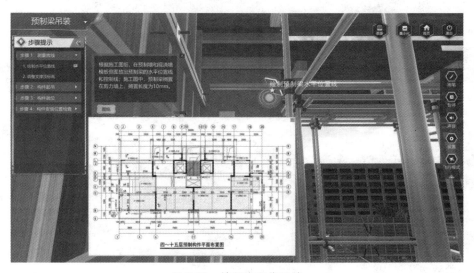

图 3-62 绘制水平位置线

2）调整支撑顶标高

打开图纸,识读构件相关信息,单击场景中的"调整预制梁标高支撑"的标识,从立杆上的 1 米标高线,测量出预制梁的底标高,调整顶托位置,使木方上表面与梁底标高齐平(见图3-63)。

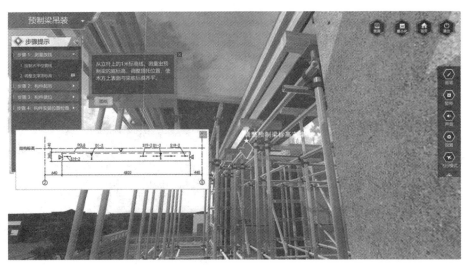

图 3-63　调整支撑顶标高

3.构件起吊

1）确定构件型号

单击场景中"选择构件"的标识,打开图纸,确定构件的信息,根据施工图,吊装 PCL8,在预制梁的堆放区,选择对应的构件(见图 3-64)。

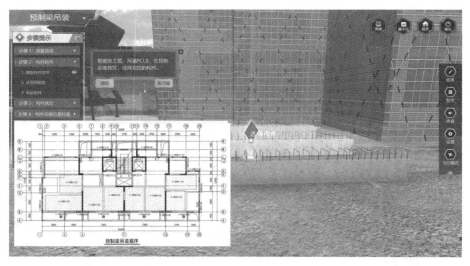

图 3-64　确定构件型号

2）试吊预制梁

单击场景中"试吊"的标识,将鸭嘴口吊具安装在预制梁的吊钉上,再将吊具与吊环连接,注意吊链与构件的水平夹角不应小于 45°;连接牢固后,将梁吊起至地面约 500 mm 时,暂停几秒,观察受力情况,防止出现滑钩现象(见图 3-65)。

3）吊运构件

单击场景中"吊运构件"的标识,若无异常情况,即可继续吊运构件,保持预制梁水平,将构件吊至作业层上方,吊运过程中,作业区下方不允许有人随意走动,防止出现意外(见图 3-66)。

图 3-65　试吊预制梁

图 3-66　吊运构件

4.构件就位

单击场景中的"引导就位"的标识,预制梁下降至离楼面约 1.5 m 时,工作人员手扶构件调整位置,使梁边与水平位置线基本吻合,然后再将梁缓慢吊放至木方上。安装时,应避免预制梁上的外伸钢筋与剪力墙钢筋打架,放下时,要平稳慢放,严禁快速猛放,以避免冲击力过大造成梁头混凝土损坏(见图 3-67)。

5.构件安装位置检查

1)吊装其他构件

单击场景中的"脱钩连续吊装其他构件"的标识,预制梁放置平稳后,检查预制梁的水平位置,如果没有较大的误差,即可脱钩连续吊装其他的预制构件(见图 3-68)。

2)复核预制梁标高

单击场景中的"复核预制梁标高"的标识,打开资料,确定构件的标高以及允许的偏差范围,根据立杆上的 1 米的标高线,使用卷尺复测梁底的标高,其标高的允许误差应控制在 5 mm 之内(见图 3-69)。

图 3-67　构件就位

图 3-68　吊装其他构件

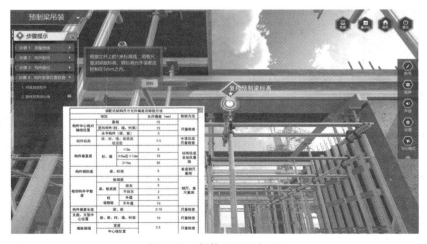

图 3-69　复核预制梁标高

知识拓展

1.预制混凝土梁施工图识读

某工程预制混凝土梁如图 3-70 至图 3-73、表 3-6 和表 3-7 所示,其工程概况如下:预制梁按环境类别一类设计,最外层钢筋保护层厚度按 20 mm 设计,构件抗震等级为三级,钢筋采用 HPB300、HRB400、HRB500,钢材采用 Q235-B 级钢材;构件吊装用吊件、临时支撑用预埋螺母等其他预埋件应符合国家现行有关标准的规定;图中未注明吊筋均为 2 根直径 16 mm 的 HRB400 三级钢;预制梁均采用凹口截面叠合梁,预制梁端面均设置有键槽。

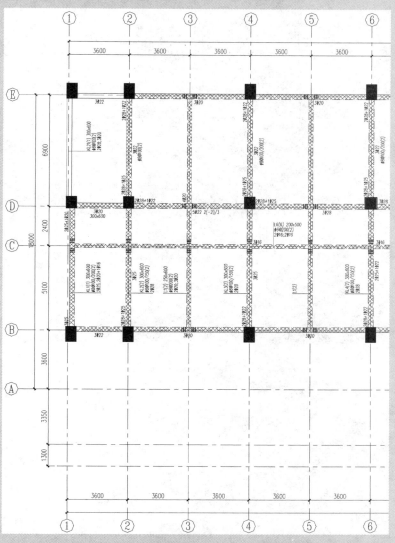

图 3-70 预制梁平面布置图

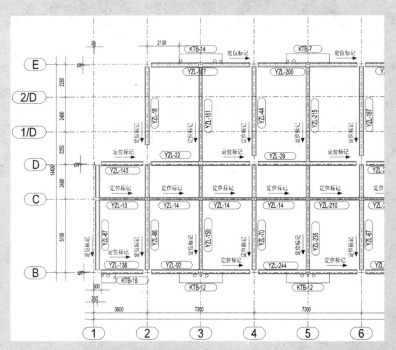

图 3-71　预制梁安装布置图

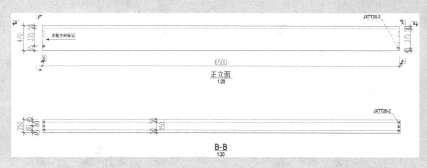

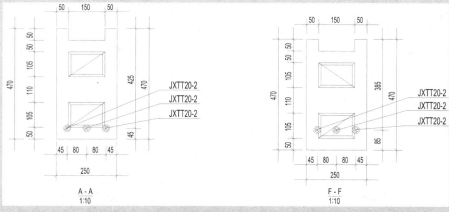

图 3-72　预制梁 YZL-161(L1)模板图

续表

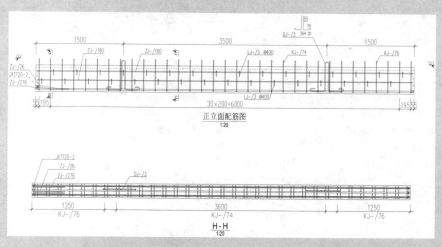

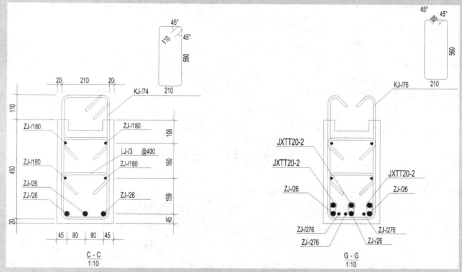

图 3-73　预制梁 YZL-161(L1)配筋图

表 3-6　预制梁 YZL-161(L1)钢筋材料表

编号	直径	数量	等级	长度	单重	总重	弯曲形状
ZJ-/180	10	4	HRB400	6450	3.98	15.9	6450
ZJ-/276	12	3	HRB500	540	0.48	1.4	540
DJ-/3	12	2	HPB300	1750	1.55	3.1	64 79 264 74 532
KJ-/76	8	14	HRB400	1440	0.57	8.0	45° 210 80 560 45°

续表

编号	直径	数量	等级	长度	单重	总重	弯曲形状
LJ-/3	8	32	HPB300	410	0.16	5.2	210 / 45° / 45° / 106
ZJ-/26	20	3	HRB500	6450	15.93	47.8	9° / 100 9° / 245 6115
KJ-/74	8	19	HRB400	1690	0.67	12.7	110 / 210 / 560
总重						94.1	

表 3-7   预制梁 YZL-161(L1)其他材料表

零件号	规格	长度	材质	数量		重量/kg		备注
				单件数量	总数量	单重	总重	
混凝土-Y	250×470	6500	C30	1	1	1909.4	1909.4	
JXTT20-2	30×5	45	Q235B	6	786	0.1	104.1	
合计							2013.5	

1)预制梁平面图识读

(1)预制梁模板图识读。

从图 3-72 中可以读取出 YZL-161 模板图中的以下内容:

预制梁的断面尺寸 250 mm×470 mm,总长 6500 mm;梁顶两边翻边尺寸厚度 50 mm,高度 50 mm,两翻边之间凹槽宽度 150 mm;梁两端 4 个键槽尺寸均为 160 mm×105 mm,厚度 30 mm,同一端面两个键槽之间的距离为 110 mm;梁两端各有 3 个预埋件 JXTT20-2,距离梁左右两侧均为 45 mm,相邻之间的距离为 80 mm,左端面距离底部 85 mm,右端面距离底部 45 mm。

(2)预制梁配筋图识读。

从图 3-73 和表 3-6 中可以读取出 YZL-161 配筋图中共有 7 种类型的钢筋,根据前面工程概况,构件抗震等级三级,各种钢筋信息内容如下:

① ZJ-/180 号钢筋为 4 根直径 10 mm 的 HRB400 三级钢,两端直锚。

② ZJ-/276 号钢筋为 3 根直径 12 mm 的 HRB500 四级钢,两端直锚。

③ DJ-/3 号钢筋为 2 根直径 12 mm 的 HPB300 一级钢,吊筋。

④ KJ-/76 号钢筋为 14 根直径 8 mm 的 HRB400 三级钢,为上端开口的双肢箍。

⑤ LJ-/3 号钢筋为 32 根直径 8 mm 的 HPB300 一级钢,拉筋,两端弯锚 135°弯钩,直锚长度 106 mm。

⑥ ZJ-/26 号钢筋为 3 根直径 20 mm 的 HRB500 四级钢，左端弯起 9°，右端直锚。

⑦ KJ-/74 号钢筋为 19 根直径 8 mm 的 HRB400 三级钢，双肢箍，两端弯锚 135° 弯钩，直锚长度 110 mm。

2）预制梁详图识读

从图 3-73 的正立面配筋图和 C—C、G—G 断面图可知，正立面钢筋图中：第一根箍筋距离左右两端面均为 55 mm，第一根与第二根之间距离 195 mm，中间箍筋的间距均为 200 mm；两根吊筋距离梁两端距离均为 1500 mm，两根吊筋之间的距离为 3500 mm。C—C 断面图中：两个吊筋之间的箍筋均为封闭的双肢箍，沿梁的高度方向设置两道拉筋。G—G 断面图中，两个吊筋外侧的箍筋各设置了 7 根上部开口的双肢箍，与 C—C 断面图相比，底部增加了 3 根 ZJ-/276 钢筋；梁底部 3 根 ZJ-/26，两端分别伸入梁两端面的三个预埋件 JXTT20-2 中。

3）预制梁施工图识读实训

某工程预制梁 YZL-18 如图 3-74 和图 3-75、表 3-8 和表 3-9 所示，阅读该预制梁模板图及配筋图的相关内容。

图 3-74　预制梁 YZL-18（KL2）模板图

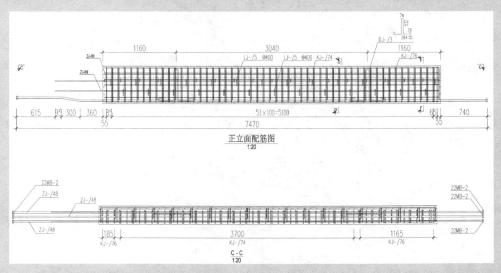

图 3-75　预制梁 YZL-18（KL2）配筋图

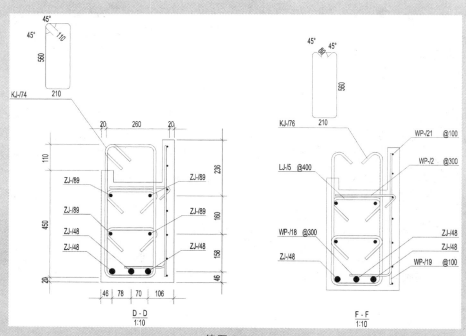

续图 3-75

表 3-8　预制梁 YZL-18（KL2）配筋表

编号	直径	数量	等级	长度	单重	总重	弯曲形状
WP-/19	5	36	HPB300	550	0.08	3.0	550
WP-/21	5	7	HPB300	5310	0.82	5.7	5310
ZJ-/89	12	4	HRB400	6090	5.41	21.6	6090
DJ-/3	12	1	HPB300	1750	1.55	1.6	64 79 264 74 532
DJ-/4	12	1	HPB300	1750	1.55	1.6	64 79 264 74 532
KJ-/70	8	1	HRB400	1550	0.61	0.6	45° 260 110 560 45°
KJ-/76	8	16	HRB400	1440	0.57	9.1	45° 210 80 560 45°

续表

编号	直径	数量	等级	长度	单重	总重	弯曲形状
LJ-/5	8	27	HPB300	410	0.16	4.4	210　45°　45°　106
WP-/2	5	19	HPB300	300	0.05	0.9	248　45°　62
WP-/18	5	18	HPB300	670	0.10	1.9	515　172
ZJ-/48	22	3	HRB500	7470	22.29	66.9	711 9°　306 9°　6461
KJ-/74	8	38	HRB400	1690	0.67	25.4	110　210　560
总重						142.6	

表 3-9　预制梁 YZL-18（KL2）其他材料表

零件号	规格	长度	材质	数量		重量/kg		备注
				单件数量	总数量	单重	总重	
混凝土-Y	300×600	5360	C30	1	1	2412.0	2412.0	
22MB-2	PL22×54	54	Q235B	6	1092	0.5	549.9	
合计							2961.9	

2.预制混凝土梁工程量计算

1）预制梁钢筋与预埋件工程量计算

预制梁钢筋工程量,设计有规定时按设计规定计算,如图 3-73（YZL-161）和表 3-6 所示,给出了该预制梁中 7 种钢筋的设计用量;设计未规定的,可按以下方法进行计算,135°弯钩增加长度按 $1.9d$,平直段长度取 $\max(10d,75)$ 计算。

（1）ZJ-/180 号钢筋长度＝（6500－20×2）mm＝6460 mm,共 4 根,总长度＝6460×4 mm＝25840 mm。

（2）ZJ-/276 号钢筋长度＝540 mm,共 3 根,总长度＝540×3 mm＝1620 mm。

（3）DJ-/3 号钢筋长度＝（264＋6.25×12＋532＋37）×2 mm＝1816 mm,共 2 根,总长度＝1816×2 mm＝3632 mm。

（4）KJ-/76 号钢筋长度＝［250－20×2＋（600－20×2）×2＋11.9×8×2］mm＝1520.4 mm,共 14 根,总长度＝1520.4×14 mm＝21285.6 mm。

（5）LJ-/3 号钢筋长度＝（250－20×2＋11.9×8×2）mm＝400.4 mm,共 32 根,总长度＝400.4×32 mm＝12812.8 mm。

（6）ZJ-/26 号钢筋长度＝（6500－20×2）mm＝6460 mm,共 3 根,总长度＝6460×3 mm＝19380 mm（9°弯折可忽略不计）。

　　(7) KJ-/74 号钢筋长度＝[(250－20×2)×2＋(600－20×2)×2＋11.9×8×2] mm
＝1730.4 mm,共 19 根,总长度＝1730.4×19 mm＝32877.6 mm。

2) 预制梁混凝土与配料工程量计算

(1) 计算预制梁混凝土工程量。

　　单根 YZL-161 混凝土工程量＝0.25×0.47×6.5 m³－0.15×0.05×6.5 m³

$$－0.16×0.105×0.03×4 \text{ m}^3(键槽)＝0.713 \text{ m}^3$$

(2) 计算混凝土配料工程量。

　　假设混凝土的石子粒径＜16 mm,参考山东省建筑工程消耗量定额 C30 混凝土每立
方米水泥(32.5 MPa)用量 0.505 t,黄砂(过筛中砂)用量 0.355 m³,碎石(15 mm)用
量 0.862 m³,水用量 0.21 m³,则该板各材料用量如下:

$$水泥用量＝0.713×0.505 \text{ t}＝0.36 \text{ t}$$
$$黄砂用量＝0.713×0.355 \text{ m}^3＝0.253 \text{ m}^3$$
$$碎石用量＝0.713×0.862 \text{ m}^3＝0.615 \text{ m}^3$$
$$水用量＝0.713×0.21 \text{ m}^3＝0.15 \text{ m}^3$$

3) 预制梁工程量计算实训

　　某工程预制梁 YZL-18 如图 3-74 和图 3-75、表 3-8 和表 3-9 所示,试计算该预制
梁钢筋及混凝土相应工程量。

课后习题

一、填空题

1.预制混凝土梁根据制造工艺不同可分为 _____、_____、
_____ 三类。

2.梁、柱等体积较大的预制构件宜采用_____养护方式。

3.由于梁为较厚预制构件,起吊时,其混凝土强度不应小于_____ MPa。

4.预制梁验收合格后,应在明显部位标识_____、_____
和_____。

5.构件运输的总高度不宜超过_____ m,总宽度不宜超过运输车辆的车宽;
_____、_____、_____的大型构件的运输和码放应采取质量安全保
证措施。

二、简答题

1.简要回答预制混凝土梁的生产工艺流程。

2.简要回答预制梁装车运输要求。

3.简要回答叠合梁安装施工工艺流程。

三、实操题

1.正确操作"预制梁生产工艺"。

2.正确操作"预制梁吊装"。

单元 4

预制混凝土墙

YUZHI HUNNINGTU QIANG

学习目标

知识目标：

1. 熟悉预制混凝土墙构件生产流程。

2. 了解预制混凝土墙存储与运输注意事项。

3. 掌握预制混凝土墙施工流程与工艺要求。

能力目标：

1. 能够在现场协助工程师进行装配式构件安装。

2. 能够控制并确保结构安装质量措施满足设计及施工要求。

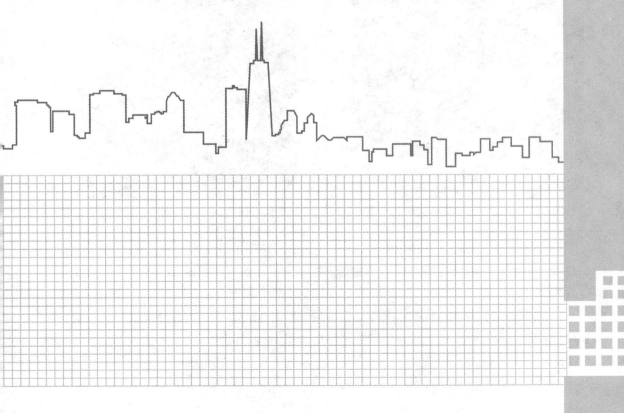

4.1 　预制混凝土墙构件生产

预制混凝土墙构件是指在预制厂（场）加工制成供建筑装配用的混凝土板形构件，其受力构件主要包括预制混凝土剪力墙外墙板和预制混凝土剪力墙内墙板。

目前常用的预制混凝土剪力墙外墙板如图 4-1 所示，它由外叶板、保温层和内叶板三部分组成，也称为预制混凝土夹心保温剪力墙墙板。保温层与内外叶之间采用拉结件连接，内叶板侧面通过预留钢筋与现浇剪力墙边缘构件连接，底部通过钢筋灌浆套筒与下层预制剪力墙预留钢筋连接。

预制剪力墙内墙板侧面在施工现场通过预留钢筋与现浇剪力墙边缘构件连接，底部通过钢筋灌浆套筒与下层预制剪力墙预留钢筋连接，如图 4-2 所示。

图 4-1　预制混凝土剪力墙外墙板

图 4-2　预制混凝土剪力墙内墙板

现以一块预制混凝土剪力墙外墙板为例，详细说明预制混凝土墙构件的生产过程。该预制混凝土剪力墙外墙板选用了标准图集 15G365-1《预制混凝土剪力墙外墙板》中编号为 WQ-3028 的内叶板，与之对应的外叶板选用了该图集给出的 wy1 类型，内叶墙板厚度 200 mm，外叶墙板厚度 60 mm，中间夹心保温层厚度 30～100 mm，外叶墙板作为荷载通过拉结件与承重内叶墙板相连。其生产工艺流程如图 4-3 所示。

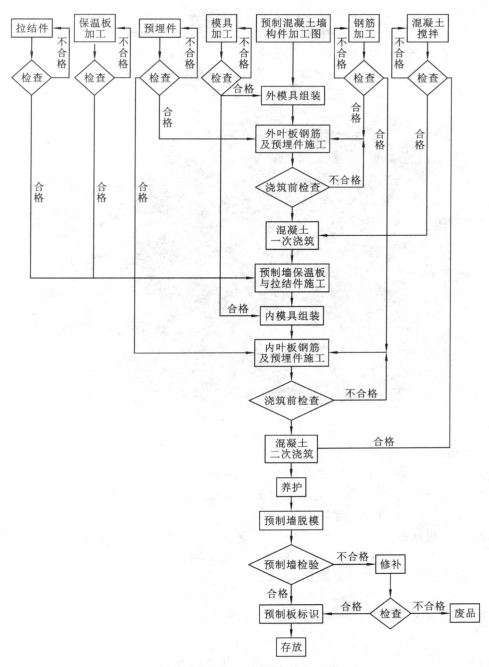

图 4-3 预制剪力墙外墙板生产工艺

4.1.1 预制墙生产外模具组装

1.模具选择

根据预制混凝土夹心保温剪力墙墙板的浇筑顺序,可将模具分为两层,第一层为外叶墙板＋保温层,第二层为内叶墙板。第一层模具作为第二层的基础,在第一层的连接处需要加固。

由 WQ-3028 模板图可知,其外叶板宽度为 3000 mm,高度为 2800 mm,厚度为 60 mm,夹心保温板可选厚度 30～100 mm,因此其外叶板可选长度为 3000 mm 的底板边模,图 4-4 所示为 WQ-3028 的上下层模板。

图 4-4　WQ-3028 模板

2.底模及模具清理

模具使用前,需将底模和边模上附着的混凝土残余清理干净,具体操作及要求如下:

(1)用钢丝球或刮板将内腔残留混凝土及其他杂物清理干净,使用压缩空气将模具内腔吹干净,以用手擦拭手上无浮灰为准。

(2)所有模具拼接处均用刮板清理干净,保证无杂物残留。确保组模时无尺寸偏差。

(3)清理模具各基准面边沿,利于抹面时保证厚度要求。

(4)清理模具工装,保证工装无残留混凝土。

(5)清理模具外腔,并涂油保养。

(6)清理下来的混凝土残灰要及时收集到指定的垃圾筒内。

3.划线

自动流水线生产设备配有自动划线机,可以根据任务需要,把 CAD 文件转为划线机可识读的文件,用 U 盘或网线直接传送到划线机的主机上,划线机械手就可以根据预先编好的程序,标出边模、预埋件等位置线。作业人员根据此线能准确可靠地安装好模板和预埋件。

划线机能自动划出设计所要求的安装位置线,防止人为错误而出现不合格品,如图 4-5 所示。整个划线过程不需要人工干预,全部由机器自动完成,所划线条粗细可调,划线速度可调。

图 4-5 自动划线机

4.组模及模具固定

1）组模

按照划线机所标边模位置线组装模具，具体要求如下：

（1）模具安装前必须进行清理，清理后的模具内表面的任何部位不得有残留杂物。

（2）模具安装应按模具安装方案要求的顺序进行。

（3）选择正确型号的侧板进行拼装，组模时应仔细检查模板是否有损坏、缺件现象，损坏、缺件的模板应及时维修或者更换。

2）模具固定

（1）模具各部分的连接。模具各部分连接材料主要是螺栓，在模具加强板上打孔绞丝，通过螺栓直接连接，建议采用8.8级高强度螺栓。

（2）边模与模台的固定。边模与模台的连接方式有两种：一种是磁性边模通过磁盒连接，如图 4-6 所示；另一种是先用定位销在模具组装时快速将模具定位，定位完成后用螺栓将模具各部分组成一块，如图 4-7 所示。

图 4-6 磁盒固定边模

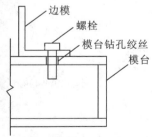

图 4-7 螺栓固定边模

（3）注意事项。

模具拼装时不许漏放紧固螺栓或磁盒，在拼接部位要粘贴密封胶条，密封胶条粘贴要平直,无间断,无褶皱,胶条不应在构件转角处搭接。

组模后,要对组模尺寸及对角线进行检查,外叶板 wy1 的对角线控制尺寸为 4099 mm。

各部位螺丝校紧,模具拼接部位不得有间隙,确保模具所有尺寸偏差控制在误差范围以内。

5.涂刷脱模剂

模具验收合格后模具面均匀涂刷脱模剂,模具夹角处不得漏涂。

1)脱模剂选用原则

(1)脱模效果较好,减小吸附力,要能确保构件在脱模起吊时不发生黏结损坏现象。

(2)能保持板面整洁,易于清理,不影响墙面粉刷质量。

2)喷涂底模

将模台移动至脱模剂工位,喷涂机的喷油管对模台表面进行脱模剂喷洒,抹光器对模台表面进行扫抹,使脱模剂均匀地涂在底板表面。喷涂机采用高压超细雾化喷嘴,可使脱模剂均匀涂刷,脱模剂厚度、喷涂范围可以通过调整喷嘴的参数与作业的数量、喷涂角度及模台运行速度来调整。

3)边模涂刷脱模剂

外叶板边模采用人工涂刷的方式涂刷脱模剂,如图 4-8 所示,涂刷时具体要求如下:

(1)涂刷脱模剂前检查模具清理是否干净。

(2)脱模剂必须采用水性隔离剂,且需时刻保证抹布(或海绵)及脱模剂干净无污染。

(3)用干净抹布蘸取脱模剂,拧至不自然下滴为宜,均匀涂抹在模具内腔,保证无漏涂。

(4)涂刷脱模剂后的模具表面不准有明显痕迹。

图 4-8　侧模涂刷脱模剂

4.1.2　预制墙外叶板钢筋施工

1.钢筋选材

wy1 外叶板中钢筋采用冷轧带肋钢筋。

冷轧带肋钢筋是由热轧圆盘条经冷轧后,在其表面冷轧成三面或二面有横肋的钢筋,如图 4-9 所示。冷轧带肋钢筋的牌号由 CRB、钢筋的抗拉强度特征值、H 构成,分为 CRB550、CRB650、CRB800、CRB600H、CRB680H、CRB800H 六个牌号。CRB550、CRB600H、

CRB680H 的公称直径范围为 4～12 mm，CRB650、CRB800、CRB800H 的公称直径为 4 mm、5 mm、6 mm。

图 4-9 冷轧带肋钢筋

根据国标《冷轧带肋钢筋》(GB/T 13788—2017)规定，冷轧带肋钢筋的力学性能及工艺性能见表 4-1。

表 4-1 冷轧带肋钢筋的力学性能和工艺性能

分类	牌号	规定塑性延伸强度 $R_{p0.2}$ MPa 不小于	抗拉强度 R_m MPa 不小于	$R_m/R_{p0.2}$ 不小于	断后伸长率% 不小于		最大力总延伸率%不小于	弯曲试验[a] 180°	反复弯曲次数	应力松弛初始应力应相当于公称抗拉强度的 70%
					A	A_{100mm}	A_{gt}			1000 h，% 不大于
普通钢筋混凝土用	CRB550	500	550	1.05	11.0	—	2.5	$D=3d$	—	—
	CRB600H	540	600	1.05	14.0	—	5.0	$D=3d$	—	—
	CRB680H[b]	600	680	1.05	14.0	—	5.0	$D=3d$	4	5
预应力混凝土用	CRB650	585	650	1.05	—	4.0	2.5	—	3	8
	CRB800	720	800	1.05	—	4.0	2.5	—	3	8
	CRB800H	720	800	1.05	—	7.0	4.0	—	4	5

[a] D 为弯心直径，d 为钢筋公称直径。

[b] 当该牌号钢筋作为普通钢筋混凝土用钢筋使用时，对反复弯曲和应力松弛不做要求；当该牌号钢筋作为预应力混凝土用钢筋使用时应进行反复弯曲试验代替 180°弯曲试验，并检测松弛率。

2. 钢筋加工

1) 钢筋调直

调直工艺可以选用卷扬机调直机械，钢筋应调直，无局部弯曲。钢筋调直时，应注意以下事项：

（1）拉直钢筋，卡头要卡牢，地锚要结实牢固，拉筋沿线 2 米区域内禁止行人。人工绞磨拉直，不准用胸、肚接触推杠，并缓慢松解，不得一次松开。

（2）冷拉卷扬机前应设置防护挡板，没有挡板时，应将卷扬机与冷拉方向成 90 度角，并且应用封闭式导向滑轮。操作时要站在防护挡板后，冷拉场地不准站人和通行。

（3）冷拉和张拉钢筋要严格按照规定应力和伸长率进行，不得随便变更。不论拉伸或放松钢筋都应缓慢均匀。发现油泵、千斤顶、锚卡有异常，应立即停止张拉。

（4）当钢筋送入后，手与曳轮必须保持一定距离，不得接近。送料前应将不直的料头切去，导向筒前应装一根 1 m 长的钢管，钢筋必须先穿过钢管再送入调直机前端的导孔内。作业后，应松开调直筒的调直块并回到原来位置，同时预压弹簧必须回位。

2）钢筋除锈

经过冷拉的钢筋，一般不必再进行除锈。锈蚀得不很严重的浮锈，可采用麻袋布擦拭；如钢筋锈蚀较严重，则可采用人工除锈（用钢丝刷、砂盘）、酸洗除锈、喷砂或除锈机除锈等。

3）钢筋切断

按照钢筋下料尺寸进行剪切，剪切成型的钢材尺寸偏差不得超过 ±5 mm，保证成型钢材平直，不得有毛糙。剪切后的半成品料要按照型号整齐地摆放到指定位置。

剪切后的半成品料要进行自检，如超过误差标准严禁放到料架上。如质检员检查料架上有尺寸超差的半成品料要对钢筋班组相关责任人进行处罚。

3.钢筋骨架制作

根据 wy1 配筋图进行外叶板钢筋骨架制作，钢筋网中竖向筋与水平筋间距均小于或等于 150 mm，钢筋骨架制作好后必须放在平整干燥的场地上。

4.钢筋连接

外叶板 wy1 中钢筋网片采用电阻点焊的方式连接，这种焊接方式适用于直径 6～14 mm 的 HPB235 和 HRB335 钢筋、直径 3～5 mm 的冷拔低碳钢丝，它生产效率高，节约材料，应用广泛。电阻点焊的工作原理是将已除锈的钢筋交叉点放在点焊机的两电极间，使钢筋通电发热至一定温度后，加压使焊点金属焊合。常用的点焊机有单点点焊机、多点点焊机和悬挂式点焊机，施工现场还可采用手提式点焊机。电阻点焊焊接节点如图 4-10 所示。

5.钢筋入模

钢筋入模有两种方式，一种是墙板类构件全自动入模，一种是通过起重机人工入模。无论采用何种方式入模，钢筋网片入模后应检查其长度、宽度和网眼尺寸，长宽允许偏差为 ±10 mm，网眼尺寸允许偏差为 ±20 mm。

4.1.3 预制墙混凝土一次浇筑及振捣

钢筋网入模后，模台移至振动平台，控制室控制搅拌站开始搅拌混凝土，完成搅拌后下料至混凝土运输小车，小车通过空中轨道运行至布料机上方并向布料机投料，布料机扫描到基准点开始自动布料，布料完成后振动平台开始工作，至混凝土表面无明显气泡时停止工作。

混凝土浇筑及振捣时的要点如下：

图 4-10 钢筋网片的电阻点焊焊接节点

（1）浇筑前检查混凝土坍落度是否符合要求，过大或过小不允许使用，且要料时不准超过理论用量的 2%。

（2）浇筑振捣时尽量避开埋件处，以免碰偏埋件。

（3）采用人工振捣方式，振捣至混凝土表面无明显气泡溢出，保证混凝土表面水平，无突出石子。

（4）浇筑时控制混凝土厚度，在达到设计要求时停止下料。

（5）工具使用后清理干净，整齐放入指定工具箱内。

（6）及时清扫作业区域，垃圾放入垃圾桶内。

4.1.4 预制墙保温板与拉结件施工

1.保温材料

保温材料主要有聚苯板、挤塑聚苯板、石墨聚苯板、真金板、泡沫玻璃保温板、发泡聚氨酯板、真空绝热板等。外墙板 WQ-3028 保温材料采用挤塑聚苯板，如图 4-11 所示。

图 4-11 挤塑聚苯板

挤塑聚苯板也是聚苯板的一种,简称 XPS 板,是以聚苯乙烯树脂或其共聚物为主要成分,添加少量添加剂,通过加热挤塑成型而制得的具有闭孔结构的硬质泡沫塑料制品,其导热系数为 0.030 W/(m·K),集防水和保温作用于一体,刚度大,抗压性能好。

2.保温材料拉结件

外墙保温拉结件(见图 4-12)是用于连接预制保温墙体内、外层混凝土墙板,传递墙板剪力,以使内外层墙板形成整体的连接器。拉结件宜选用纤维增强复合材料加工制成。

图 4-12 外墙保温拉结件

拉结件的设置方式应满足以下要求:

(1)棒状或片状连接件宜采用矩形或梅花形布置,间距一般为 400～600 mm,连接件与墙体洞口边缘距离一般为 100～200 mm;当有可靠依据时,也可按设计要求确定。

(2)拉结件的锚入方式、锚入深度、保护层厚度等参数应满足现行国家相关标准的规定。

3.保温板半成品加工

保温板切割应按照构件的外形尺寸、特点,合理、精准地下料。所有通过保温板的预留孔洞均要在挤塑板加工时,留出相应的预留孔位。

保温板半成品加工要满足表 4-2 的规定。

表 4-2 保温板半成品加工尺寸要求

项目	尺寸要求	检查方法
保温板拼块尺寸	±2 mm	钢尺
预留孔洞尺寸	中心线±3 mm,孔洞大小 0～+5 mm	钢尺

4.保温板及拉结件安装

图 4-13 为预制剪力墙外墙结构示意图,在外叶板混凝土浇筑后 20 分钟内,需要在混凝土处于可塑状态时将保温板和拉结件铺装到混凝土上,拉结件穿过保温板上的预钻孔插入混凝土的底层,插入时应将拉结件旋转 90 度,使拉结件尾部与混凝土充分接触,直到塑料套圈紧密顶到挤塑板表面,到达指定的嵌入深度,如图 4-14 所示。

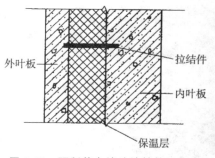

图 4-13　预制剪力墙外墙结构示意图

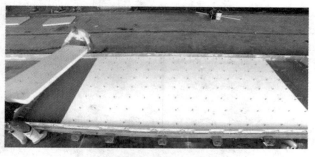

图 4-14　保温板及拉结件安装

安装厚度大于 75 mm 的保温板时,必须使用混凝土平板振动器在保温板上表面对每一个拉结件进行振动。

挤塑板及拉结件安装控制要点如下:

(1) 按图纸尺寸用电锯切割挤塑板,保证切口平整,尺寸准确。

(2) 挤塑板应按照图纸要求使用专用工具进行打孔。

(3) 拉结件与孔之间的空隙使用发泡胶封堵严实。

(4) 保证在混凝土初凝前完成挤塑板安装,使挤塑板与混凝土粘贴牢固。

(5) 挤塑板安装完成后检查整体平整度,有凹凸不平的地方需及时处理。

(6) 拼装时不允许错台,外叶墙与挤塑板的总厚度不允许超过侧模高度。

(7) 在预留孔处安装连接件,保证安装后的连接件竖直、插到位。

(8) 连接件安装完成后再次整体振捣,以保证连接件与混凝土锚固牢固。

(9) 挤塑板找平或调整位置时,使用橡胶锤敲打,如需要站在挤塑板上作业,必须戴鞋套,避免弄脏挤塑板。

4.1.5　预制墙生产内模具组装

因为内叶板 WQ-3028 厚度为 200 mm,可以选择 200 mm 厚的槽钢作为内叶板边模,模具组装流程可参考外叶板模具组装流程。

4.1.6　预制墙内叶板钢筋与预埋件施工

1. 预制墙内叶板钢筋施工

根据内叶板 WQ-3028 的配筋图完成钢筋骨架制作,钢筋网和钢筋骨架的安装应尽量采用先绑扎成型、后安装的方法。钢筋绑扎安装之前,先熟悉图纸,核对成品钢筋的钢号、直径、形状、尺寸和数量等是否与配料单、料牌相符,研究钢筋安装和有关工种的配合顺序,准备绑扎用的钢丝、绑扎工具、绑扎架等。

钢筋绑扎安装用的钢丝,可采用 20～22 号钢丝(火烧丝)或镀锌钢丝(铅丝),其中 22 号钢丝只用于绑扎直径 12 mm 以下的钢筋。绑扎工具可选用钢筋钩,如图 4-15 所示。

钢筋绑扎安装的要求:

(1) 钢筋的交叉点宜采用铁丝扎牢,绑扎钢筋网片一般用单根铁丝。绑扎铁丝的长度

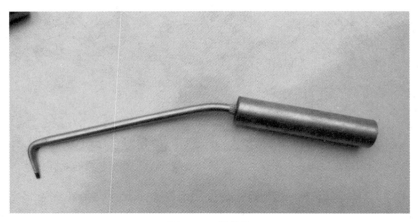

图 4-15　钢筋钩

一般用钢筋钩拧 2～3 转后,铁丝出头长度留 20 mm 左右为宜。

(2) 墙的钢筋网除靠近外围两行钢筋的相交点全部绑扎外,中间部分交叉点可间隔交错扎牢,双向受力的钢筋必须全部扎牢。

(3) 箍筋转角与钢筋的交接点均应绑扎,但箍筋平直部分和钢筋的交接点可成梅花式交错绑扎。

(4) 为防止骨架发生歪斜变形,绑扣应采用八字形绑扎法(分左右方向扎扣)。

(5) 绑扎时必须先将接头绑好,不允许接头和钢筋一起绑扎。

(6) 大面积网片绑扎时,为防止歪斜,不应从头到尾逐个绑扎,应隔十几个交叉点绑一个,但四周交叉点应先绑扎,找直后再进行全部绑扎。

(7) 钢筋绑扎前,首先应根据不同的构件确定相应的绑扎顺序,特别是在一些钢筋种类、编号、数量多,形状复杂、标高层叠的构件中,更应结合具体情况逐个编号,并按顺序绑扎,以免错绑、漏绑或钢筋穿不进去造成返工,造成人力和材料的浪费,影响工期。

2. 预制墙内叶板预埋件施工

由 WQ-3028 模板图中的预埋件表可知,内叶板 WQ-3028 使用的预埋件有吊件 2 个、临时支撑预埋螺母 4 个、灌浆套筒 4 个、预埋线盒。

1) 吊件

吊件主要用于预制墙板的垂直吊装,现在多采用圆头吊钉、套筒吊钉、平板吊钉等。

(1) 圆头吊钉。

圆头吊钉(见图 4-16)适用于所有预制混凝土构件的起吊,例如墙体、柱子、横梁、水泥管道。它的特点是无须加固钢筋,拆装方便,性能卓越,使用操作简便。通常,在尾部的孔中栓上锚固钢筋,以增强圆头吊钉在预制混凝土中的锚固力。圆头吊钉的安装示意图如图 4-17 所示。

(2) 套筒吊钉。

套筒吊钉(见图 4-18)适用于所有预制混凝土构件的起吊。其优点是预制混凝土构件表面平整;缺点是采用螺纹接驳器时,需要将接驳器的丝杆完全拧入套筒中,如果接驳器的丝杆没有拧到位或接驳器的丝杆受到损伤时可能降低其起吊能力,因此,在大型构件中较少使用套筒吊钉。

图 4-16　圆头吊钉

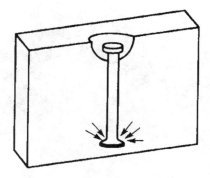

图 4-17　圆头吊钉安装示意图

（3）平板吊钉。

平板吊钉（见图 4-19）适用于所有预制混凝土构件的起吊，尤其适合墙板类薄型构件。平板吊钉的优点是起吊方式简单，安全可靠。

图 4-18　套筒吊钉

图 4-19　平板吊钉

2）临时支撑预埋螺母

临时支撑使用预埋螺母的好处是，构件的表面没有凸出物，便于运输和安装，如图 4-20 所示。

3）灌浆套筒

（1）灌浆套筒分类。

灌浆连接套筒按照结构形式分类，分为半灌浆套筒和全灌浆套筒。

半灌浆套筒：一端采用灌浆方式连接，另一端采用螺纹连接的灌浆套筒。一般用于预制墙、柱主筋连接，如图 4-21 所示。

全灌浆套筒：接头两端均采用灌浆方式连接的灌浆套筒。主要用于预制梁主筋的连接，也可以用于预制墙、柱主筋的连接，如图 4-22 所示。

内叶板 WQ-3028 底部通过钢筋灌浆套筒与下层预制剪力墙预留钢筋连接，连接套筒选用半灌浆套筒。

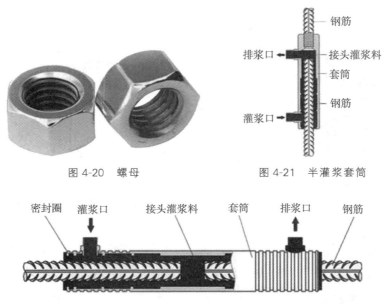

图 4-20　螺母　　　　　　　　图 4-21　半灌浆套筒

图 4-22　全灌浆套筒

（2）灌浆套筒安装辅件。

① 出浆管。

出浆管是套筒灌浆接头与构件外表面联通的通道,需要保证生产中出浆管与灌浆套筒连接处连接牢固,且可靠密封,同时管路全长内截面要圆形饱满,保证灌浆通路顺畅。

选用的出浆管内(外)径尺寸精确,与套筒接头(孔)相匹配,安装配合紧密,无间隙,密封性能好;管壁坚固,不易破损或压扁,弯曲时不易折叠或扭曲变形影响管道内径,首选硬质PVC 管,其次是薄壁 PVC 增强塑料软管,如图 4-23 所示。

图 4-23　出浆管

② 套筒固定组件。

固定组件是装配式混凝土结构预制构件生产的专用部件,使用该组件可将灌浆套筒与预制构件的模板进行连接和固定,并将灌浆套筒的灌浆腔口密封,防止预制构件混凝土浇筑、振捣中水泥砂浆侵入套筒内,如图 4-24 所示。

③ 出浆管磁力座固定件。

出浆管磁力座固定件由铁件和强磁铁组成,一端连接灌浆或出浆软管,另一端吸固在预制构件模板上,以便将灌浆管引导至构件表面。

使用时,将磁力座接头插进灌浆管,出浆管另一端套在灌浆套筒注浆或出浆接头上,用

图 4-24 螺母锁紧挤压式固定组件

细铁丝扎紧管子与接头配合段,按照出浆口位置要求将磁力座吸在模台上。图 4-25 为灌浆出浆管及配套磁力座固定件。

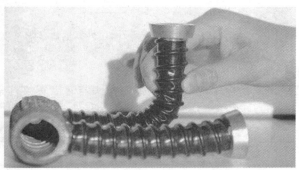

图 4-25 灌浆出浆管及配套磁力座固定件

④ 灌浆出浆管专用堵头。

灌浆出浆管专用堵头是密封硬质灌浆管、出浆管专用密封件,主要用于灌浆套筒 PVC 硬质管材的端口密封,如图 4-26 所示。

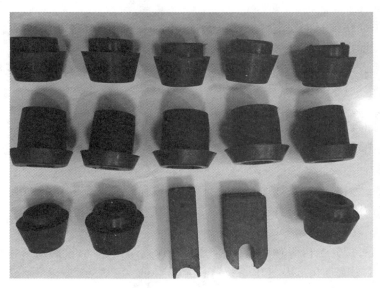

图 4-26 各类堵头

（3）半灌浆套筒安装。

① 半灌浆套筒连接钢筋的直螺纹丝头加工。

使用螺纹环规检查钢筋丝头螺纹直径：环规通端丝头应能顺利旋入，止端丝头旋入量不能超过 $3P$（P 为丝头螺距），如图 4-27 所示。

使用直尺检查丝头长度。目测丝头牙形，不完整牙累计不得超过 2 圈。

操作者 100％自检，合格的报验，不合格的切掉重新加工。

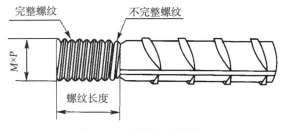

图 4-27　钢筋丝头螺纹

② 钢筋丝头与半灌浆套筒的连接。

用管钳或呆扳手拧钢筋，将钢筋丝头与套筒螺纹拧紧连接。

用力矩扳手检验拧紧扭矩，见表 4-3。

表 4-3　钢筋与套筒直螺纹连接拧紧扭矩

钢筋直径/mm	≤16	18～20	22～25	28～32
拧紧扭矩/(N·m)	100	200	260	320

拧紧后钢筋在套筒外露的丝扣长度应大于 0 扣，且不超过 1 扣。

③ 灌浆套筒固定在模板上。

将连接钢筋按构件设计布筋要求进行布置，绑扎成钢筋骨架，灌浆套筒安装或连接在钢筋上。

钢筋骨架吊放在预制构件平台上的模板内，将套筒外侧一端靠紧预制构件模板，用套筒专用固定件进行固定（固定精度决定套筒位置精度，非常重要）。

使用弹性橡胶垫密封固定件，橡胶垫应小于灌浆套筒内径，且能承受蒸养和混凝土发热后的高温，反复压缩使用后能恢复原外径尺寸。

套筒固定后，检查套筒端面与模板之间有无缝隙，保证套筒与模板端面垂直。

④ 灌浆管、出浆管安装。

将灌浆管、出浆管插在套筒灌排浆接头上，并插入到要求的深度。灌浆管、出浆管的另一端引到预制构件混凝土表面。

可用专用密封（橡胶）堵头或胶带封堵好端口，以防浇筑构件时管内进浆。连接管要绑扎固定，防止浇筑混凝土时移位或脱落。

⑤ 构件外观检验。

半灌浆套筒可用光照肉眼观察，直管采用钢棒探查，软管弯曲管路用液体冲灌以出水状况和压力判断，检查套筒内腔及进出浆管路有无泥浆和杂物侵入。

4）预埋线盒

线盒预埋时，需要注意以下事项：

（1）根据图纸标出统一尺寸，要做到水平一致。

（2）绑扎方法是，不要从前面绑，从后面往前斜线十字交叉绑扎。

（3）进线盒的管必须封口，防止混凝土灌入。

4.1.7 预制墙混凝土二次浇筑及振捣

1.二次浇筑及振捣

内叶板钢筋及预埋件安装完成后，搅拌站开始搅拌混凝土，完成搅拌后下料至混凝土运输小车，小车通过空中轨道运行至布料机上方并向布料机投料，布料机扫描到基准点开始自动布料（见图4-28），采用振捣棒进行人工振捣，至混凝土表面无明显气泡后松开底模。

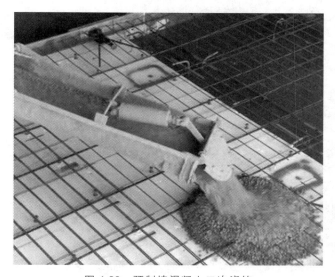

图 4-28 预制墙混凝土二次浇筑

2.赶平

完成混凝土二次浇筑及振捣工序的模台驱动至赶平工位，振动赶平机开始工作，振动赶平机对混凝土表面进行振捣，在振捣的同时对混凝土表面进行刮平，如图4-29所示。

图 4-29 赶平机

3.粗糙面处理

内叶板 WQ-3028 与后浇混凝土相连的部位预留了 30 mm×5 mm 的凹槽,既是保障预制混凝土与后浇混凝土接缝外观平整度的措施,同时也能够防止后浇混凝土漏浆。

预制混凝土剪力墙外墙内叶板的侧面除预留凹槽外,还可以按如图 4-30 所示的键槽设置。

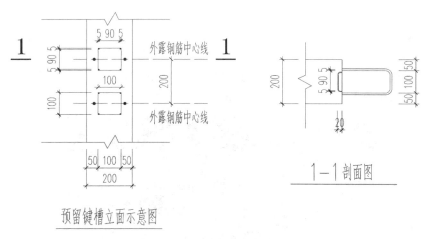

图 4-30　预制外墙板两侧键槽示意图

4.1.8　预制墙混凝土养护

1.预养

预制混凝土剪力墙外墙完成赶平工序后移动至预养窑,通过蒸汽管道散发的热量对混凝土进行蒸养,获得初始结构强度以及达到构件表面搓平压光的要求。预养护采用干蒸的方式,利用蒸汽管道散发的热量获得所需的窑内温度,窑内温度控制在 30～35 ℃ 范围内,最高温度不超过 40 ℃。

2.抹面

1）机械抹面

预养工序完成后移动至抹面工位,抹面机开始工作,确保平整度及光洁度符合构件质量要求。机械式抹面如图 4-31 所示。

2）人工抹面

人工混凝土抹面要点为:

（1）先使用刮杠将混凝土表面刮平,确保混凝土厚度不超出模具上沿。

（2）用塑料抹子粗抹,做到表面基本平整,无外露石子,外表面无凹凸现象,四周侧板的上沿(基准面)要清理干净,避免边沿超厚或有毛边。此步完成之后需静停不少于 1 h 的时间再进行下次抹面。

（3）将所有埋件的工装拆除,并及时清理干净,整齐地摆放到指定位置,锥形套留置在混凝土上,并用泡沫棒将锥形套孔封严,保证锥形套上表面与混凝土表面平齐。

（4）使用铁抹子找平,特别注意埋件、线盒及外露线管四周的平整度,边沿的混凝土如果高出模具上沿要及时压平,保证边沿不超厚并无毛边,此道工序需将表面平整度控制在 3 mm 以内,此步完成需静停 2 h。

(5) 使用铁抹子对混凝土上表面进行压光,保证表面无裂纹、无气泡、无杂质、无杂物,表面平整光洁,不允许有凹凸现象。此步应使用靠尺边测量边找平,保证上表面平整度在 3 mm 以内。

图 4-31　抹面

3. 养护

完成磨光工序后将模台驱动至码垛机,码垛机将模台连同预制构件输送至空闲养护单元内,在蒸养 8~10 h 后,再由码垛机将平台从蒸养窑内取出,将其送入生产线,进入下一道工序。立体蒸养采用蒸汽湿热蒸养方式,利用蒸汽管道散发的热量及直接通入窑内的蒸汽获得所需的温度及湿度;温度及湿度自动监控,温度及湿度变化全自动控制,蒸养温度最高不超过 60 ℃,确保升温及降温的速度符合要求,同时确保蒸养窑内各点温度均匀。

4.1.9　预制墙脱模

内叶板 WQ-3028 脱模时,同条件养护的混凝土立方体试件抗压强度需达到混凝土强度等级值的 75%。

码垛机将完成养护工序的构件连同模台从养护窑里取出,并送入脱模工位,用专用工具松开模板紧固螺栓、磁盒等,利用起重机完成模板输送,并对边模和门窗口模板进行清洁。

脱模控制要点:

(1) 用电动扳手拆卸侧模的紧固螺栓,打开磁盒磁性开关后将磁盒拆卸,确保都拆卸完后将边模平行向外移出,防止边模在此过程中变形。

(2) 将拆下的边模由两人抬起轻放到边模清扫区,并送至钢筋骨架绑扎区域。

(3) 拆卸下来的所有工装、螺栓、各种零件等必须放到指定位置。

(4) 模具拆卸完毕后,将底模周围的卫生打扫干净。

4.1.10　预制墙检验

预制墙构件脱模后,需要对其外形尺寸、预埋件等进行检验,检验允许的偏差及检验方法如表 4-4 所示。

表 4-4　墙板类构件外形尺寸允许偏差及检验方法

序号	项目			允许偏差/mm		检验方法
1	外形尺寸	高度		±4		尺量
2		宽度		±5		尺量
3		厚度		±3		尺量
4		对角线差值		5		尺量两个对角线
5		门窗洞口	长度、宽度	±4		尺量
6			对角线差值	4		
7			位置偏移	3		
8		表面平整度	模具面(外表面)	3		2 m 靠尺和金属塞尺测量
			抹平面(内表面)	5		
9		侧向弯曲		$L/1000$ 且<10		拉线,直尺量测最大弯曲处
10		翘曲		$L/1000$ 且<5		调平尺在两端量测
11		装饰线条宽度		±2		尺量
12	预埋件	安装用吊环	中心线位置	10		尺量
			外露长度	+10,0		
13		预埋内螺母	中心线位置	10		
			与混凝土平面高差	0,−5		
14		预埋木砖	中心线位置	10		
15		预埋钢板	中心线位置	5		
			与混凝土平面高差	0,−5		
16		预留孔洞	中心线位置	5		尺量
			洞口尺寸	+10,0		
17	结构安装用	套筒	中心线偏移	2		尺量
			与混凝土平面高差	0,−5		
		螺栓	中心线偏移	2		
			外露长度	+10,0		
		预埋内螺母	中心线偏移	2		
18	主筋外留长度		竖向主筋(套筒连接用)	+10,0		尺量
			竖向主筋	+10,−5		
			水平钢筋(箍筋)	+10,−5		
19	主筋保护层厚度			+5,−3		尺量

注:1. L 为构件长度(mm)。

2. 检查中心线和孔洞尺寸偏差时,沿纵、横两个方向测量,并取其中偏差较大值。

4.1.11 预制墙标识

预制墙构件检验合格后,应立即在其表面显著位置上,按构件制作图编号对构件进行喷涂标识。标识应包括构件编号、重量、使用部位、生产厂家、生产日期(批次)字样。

4.1.12 装配式生产软件操作:墙板流水线生产工艺操作说明

1.进入模块

1)界面介绍

在软件模块界面单击"构件生产与工艺",在显示的下拉列表中选择"墙板流水线生产工艺"模块(见图 4-32)。

图 4-32 选择模块

2)操作说明

进入模块后查看操作说明,使用鼠标和键盘上的 W、A、S、D 键(或方向键)对场景进行缩放、旋转、漫游等操作(见图 4-33)。

2.产前准备

1)人员准备

墙板生产前,作业人员要完成产前培训并进行安全生产交底。单击场景中"人员准备"的标识,从物品存放架上拾取安全帽、劳保工装、防护手套、防滑鞋并进行穿戴(见图 4-34)。

2)工具材料准备

单击场景中"工具材料准备"的标识,根据构件图纸及生产工艺要求,从存放架上将生产过程中要使用到的灰铲、电动扳手、卷尺、墨斗、扁刷、滚刷、密封条、磁盒、撬棍、螺栓、扎丝、接线盒等工具材料领取到工具盒内(见图 4-35)。

图 4-33 查看操作说明

图 4-34 人员准备

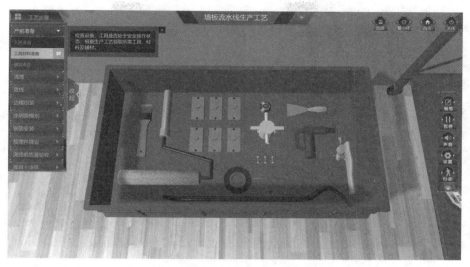

图 4-35　工具材料准备

3）模具准备

打开图纸,确认墙板模具的尺寸,单击场景中"模具准备"的标识,使用卷尺测量存放架上的墙板模具,选择尺寸符合要求的模具。将选好的模具转运至组模区域(见图 4-36)。

图 4-36　模具准备

3.清理

单击场景中"模台清理"的标识,启动清扫机,模台开始运转,当模台通过清扫设备时,设备上的刮板降下来铲除模台上残留的混凝土,然后将模台转运至划线工位(见图 4-37)。

4.放线

1）划线机放线

打开图纸,根据图纸确定墙板的边线以及预埋件的位置,确定完成后,单击场景中"划线机放线"的标识,启动机械手,在模台上绘制出墙板的边线以及预埋件的位置线(见图 4-38)。

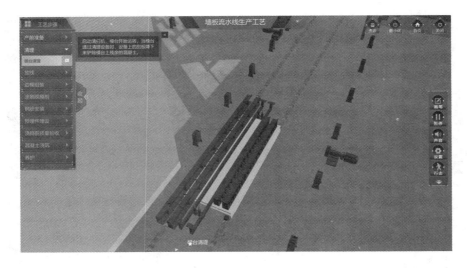

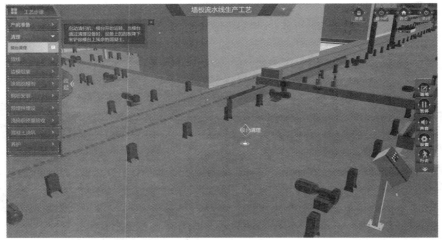

图 4-37 模台清理

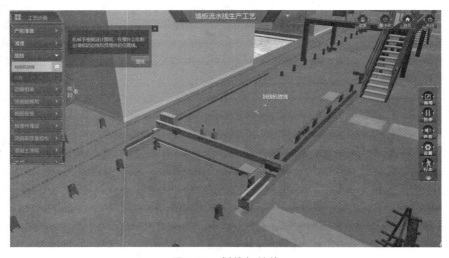

图 4-38 划线机放线

2）检查

打开图纸，确定墙板的预埋件的位置以及数量，在场景中的工具库中选择卷尺，将卷尺拖动至场景中"检查"的标识处，使用卷尺测量构件边线的长度，测量预埋件中心线至构件边线的距离，检查预埋件的数量，确保各项检查的数据符合设计要求，检查完成后将模台转运至组模工位（见图4-39）。

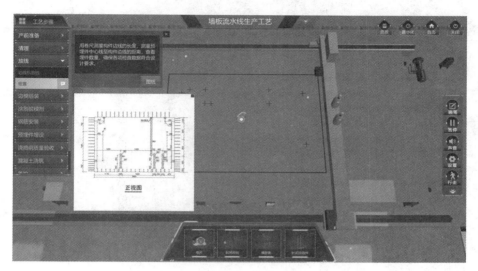

图4-39　检查

5.边模组装

1）摆放模具

在场景中的工具库中选择密封条，将密封条拖动至场景中"摆放模具"的标识处，在传送带上取出墙板模具，并且在模具底面贴上密封条，防止模具与模台贴合不牢固，出现漏浆。根据构件图纸对应的尺寸以及模台上构件边线，将模具贴合在模台上（见图4-40）。

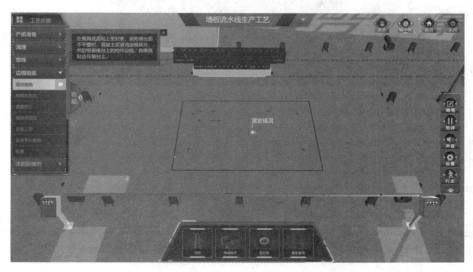

图4-40　摆放模具

2）模具初固定

模具摆放完成后，单击场景中"模具初固定"的标识，使用螺栓和电动扳手将墙板四边的模具进行初步固定（见图 4-41）。

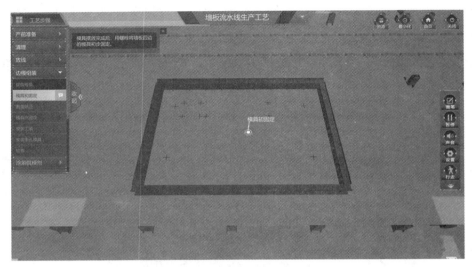

图 4-41　模具初固定

3）测量矫正

模具初固定完成后，在场景中的工具库中选择卷尺，将卷尺拖动至场景中"测量矫正"的标识处，使用卷尺依次检查模具的长、宽、对角线的尺寸，误差较大的使用橡胶锤敲打模具，使模具移动到正确的位置，一敲一测。使用钢尺检查模具的高度，使用塞尺检查模具的缝隙（见图 4-42）。

图 4-42　测量矫正

4）模具终固定

模具测量矫正后，在场景中的工具库中选择磁盒，将磁盒拖动至场景中"模具终固定"的标识处，利用边模固定磁盒将边模固定在模台上，根据长短边合理安排磁盒，注意每个边模上固定的磁盒不宜少于两个,模台固定完成后,使用电动扳手将模具四个边角的螺栓拧紧(见图4-43)。

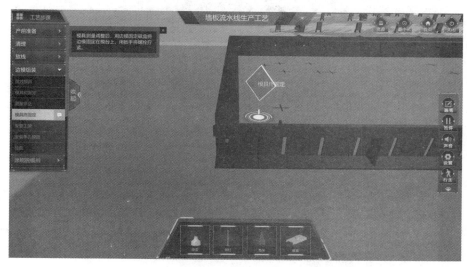

图4-43　模具终固定

5）安装工装

单击场景中"安装工装"的标识,在位于墙板两侧的对穿通洞孔使用工装预埋,根据施工图纸安装工装(见图4-44)。

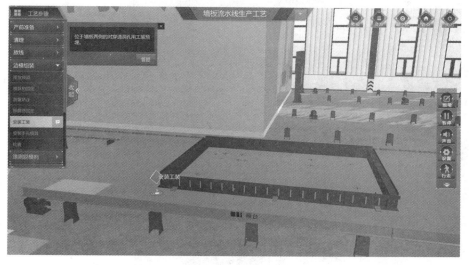

图4-44　安装工装

6）安装手孔模具

单击场景中"安装手孔模具"的标识,根据施工图纸将手孔模具使用螺栓安装固定在边模的指定位置上(见图4-45)。

7）检查

单击场景中"检查"的标识,打开图纸,明确构件的相关信息,使用卷尺测量边模的长度以及对角线,确保误差在允许的范围之内;检查边模与模台间是否有缝隙,查看边模固定磁

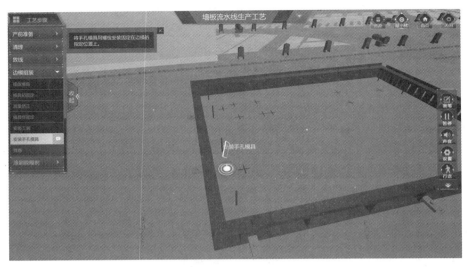

图 4-45　安装手孔模具

盒是否与模台贴合牢固(见图 4-46)。

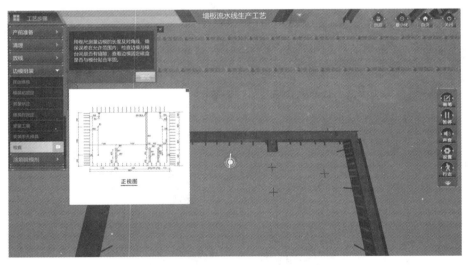

图 4-46　检查

6.涂刷脱模剂

1)涂刷模台

单击场景中"涂刷模台"的标识,单击喷涂机,调整设备状态,设备上的多个喷嘴同时工作,缓慢地将模台运转至喷油工位,确保模台表面都能喷到脱模剂(见图 4-47)。

2)涂刷缓凝剂

单击场景中"涂刷缓凝剂"的标识,使用扁刷将缓凝剂涂刷到模具的内侧面,涂抹时,要保证缓凝剂均匀涂抹,以便构件在冲洗后形成粗糙面(见图 4-48)。

3)检查

单击场景中"检查"的标识,检查模台,查看模台的脱模剂和缓凝剂是否涂抹均匀,不足的地方要使用滚刷进行清抹、补漏,不允许出现白色的水状液体。检查好后将模台转运至钢

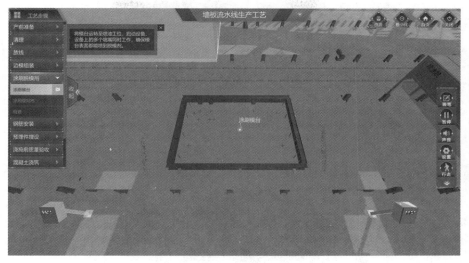

图 4-47 涂刷模台

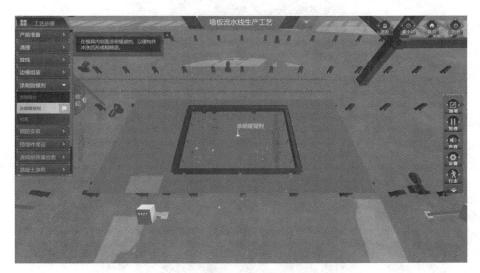

图 4-48 涂刷缓凝剂

筋安装工位(见图 4-49)。

7.钢筋安装

1) 安装底层钢筋

单击场景中"安装底层钢筋"的标识,打开图纸,掌握墙板的相关信息,根据构件图纸,在钢筋上标记模具的位置线,确保两端出筋长度符合图纸的要求,然后将墙板水平钢筋和竖向钢筋放入模具内,使用扎丝将墙板的竖向筋和水平筋进行绑扎固定(见图 4-50)。

2) 安装套筒纵筋

底层钢筋安装完成后,单击场景中"安装套筒纵筋"的标识,在灌浆套筒的进出浆口安装指定的套管,将灌浆套管的一端与纵向筋连接,然后将带有灌浆套筒的纵向筋安放在模具内指定的位置,纵向钢筋的出筋长度应符合设计要求,安装好的纵向钢筋应和水平筋绑扎牢固(见图 4-51)。

图 4-49　检查

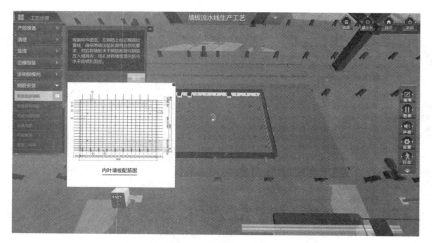

图 4-50　安装底层钢筋

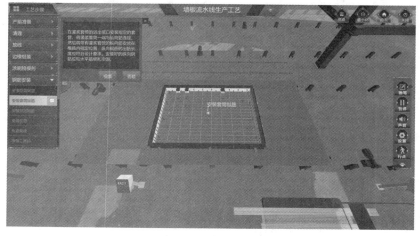

图 4-51　安装套筒纵筋

3）安装顶层钢筋

单击场景中"安装顶层钢筋"的标识,打开构件图纸,确定好构件钢筋的相关信息,绑扎墙板顶层的钢筋,两层钢筋之间使用马凳筋支撑(见图 4-52)。

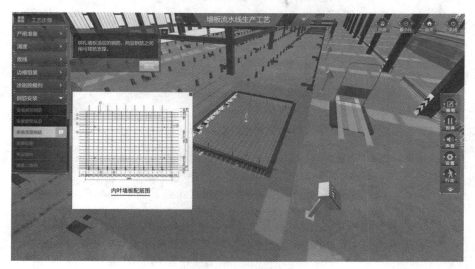

图 4-52　安装顶层钢筋

4）安装拉筋

单击场景中"安装拉筋"的标识,打开图纸,明确构件钢筋的相关信息,将拉筋安装在设计要求的指定位置,与钢筋网绑扎牢固(见图 4-53)。

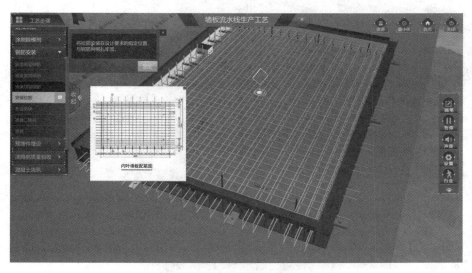

图 4-53　安装拉筋

5）布设垫块

单击场景中"布设垫块"的标识,按照每平方米四个的标准在墙板钢筋的底面安装塑料垫块(见图 4-54)。

6）准备二维码

单击场景中"准备二维码"的标识,在二维码集装盒中选择对应型号的墙板二维码标牌,

图 4-54　布设垫块

标牌内容应注明工程名称、楼号楼层、构件型号、产品名称等信息,将与墙板对应的二维码标牌放置在模具的右下角位置,便于养护前快速、准确地将标牌嵌入混凝土内(见图 4-55)。

图 4-55　准备二维码

7)检查

单击场景中"检查"的标识,打开图纸,明确构件钢筋的信息,使用卷尺测量钢筋的外伸长度,以及钢筋之间的间距,确保钢筋长度符合设计要求(见图 4-56)。

8.预埋件埋设

1)吊钉预埋

在场景中的工具库中选择吊钉,将吊钉拖动至场景中"吊钉预埋"的标识处,打开图纸,确认吊钉的位置,将带有橡胶球的吊钉安装在模具指定的位置,一端使用螺母固定在模具上,另一端使用两根钢筋夹紧固定在钢筋网上(见图 4-57)。

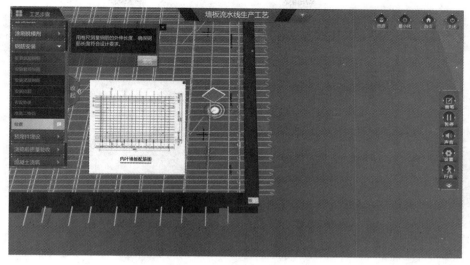

图 4-56　检查

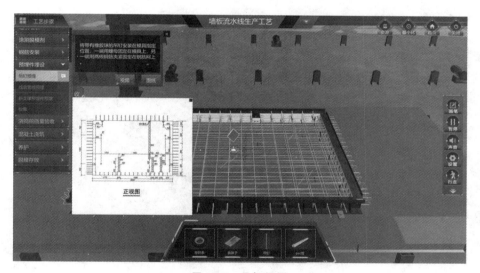

图 4-57　吊钉预埋

2）线盒管线预埋

单击场景中的"线盒管线预埋"的标识，打开图纸，明确构件线盒管线的相关信息。线盒在预埋前，在线盒的孔洞上安装好短接，使用胶带将线盒的开口进行封堵，将线管安装在线盒的短接上，然后将线管的末端插入手孔模具中。用两根短钢筋穿过线盒的耳孔，然后将短钢筋用扎丝在钢筋网上进行绑扎，最后将线管在钢筋网上绑扎固定（见图 4-58）。

3）斜支撑预埋件预埋

在场景的工具库中选择支撑埋件，将支撑埋件拖动至场景中"斜支撑预埋件预埋"的标识处，打开图纸，明确构件斜支撑预埋件的信息，将斜支撑套筒的工装安装在模具的指定位置，检查斜支撑螺栓套筒的型号及外观，将套筒的螺丝部位涂油保护，然后将斜支撑套筒放置在指定的位置，套筒的下端使用一根短钢筋进行固定，上端与工装下端的丝扣拧紧，短钢筋两端绑扎固定在钢筋网上（见图 4-59）。

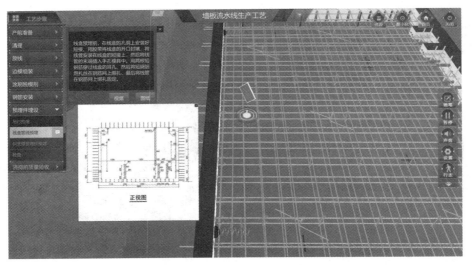

图 4-58　线盒管线预埋

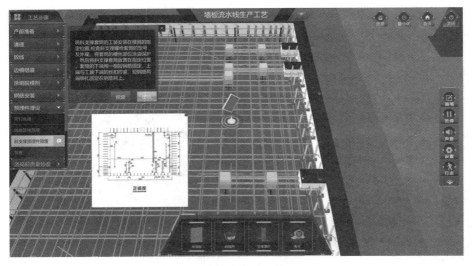

图 4-59　斜支撑预埋件预埋

4）检查

单击场景中"检查"的标识，打开图纸，明确构件的相关信息，使用卷尺测量线盒的中心至模具边的距离以及垂直高度，检查斜支撑套筒至模具边的距离及安装高度，确保误差在允许的范围内（见图 4-60）。

9.浇捣前质量验收

1）模具验收

单击场景中"模具验收"的标识，使用卷尺分别对模具的长、宽以及对角线尺寸进行测量，同时打开检查表，确认检查项目及检查结果是否满足设计要求（见图 4-61）。

2）埋件验收

单击场景中"埋件验收"的标识，检查预埋件的安装位置及数量，确认预埋件是否安装牢固，同时打开检查表，确认检查项目及检查结果是否满足设计要求（见图 4-62）。

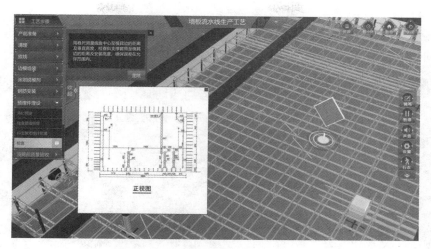

图 4-60 检查

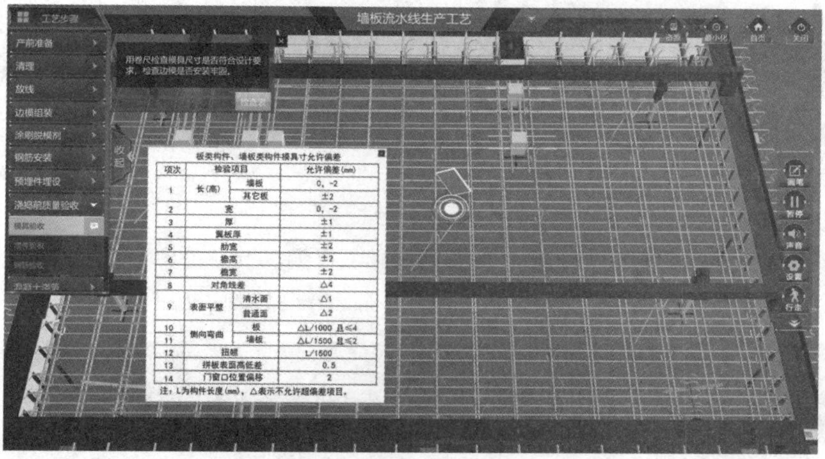

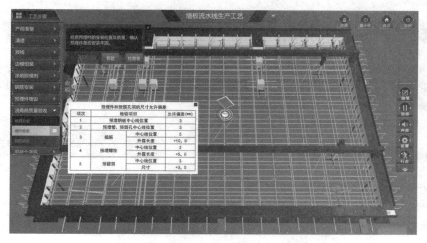

图 4-61 模具验收

图 4-62 埋件验收

3）钢筋验收

单击场景中"钢筋验收"的标识，打开检查表，明确构件钢筋的相关信息，使用卷尺测量钢筋的外伸长度及排距，确保误差在允许的范围内（见图 4-63）。

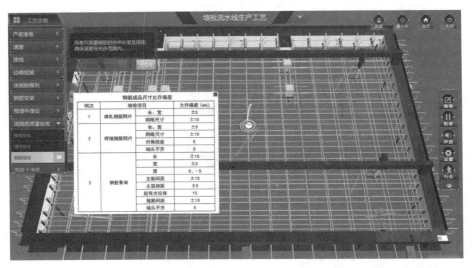

图 4-63　钢筋验收

10. 混凝土浇筑

1）封堵

单击场景中"封堵"的标识，混凝土浇筑前，应在边模与钢筋的缝隙中填塞橡胶条（注意模具的四边均需填塞），以防止浇筑混凝土时，浆液流出模具外（见图 4-64）。

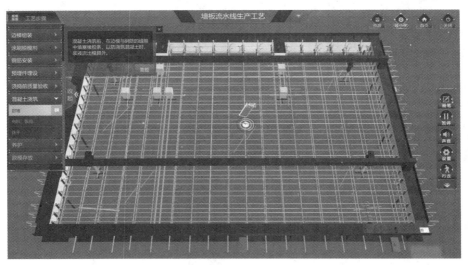

图 4-64　封堵

2）布料、振捣

单击场景中"布料、振捣"的标识，将来自搅拌站的混凝土运送至模台上方的料斗内，开启设备，料斗从模具一端开始浇筑，不要太靠近外边模，同时模台开始振动，边浇筑边振捣。混凝土出料后，在半小时内完成浇筑，布料过程中要做到一次到位，饱满均匀（见图 4-65）。

图 4-65　布料、振捣

3）抹平

单击场景中"抹平"的标识，使用铝合金刮杠将混凝土面刮平，确保混凝土面平整，使用铁抹子将混凝土面抹光，尤其要注意预埋件周边的部位（见图 4-66）。

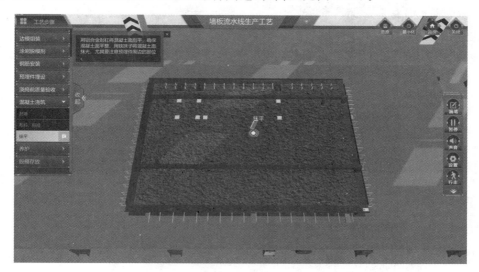

图 4-66　抹平

11.养护

1）拆除工装

单击场景中"拆除工装"的标识，在构件养护前，将固定预埋件的工装进行拆除（见图 4-67）。

2）养护

单击场景中"养护"的标识，将二维码标牌嵌入混凝土内，注意二维码朝上，然后将模台运转至立体养护窑内，打开养护表，根据构件类型，设置好养护温度、时间等参数，启动系统养护即可，将养护完成后的墙板运转至拆模工位（见图 4-68）。

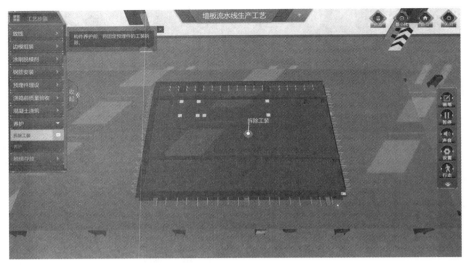

图 4-67　拆除工装

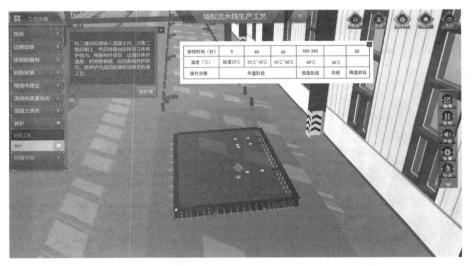

图 4-68　养护

12. 脱模存放

1）拆除磁盒与螺栓

在场景的工具库中选择撬棍，将撬棍拖动至场景中"拆除磁盒与螺栓"的标识处，使用撬棍拆除固定磁盒，拆除模具上的密封条，使用电动扳手拆除工装与模具之间连接的螺栓，确保模具之间的连接部分完全拆除（见图 4-69）。

2）拆除边模

单击场景中"拆除边模"的标识，使用橡胶锤轻敲边模，使边模与构件分离，然后将拆下的边模收集起来，运送至边模的清理区（见图 4-70）。

3）检查构件强度

单击场景中"检查构件强度"的标识，使用回弹仪测试预制件的强度，用保护层厚度检测仪检测保护层厚度（见图 4-71）。

图 4-69　拆除磁盒与螺栓

图 4-70　拆除边模

图 4-71　检查构件强度

4）检查钢筋与预埋件

单击场景中"检查钢筋与预埋件"的标识,使用卷尺检查钢筋的外伸长度,测量预埋件至构件边线的距离(见图 4-72)。

图 4-72　检查钢筋与预埋件

5）检查构件

单击场景中"检查构件"的标识,观察混凝土的外表面,混凝土外表面不应有严重缺陷;打开检查表,查看检查项目,使用卷尺测量构件的尺寸,确认各检查部分是否符合验收规范(见图 4-73)。

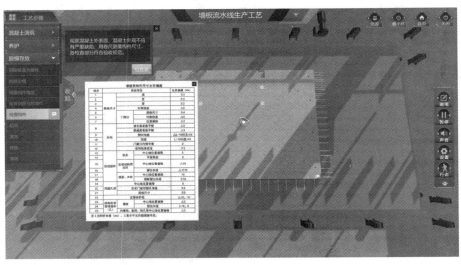

图 4-73　检查构件

6）起吊

在场景的工具库中选择旋转吊环,将旋转吊环拖动至场景中"起吊"的标识处,将旋转吊环与墙板上的预埋螺栓连接,然后连接龙门吊的吊钩,将墙板吊起 200~300 mm 处略作停顿,再次检查吊挂是否牢固,确认无误之后继续吊运(见图 4-74)。

图 4-74　起吊

7）清洗

单击场景中"清洗"的标识，将吊起的墙板构件吊运至清洗区，使用高压水枪冲刷墙板构件，使其露出粗糙面（见图 4-75）。

图 4-75　清洗

8）存放

单击场景中"存放"的标识，将冲洗完成后的墙板吊至构件临时存放区，在墙板的临时存放区放置钢制托架，将墙板放在钢制托架上。在临时存放区堆放墙板时，上下两层构件之间应用垫木分隔，叠放高度层数不超过六层（见图 4-76）。

9）清场

单击场景中"清场"的标识，构件生产完成后，在生产区域内将所有使用到的工具、图纸、文件等收集存放好（见图 4-77）。

图 4-76 存放

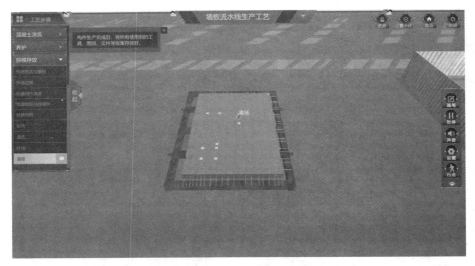

图 4-77 清场

4.1.13 装配式生产软件操作:夹心墙板生产工艺操作说明

1.进入模块

1)界面介绍

在软件模块界面单击"构件生产与工艺",在显示的下拉列表中选择"夹心墙板生产工艺"模块(见图 4-78)。

2)操作说明

进入模块后查看操作说明,使用鼠标和键盘上的 W、A、S、D 键(或方向键)对场景进行缩放、旋转、漫游等操作(见图 4-79)。

图 4-78 选择模块

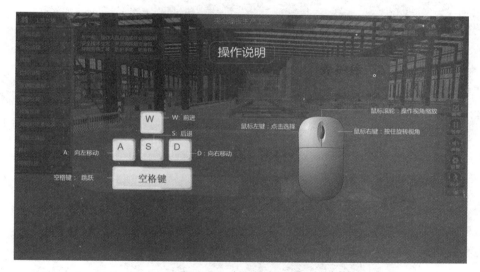

图 4-79 查看操作说明

2. 产前准备

1) 人员准备

夹心墙板生产前,作业人员要完成产前培训并进行安全生产交底。单击场景中"人员准备"的标识,从物品存放架上拾取安全帽、劳保工装、防护手套、防滑鞋并进行穿戴(见图 4-80)。

2) 工具材料准备

单击场景中"工具材料准备"的标识,检查相关设备、工具是否处于安全操作状态;根据构件图纸及生产工艺要求,从存放架上将生产过程中要使用到的生产工具及生产材料——磁盒、螺栓、卷尺、滚刷、扁刷、撬棍、脱模剂、缓凝剂、垫块、橡胶条、灯盒、扎丝、密封条、线管等工具材料领取到工具盒内(见图 4-81)。

图 4-80　人员准备

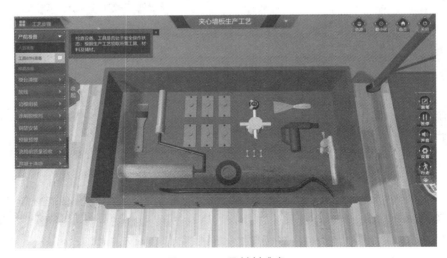

图 4-81　工具材料准备

3）模具准备

打开图纸,确认夹心墙板模具的尺寸,单击场景中"模具准备"的标识,使用卷尺测量并复核存放架上的夹心墙板模具,选择尺寸符合要求的模具。将选好的模具转运至组模区域(见图 4-82)。

图 4-82　模具准备

3. 模台清理

单击场景中"模台清理"的标识,使用铁铲将固定模台上残留的混凝土铲掉,使用扫帚将模台上及模台周围的垃圾清扫干净,并且将建筑垃圾运送至垃圾池等待处理(见图 4-83)。

图 4-83　模台清理

续图 4-83

4.放线

1）复测外叶板模具边线

打开图纸，明确本次生产构件信息，识读完成后，单击场景中"复测外叶板模具边线"的标识，使用卷尺，在模台上复核外叶板的位置线。生产同一尺寸的夹心墙板时，为了提高生产效率，首次组模完成后，一般会在模具的相交点焊上标记点，下次生产时，复核构件边线即可（见图 4-84）。

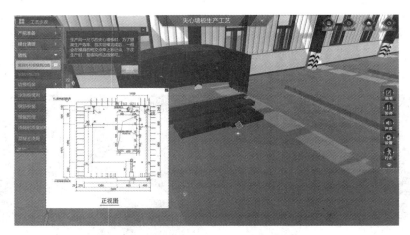

图 4-84　复测外叶板模具边线

2）绘制内模边线

打开图纸，确定夹心墙板外叶板内模的位置线，在场景中的工具栏中选择卷尺，拖动至场景中"绘制内模边线"的标识处，使用卷尺测量外叶板边线至内模边线的距离，确保各项检查的数据符合设计要求。带有洞口的构件，内模线应从已复核完成的构件边线进行测量绘制，然后复核对角线（见图 4-85）。

5.边模组装

1）摆放内模

在场景中的工具栏中选择密封条，拖动至场景中"摆放内模"的标识处，在模台上取来夹

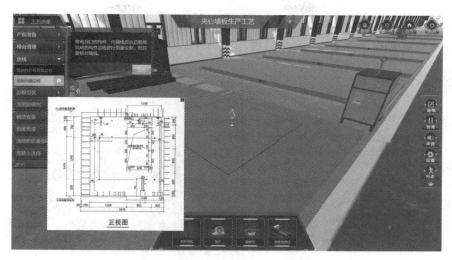

图 4-85 绘制内模边线

心墙板内模,在内模底面贴上密封条,防止模具与模台贴合不牢固,出现漏浆。根据构件图纸对应的尺寸以及模台上构件边线,将模具贴合在模台上(见图 4-86)。

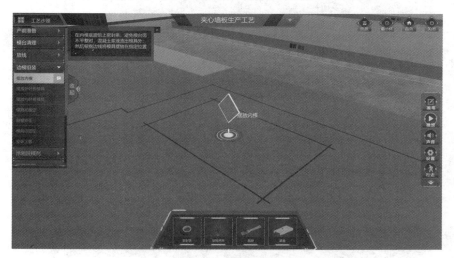

图 4-86 摆放内模

2)摆放外叶板模具

单击场景中"摆放外叶板模具"的标识,在模台上取来外叶板模具,并且在外叶板模具的底面贴上密封条,避免模台表面不平整时,混凝土浆液流出模具外;然后根据构件边线将模具摆放在指定位置(见图 4-87)。

3)摆放内叶板模具

摆放外叶板模具后,单击场景中"摆放内叶板模具"的标识,将内叶板模具摆放在外叶板模具旁边的空留位置,摆放时,注意模具间接触的地方不要留有缝隙(见图 4-88)。

4)模具初固定

模具摆放完成后,单击场景中"模具初固定"的标识,使用电动扳手分别将内模、外叶板模具、内叶板模具的固定螺栓进行初步固定(见图 4-89)。

图 4-87　摆放外叶板模具

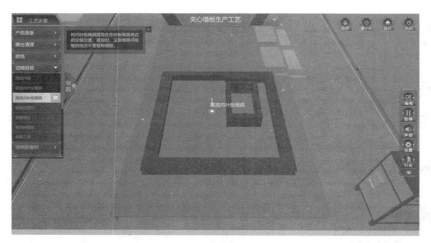

图 4-88　摆放内叶板模具

图 4-89　模具初固定

5）测量矫正

打开图纸，确定构件的位置线，单击场景中"测量矫正"的标识，使用卷尺检查模具的长、宽、对角线，误差较大的用橡胶锤敲打模具，使其移动到正确的位置，然后复测模具位置，一锤一测。用钢尺检查模具的高度，用塞尺检查模具的缝隙（见图4-90）。

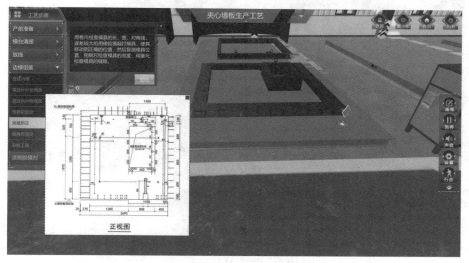

图4-90　测量矫正

6）模具终固定

模具测量矫正无误后，单击场景中"模具终固定"的标识，使用边模固定磁盒将内模及外叶板模具固定在模台上，根据长短边合理安排磁盒，注意每个边模上固定的磁盒不宜少于两个，模台固定完成后，使用电动扳手将模具四个边角的螺栓拧紧（见图4-91）。

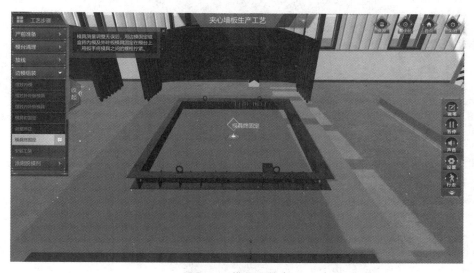

图4-91　模具终固定

7）安装工装

单击场景中"安装工装"的标识，将夹心墙板的对穿通洞孔和外架预留洞的预埋工装安装在模台的孔洞内（见图4-92）。

图 4-92　安装工装

6.涂刷脱模剂

1) 涂刷脱模剂

单击场景中"涂刷脱模剂"的标识,使用扁刷将脱模剂涂刷到外叶板模具的内侧面,使用滚刷涂刷模台面,与混凝土的各个接触面都要涂刷到位(见图 4-93)。

图 4-93　涂刷脱模剂

2) 涂刷缓凝剂

根据构件图,夹心墙板四个面都为粗糙面,因此四个模具的内侧面均需涂刷缓凝剂。单击场景中"涂刷缓凝剂"的标识,使用扁刷将缓凝剂涂刷到模具的内侧面,涂抹时,要保证缓凝剂均匀涂抹,以便构件养护完成后冲洗形成粗糙面(见图 4-94)。

3) 检查

在场景中的工具栏中选择滚刷,将滚刷拖动至场景中"检查"的标识处,检查模台和模具,查看模台、模具的脱模剂和缓凝剂是否涂抹均匀,不足的地方要使用滚刷进行清抹、补

图 4-94　涂刷缓凝剂

漏,不允许出现白色的水状液体(见图 4-95)。

图 4-95　检查

7.钢筋安装

1)外叶板钢筋安装

单击场景中"外叶板钢筋安装"的标识,打开图纸,根据构件图纸,在外叶板的模具内绑扎外叶板的钢筋网(见图 4-96)。对于有洞口的构件,需在洞口的四角设加固筋。

2)布设垫块

单击场景中"布设垫块"的标识,按每平方米四个的标准在外叶板钢筋的底面安装塑料垫块,垫块间距以 300～800 mm 为宜(见图 4-97)。

3)安装箍筋

垫块安装完成后,单击场景中"安装箍筋"的标识,打开构件图纸,确定好箍筋的位置,并在内叶板模具内安装构造边缘构件的柱箍筋(见图 4-98)。

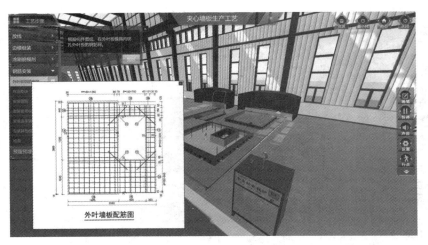

图 4-96　外叶板钢筋安装

图 4-97　布设垫块

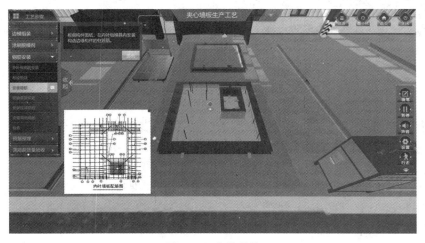

图 4-98　安装箍筋

4）安装套筒纵筋

在场景中的工具库中选择灌浆套筒，将灌浆套筒拖动至场景中"安装套筒纵筋"的标识处，在灌浆套筒的进出浆口安装指定的套管，将灌浆套筒一端与纵向筋固定，然后将带有灌浆套筒的纵向筋穿过柱箍筋安装在模具内指定位置，并与箍筋扎牢固（见图4-99）。

图4-99 安装套筒纵筋

5）安装连梁钢筋

打开图纸，识图并确定对应箍筋的位置，单击场景中"安装连梁钢筋"的标识，在内叶板模具内安装连梁的箍筋和纵筋（见图4-100）。

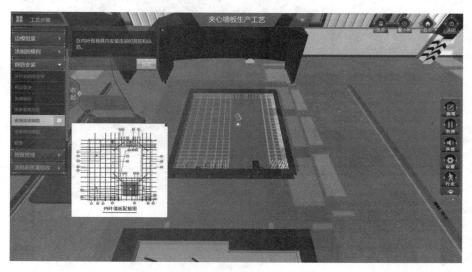

图4-100 安装连梁钢筋

6）安装其他钢筋

单击场景中"安装其他钢筋"的标识，根据图纸将剩余的纵向筋、洞口加强筋、拉筋以及减重板安装固定（见图4-101）。

图 4-101　安装其他钢筋

7）检查

单击场景中"检查"的标识,使用卷尺测量外叶板的钢筋排距以及保护层的厚度,测量内叶板的钢筋外伸长度,确保钢筋安装正确(见图 4-102)。

图 4-102　检查

8.预留预埋

1）预埋拉结件

在场景中的工具库中选择板式拉结件,将板式拉结件拖动至场景中"预埋拉结件"的标识处,打开图纸,确认拉结件的位置,将拉结件放置在模台指定的位置上,并注意放置的方向。将钢筋插入板式拉结件中间一排圆孔,再将弯起筋插入板式拉结件里排两边位置,后置钢筋与下层网片绑扎。在设计位置插入针式拉结件,用扎丝将拉结件固定在钢筋网上(见图 4-103)。

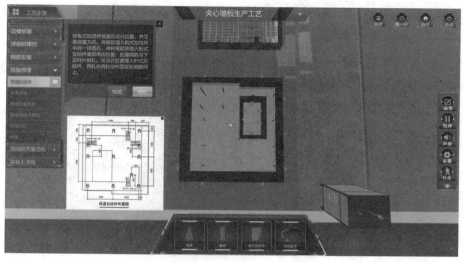

图 4-103　预埋拉结件

2）安装木砖

单击场景中"安装木砖"的标识,将窗口的预埋木砖用螺栓固定在内模上,注意木砖钢筋的朝向不要摆错(见图 4-104)。合理安排木砖的数量和摆放。

图 4-104　安装木砖

3）预埋线盒线管

单击场景中"预埋线盒线管"的标识,将安装好短接的线盒安放在工装的指定位置,用胶带将线盒与工装粘接固定,将工装翻转固定在内叶板模具上,将线管插入手孔盒并与线盒的短接连接,用两根短筋穿过线盒耳孔绑扎固定在钢筋网上(见图 4-105)。

4）预埋内埋式螺母

单击场景中"预埋内埋式螺母"的标识,临时斜支撑用内埋式螺母连接,将内埋式螺母摆放在指定的位置上,用螺杆将螺母固定在工装上,用一根短筋穿过螺母下部的孔洞,绑扎固定在钢筋网上(见图 4-106)。

图 4-105　预埋线盒线管

图 4-106　预埋内埋式螺母

5）预埋吊钉

在场景中的工具库中选择吊钉，将吊钉拖动至场景中"预埋吊钉"的标识处，将吊钉用螺栓固定在内叶板模具的指定位置，用橡胶半球和螺旋钢筋将吊钉固定在模具上（见图 4-107）。

6）检查

打开图纸，识读并确定构件的预埋件信息，单击场景中"检查"的标识，测量线盒安装位置是否正确，测量斜支撑预埋件中心至模具边的距离以及垂直高度，确保误差在允许的范围内（见图 4-108）。

9.浇捣前质量验收

1）模具验收

单击场景中"模具验收"的标识，使用卷尺分别对模具的长、宽以及对角线尺寸进行测

图 4-107　预埋吊钉

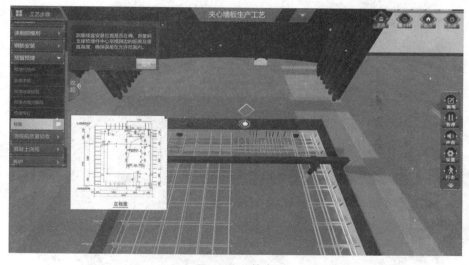

图 4-108　检查

量,确认检查结果是否满足设计要求,检查边模是否安装牢固(见图4-109)。

2)预埋件验收

单击场景中"预埋件验收"的标识,使用卷尺检查预埋件的安装位置,检查预埋件数量,确认预埋件是否安装牢固(见图4-110)。

3)钢筋验收

单击场景中"钢筋验收"的标识,使用卷尺测量钢筋的排距、外伸长度,确保误差在允许范围内(见图4-111)。

10.混凝土浇捣

1)外叶板布料、振捣

单击场景中"外叶板布料、振捣"的标识,使用龙门吊将混凝土料斗从运输车上吊至固定模台待浇筑的外叶板模具上方,打开卸料口,将混凝土均匀浇筑在外叶板模具中,边浇筑边

图 4-109　模具验收

图 4-110　预埋件验收

图 4-111　钢筋验收

使用振捣棒将混凝土振捣均匀,振捣时间一般为150秒左右,振捣至表面泛出浮浆并不再冒气泡为止(见图4-112)。

图4-112 外叶板布料、振捣

2）铺设保温板

在场景中的工具库中选择保温板,将保温板拖动至场景中"铺设保温板"的标识处,在外叶板混凝土初凝之前将设计指定的保温板铺设在混凝土面层上,保温板块间应安装紧密,穿过工装和拉结件的位置应提前留好孔洞和开口(见图4-113)。

图4-113 铺设保温板

3）吊装内叶板模具

单击场景中"吊装内叶板模具"的标识,使用龙门吊将内叶板吊起,安放在外叶板上层;吊放时应对准内叶板与外叶板的连接孔;放置时注意保护拉结件不要被内叶板钢筋压弯损坏;放置完成后用螺栓将内叶板模具与外叶板模具连接固定(见图4-114)。

图 4-114　吊装内叶板模具

4）固定内叶板连接件

单击场景中"固定内叶板连接件"的标识,使用细钢筋将板式连接件与内叶板的上层钢筋网绑扎固定(见图 4-115)。

图 4-115　固定内叶板连接件

5）封堵

单击场景中"封堵"的标识,内叶板浇筑前,在边模与钢筋的缝隙中填塞橡胶条,以防浇筑混凝土时,浆液流出模具外(见图 4-116)。

6）内叶板布料、振捣

单击场景中"内叶板布料、振捣"的标识,使用龙门吊将混凝土料斗从运输车上吊至固定模台待浇筑的内叶板模具上方,打开卸料口,将混凝土均匀浇筑在内叶板模具中,边浇筑边使用振捣棒将混凝土振捣均匀(见图 4-117)。

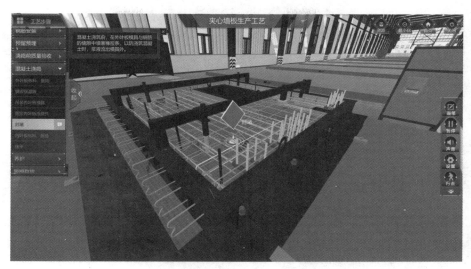

图 4-116　封堵

图 4-117　内叶板布料、振捣

7）抹平

单击场景中"抹平"的标识，使用铝合金刮杠将混凝土面刮平，确保混凝土面平整，用铁抹子将混凝土面抹光，尤其要注意预埋件周边的部位（见图 4-118）。

11. 养护

1）拆除工装

单击场景中"拆除工装"的标识，在混凝土养护前，使用电动扳手将固定预埋件的工装拆下来（见图 4-119）。

2）养护

打开养护表，根据构件类型，设置好养护窑的养护温度、时间等参数，单击场景中"养护"的标识，将二维码标牌嵌入内叶板右下角，注意二维码朝上，然后用蒸养棚将整个模台罩住，蒸养棚四周应密封严实，将蒸汽管插入蒸养棚，开始蒸养。待蒸养完成后撤掉蒸汽管，收起

图 4-118　抹平

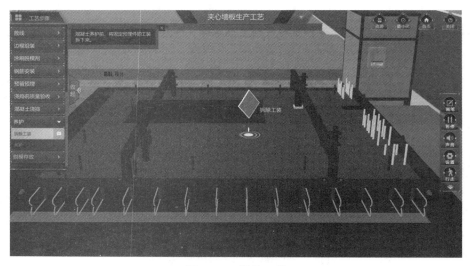

图 4-119　拆除工装

蒸养棚(见图 4-120)。

12.脱模存放

1) 脱模

单击场景中"脱模"的标识,养护完成后,使用电动扳手拆除模具之间连接的螺栓,使用撬棍拆除磁性压铁,拆除模具前,应确保模具之间的连接部分完全拆除;使用橡胶锤敲打模具,用撬棍将模具与构件分离(见图 4-121)。

2) 成品验收

单击场景中"成品验收"的标识,打开检查表,明确构件检查的信息,使用回弹仪检测构件的强度,达到 15 MPa 以上方可拆模起吊,用保护层厚度仪检测钢筋的保护层厚度,用卷尺检查钢筋的外伸长度,测量预埋件至构件边线的距离。观察混凝土外表面,混凝土外观不应有严重缺陷;用卷尺测量构件尺寸。各检查部分应符合验收规范(见图 4-122)。

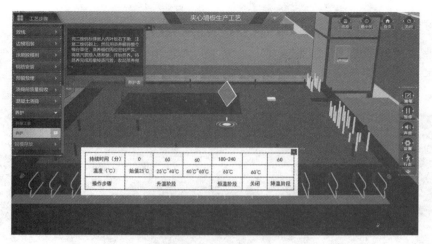

图 4-120　养护

图 4-121　脱模

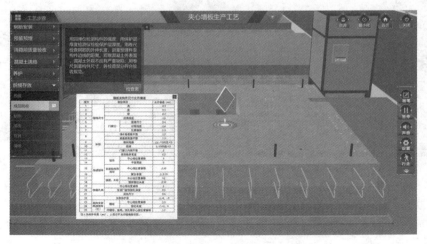

图 4-122　成品验收

3）起吊

在场景中的工具库中选择旋转吊环,将旋转吊环拖动至场景中"起吊"的标识处,将旋转吊环与夹心墙板上的预埋螺栓连接,然后连接龙门吊的吊钩,将夹心墙板吊起200～300 mm处略作停顿,再次检查吊挂是否牢固,确认无误后吊至小车上,将其运至清洗区(见图4-123)。

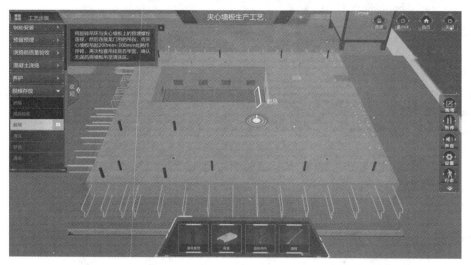

图 4-123　起吊

4）清洗

单击场景中"清洗"的标识,使用高压水枪冲刷墙板构件,使其露出粗糙面(见图4-124)。

图 4-124　清洗

5）存放

单击场景中"存放"的标识,使用龙门吊将冲洗完成后的夹心墙板吊至构件临时存放区,在夹心墙板的临时存放区放置钢制托架,将夹心墙板放在钢制托架上。在临时存放区堆放夹心墙板时,上下两层构件之间应用垫木分隔,叠放高度层数不超过 2 层(见图4-125)。

图 4-125 存放

6）清场

单击场景中"清场"的标识，构件生产完成后，将所有使用到的工具、图纸、文件等收集存放好（见图 4-126）。

图 4-126 清场

4.2 预制混凝土墙存储与运输

4.2.1 预制墙存储

1. 构件堆场布置

装配式建筑施工，构件堆场在施工现场占有较大的面积，预制构件较多，合理有序地对预制构件进行分类布置管理，对于减少使用施工现场面积，加强预制构件成品保护，促进构件装配作业,提高工程作业进度,构建文明施工现场,具有重要的意义。施工现场构件堆放场地不平整、刚度不够、存放不规范都有可能使预制构件在存放时受损、破坏,因此构件存放场地宜为混凝土硬化地面或经人工处理的自然地坪,应满足平整度和地基承载力的要求,避免由于场地原因造成构件开裂和损坏。存放场地应设置在吊车的有效起重范围内,且场地应有排水措施。

2. 构件堆场的布置原则

(1) 构件堆场宜环绕或沿所建构筑物纵向布置,其纵向宜与通行道路平行布置,构件布置宜遵循"先用靠外,后用靠里,分类依次并列放置"的原则。

(2) 预制构件应按规格型号、出厂日期、使用部位、吊装顺序分类存放,且应标识清晰。

(3) 不同类型构件之间应留有不少于 0.7 m 的人行通道,预制构件装卸、吊装工作范围内不应有障碍物,并应有满足预制构件周转使用的场地。

(4) 预制混凝土构件与刚性搁置点之间应设置柔性垫片,防止损伤成品构件;为便于后期吊运作业,预埋吊环宜向上,标识向外。

(5) 对于易损伤、污染的预制构件,应采取合理的防潮、防雨、防边角损伤措施,构件与构件之间应采用垫木支撑,保证构件之间留有不小于 200 mm 的间隙,垫木应对称合理放置且表面应覆盖塑料薄膜,以免构件因不合理受力造成开裂损坏和污染构件。外墙门框、窗框和带外装饰材料的构件表面宜采用塑料贴膜或者其他防护措施;钢筋连接套管和预埋螺栓孔应采取封堵措施。

3. 预制墙板堆放要求

(1) 存放场地应平整、坚实,应为混凝土硬化地面,满足平整度和地基承载力要求,并应有排水措施。

(2) 存放库区宜实行分区管理和信息化台账管理。

(3) 应按照产品品种、规格型号、检验状态分类存放,产品标识应明确、耐久,预埋吊件应朝上,标识应朝外。

(4) 应按型号、出厂日期分别存放。

(5) 与清水混凝土面接触的垫块应采取防污染措施。

(6) 预制墙板堆放支架应有足够的刚度,并支垫稳固。预制墙板宜对称靠放、饰面朝外,且与地面倾斜角不宜小于 80°。构件与刚性搁置点之间应设置柔性垫片,防止损伤成品构件,如图 4-127 所示。

4. 预制墙板存储

预制墙板一般采用竖向固定方式,采用存储架来固定。固定架有多种形式,可分为固定式存储架,模块式存储架,模块式支架可以设计成专用存储架或集中箱式存储架,如图 4-128 至图 4-131 所示。

5. 预制墙板存储中的成品保护

(1) 预制墙板的薄弱构件、薄弱部位和门窗洞口应采取防止变形开裂的临时加固措施。

(2) 预制墙板成品外露保温板应采取防止开裂措施,外露钢筋应采取防止弯折措施,外露预埋件和连接件等外露金属件应按不同环境类别进行防护或防腐、防锈。

(3) 外墙门框、窗框和带外装饰材料的表面应采用塑料贴膜或者其他防护措施。

(4) 钢筋连接套筒、预埋螺栓孔等应采取封堵措施。

图 4-127　预制墙板堆放支架

图 4-128　固定式存储架

图 4-129　模块式存储架

图 4-130　专用存储架

图 4-131　集中箱式存储架

4.2.2　预制墙运输

1.运输准备工作

通过全面的设计准备可以为吊装运输工作提供保障,在吊装运输开始之前,要充分做好准备工作,设计全面的吊装运输方案,明确运输车辆,合理设计并制作运输架等装运工具,并且要仔细检查、清点构件,确保构件质量良好并且数量齐全,如图 4-132 所示。另一方面,运输超高、超宽、超长构件时,必须向有关部门申报,经批准后,在指定路线上行驶。牵引车上应悬挂安全标志,超高的部件应有专人照看,并配备适当器具,保证在有障碍物情况下安全通过。大型构件在实际运输之前应踏勘运输路线,确认运输道路的承载力(含桥梁和地下设施)、宽度、转弯半径和穿越桥梁、隧道的净空与架空线路的净高满足运输要求,确认运输机械与电力架空线路的最小距离必须符合要求,必要时可以进行试运,如图4-133所示。

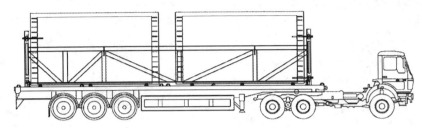

图 4-132　预制墙板运输方案

图 4-133　大型墙板运输

2.改善道路环境

大型预制构件吊装运输时,必须要选择平坦坚实的运输道路,必要时可以"先修路、再运送"。这样不仅可以确保构件在运输过程中不发生损坏,而且可以在很大程度上提高运输效率。此外,由于运输的构件体积庞大,运输道路要具有足够的宽度,道路转弯处要具有足够的转弯半径,防止运输途中发生意外事故。

3.构件运输要求

(1)预制墙板运输出厂时混凝土强度实测值应不低于设计强度的70%。

(2)构件运输前应结合本地区交通条件及相关交通法律法规,编制运输方案。

(3)运输宜选用低平板车,并采用专用托架,构件与托架绑扎牢固。

(4)对于预制墙板,宜采用龙门吊或者行车吊运装车,起吊前应检查吊钩是否挂好,构件中螺丝是否拆除等,避免影响到构件起吊安全。

(5)构件运输时的支撑点应与吊点位置在同一竖直线上,支撑必须牢固。

(6)运载超高构件应配电工跟车,随带工具保护途中架空线路,保证运输安全。

(7)构件装车后应用紧线器紧固于车体上,长距离运输途中应检查紧线器的牢固状况,发现松动必须停车紧固,确认牢固后方可继续运行。

(8)搬运托架、车厢板和预制混凝土构件间应放入柔性材料,构件应用钢丝绳或夹具与托架绑扎,构件边角与锁链接触部位的混凝土应采用柔性垫衬材料保护。

(9)外墙板采用靠放架立式运输时,构件与地面倾斜角度宜大于$80°$,构件应对称靠放,每侧不多于2层,构件层间上部采用木垫块隔离,如图4-134所示。

图4-134 墙板的立式运输

(10)靠放架宜用金属材料制作,使用前要认真检查和验收,靠放架的高度应为构件的三分之二以上,如图4-135所示。

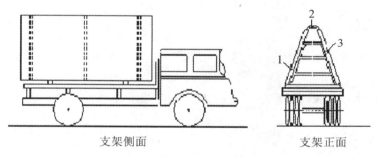

支架侧面　　　　　　　　支架正面

图4-135 构件直立运输支架

1—墙板;2—花篮螺丝;3—运输架

(11)墙板采用插放架直立运输时,应采取防止构件倾倒措施,构件之间应设置隔离垫块,如图4-136所示。

图4-136 墙板插放架直立运输

4.预制墙板运输时的防护措施

(1)预制墙板采取可靠的固定措施,避免装卸车、运输过程中发生倾覆、预制构件变形和位移。

(2)对于超高、超宽、形状特殊的大型预制墙板的运输和存放,应制定专门的质量安全保证措施。

(3)设置柔性垫片避免构件边角部位或与链锁接触处的混凝土损伤。

(4)用塑料薄膜包裹垫块,避免墙板外观污染。

(5)墙板门窗框、装饰表面和棱角采用塑料贴膜或其他措施防护。

(6)墙板构件设置临时防护支架。

4.3　预制混凝土墙施工

4.3.1　施工准备

(1)预制剪力墙安装施工前应编制专项施工方案,并经施工总承包企业技术负责人及总监理工程师批准。

(2)预制剪力墙安装施工前应对施工人员进行技术交底,并由交底人和被交底人双方签字确认。

(3)预制剪力墙安装施工前,应编制合理可行的施工计划,明确预制剪力墙吊装的时间节点。

4.3.2　材料要求

(1)预制剪力墙:预制剪力墙进场后,检查预制剪力墙的规格、型号、预埋件位置及数量、外观质量等,均应符合设计和相关标准要求,预制剪力墙应有出厂合格证。

(2)灌浆材料:灌浆材料选用成品高强灌浆料,应具有大流动性、无收缩、早强高强等特点,并应符合现行行业标准《钢筋连接用套筒灌浆料》(JG/T 408)的有关规定。

(3)对于出现破损的预制剪力墙,修补材料可采用掺108胶的水泥砂浆(掺水泥重的15%)。

4.3.3　施工机具

1.配置施工机具

(1)吊装机具:钢丝绳、卡环、螺栓、平衡钢梁、自动扳手、起重设备、千斤顶等。

(2)辅助机具:对讲机、吊线锤、经纬仪、激光扫平仪、索具、撬棍、可调斜支撑、铁制垫片、钢筋限位框、梁柱定型钢板等。

2.机具要求

（1）平衡钢梁：在预制剪力墙起吊、安装过程中平衡预制剪力墙受力，平衡钢梁可用槽钢及钢板加工制作。

（2）手持式电动搅拌机：用于搅拌预制剪力墙纵向受力钢筋使用的灌浆料，保持灌浆料的流动度。

（3）钢筋限位框：在预制柱安装前，钢筋限位框用于固定预留钢筋，使其在允许偏差范围内。

（4）梁柱定型钢板：梁柱定型钢板用于封堵梁柱接合处，以防梁柱接合处漏浆。

4.3.4　作业条件

（1）预制构件施工现场道路应做硬地化或铺设钢板处理，以满足施工道路地基承载力要求。

（2）考虑施工道路的运输流线、转弯半径等因素，合理规划预制剪力墙起吊区堆放场地位置，满足吊装施工现场车通路通。

（3）根据预制剪力墙吊装索引图，确定合理的预制剪力墙吊装起点，并在预制剪力墙上标明吊装区域和吊装顺序编号。

（4）预制剪力墙安装前，应确认预制剪力墙安装工作面，以满足预制剪力墙安装要求。

（5）预制剪力墙吊装前，根据楼层已弹好的平面控制线和标高线，确定预制剪力墙安装位置及标高，并复核。

（6）预制剪力墙进场后，检查预制剪力墙规格、型号、预埋件位置及数量、外观质量等，应符合设计要求，并做预制剪力墙进场检查记录。

4.3.5　施工操作工艺

1.工艺框图

预制剪力墙施工操作工艺如图 4-137 所示。

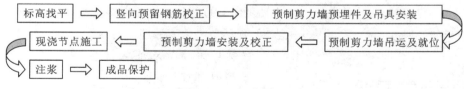

图 4-137　工艺框图

2.标高找平

预制剪力墙安装施工前，通过激光扫平仪和钢尺检查楼板面平整度，用铁制垫片使楼层平整度控制在允许偏差范围内。

3.竖向预留钢筋校正

根据所弹出墙线，采用钢筋限位框，对预留插筋进行位置复核。对中心位置偏差超过 10 mm 的插筋，根据图纸采用 1∶6 冷弯校正，不得烘烤；对个别偏差较大的插筋，应将插筋根部混凝土剔凿至有效高度后再进行冷弯校正,以确保预制剪力墙浆锚连接的质量。

4.吊具及紧固件安装

1)预制剪力墙吊具安装

塔吊挂钩挂住两条 1 号钢丝绳→1 号钢丝绳通过卡环连接平衡钢梁→平衡钢梁通过卡环连接 2 号钢丝绳→2 号钢丝绳通过卡环和预制剪力墙预埋吊环连接→预埋吊环和预制剪力墙连接。

2)预制剪力墙紧固件的安装

预制剪力墙紧固件分别在起吊区和安装层安装,紧固件通过两端的高强螺栓穿过预埋在结构板(预制剪力墙)内的螺纹套筒与楼板(预制剪力墙)连接成整体,通过调节斜支撑来控制预制剪力墙的垂直度以及对预制剪力墙进行临时固定。

5.预制剪力墙吊运及就位

(1)预制剪力墙起吊方式。

预制剪力墙的吊点采用预留拉环的方式,起吊钢丝绳与预制剪力墙预埋吊环垂直连接,钢丝绳应处于起吊点的正上方。

(2)预制剪力墙吊运。

预制剪力墙采用慢起、快升、缓放的操作方式,在构件起吊区配置一名信号工和两名司索工,预制剪力墙起吊时,司索工拆除预制剪力墙的安全固定装置,塔吊司机在信号工的指挥下,塔吊缓缓持力,将预制剪力墙吊离存放架,然后快速运至预制剪力墙安装施工层。

(3)在预制剪力墙就位前,应清理预制剪力墙安装部位基层,然后在信号工的指挥下,将预制剪力墙缓缓吊运至安装部位的正上方,并核对预制剪力墙的编号。

6.预制剪力墙的安装及校正

1)预制剪力墙的安装

在预制剪力墙安装施工层配置一名信号工和四名吊装工,在信号工的指挥下,塔吊将预制剪力墙下落至设计安装位置,下一层预制剪力墙的竖向预留钢筋一一插入预制剪力墙底部的套筒中,定向入座后,立即加设不少于 2 根的斜支撑对预制剪力墙进行临时固定,斜支撑与楼面的水平夹角不应小于 60°。

2)预制剪力墙的校正

吊装工根据已弹好的预制剪力墙的安装控制线和标高线,用 2 m 靠尺、吊线锤检查预制剪力墙的垂直度,并通过可调斜支撑微调预制剪力墙的垂直度,预制剪力墙安装施工时应边安装边校正。

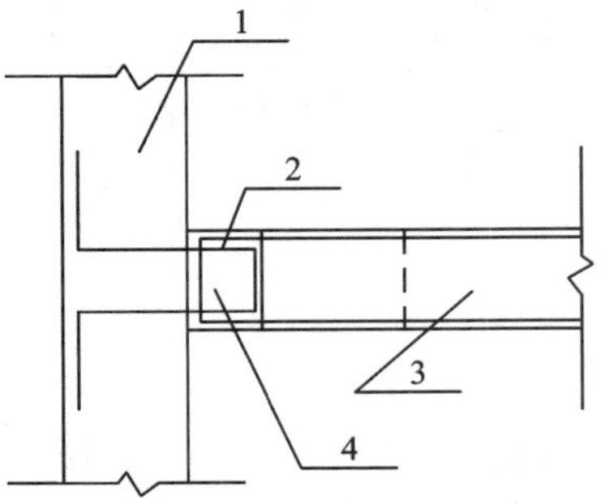

7.预制剪力墙节点连接

1)预制剪力墙水平连接

预制剪力墙水平连接节点分为 T 形连接和 L 形连接。根据设计图纸在预制剪力墙水平连接处设置现浇节点,待两侧预制剪力墙安装完毕后,绑扎节点钢筋,支设模板,浇筑高一强度等级膨胀混凝土,形成刚性连接,如图 4-138 所示。

图 4-138　预制剪力墙 T 形连接
1—预制剪力墙;2—钢筋连接节点;
3—预制剪力墙;4—现浇混凝土节点

2）预制剪力墙与叠合板连接

① 预制剪力墙与叠合板端部连接。

预制剪力墙作为叠合板的端支座，叠合板搁置在预制剪力墙上，叠合板纵向受力钢筋在预制剪力墙端节点处采用锚入形式，搁置长度、锚固长度均应符合设计规范要求。

② 预制剪力墙与叠合板中间连接。

预制剪力墙作为叠合板的中支座，预制剪力墙两端的叠合板分别搁置在预制剪力墙上，搁置长度应符合设计规范要求，叠合板纵向受力底筋在中间节点宜贯通或采用对接连接，面筋采用贯通钢筋连接预制剪力墙两端的叠合板面层。

3）预制剪力墙与叠合梁连接

① 预制剪力墙与叠合梁端部连接。

预制剪力墙作为叠合梁的支座，叠合梁搁置在预制剪力墙上，叠合梁纵向受力钢筋在预制剪力墙端节点处采用机械直锚，搁置长度、锚固长度应符合设计规范要求。

② 预制剪力墙与叠合梁中间连接。

预制剪力墙作为叠合梁的支座，预制剪力墙两端的叠合梁分别搁置在预制剪力墙上，搁置长度应符合设计规范要求，叠合梁纵向受力底筋在中间节点宜贯通或采用对接连接，面筋采用贯通钢筋连接预制剪力墙两端的叠合梁面层。

8. 注浆

（1）灌浆前，应对预制构件底部缝隙进行封闭，封堵应严密，确保不漏浆。

（2）灌浆料应采用电动设备搅拌充分、均匀，搅拌时间不宜少于 3 min。搅拌后，宜静置 2 min 后使用。灌浆料应在加水后 30 min 内用完。

（3）灌浆施工时，环境温度应符合灌浆料产品使用说明书要求；环境温度低于 5 ℃ 时不宜施工。

（4）灌浆作业应采用压浆法从套筒下方注浆口注入，当灌浆料从出浆口流出后应及时封堵。

（5）当出现无法出浆的情况时，应立即停止灌浆作业，查明原因并及时排除障碍。对于未密实饱满的灌浆套筒，应采取可靠措施从灌浆孔或出浆孔补灌。

（6）灌浆操作全过程应有专职检验人员负责旁站监督并及时形成施工质量检查记录。

（7）在灌浆料强度达到 35 MPa 后，方可拆除预制构件的临时支撑及进行上部结构吊装与施工。

（8）散落的灌浆料拌和物不得二次使用；剩余的拌和物不得再次添加灌浆料、水后混合使用。

（9）灌浆施工时环境温度应在 5 ℃ 以上，必要时应对连接处采取保温加热措施，保证浆料在 48 小时凝结硬化过程中连接部位温度不低于 10 ℃。灌浆完成后等待 24 小时（强度达到 35 MPa）方可进行下道工序施工。

（10）清理注浆口。在注浆料终凝前应及时清理注浆口溢出的灌浆料，随注随清，防止污染预制剪力墙表面，注浆管口应抹压至构件表面平整，不得凸出或凹陷。

9. 成品保护

（1）预制剪力墙进场后堆放不得超过四层。

（2）预制剪力墙吊装施工之前，应采用橡胶材料保护叠合预制剪力墙成品阳角。

（3）预制剪力墙在起吊过程中应采用慢起、快升、缓放的操作方式，防止预制剪力墙在吊装过程中与建筑物碰撞造成缺棱掉角。

（4）预制剪力墙在施工吊装时不得踩踏板上钢筋，避免其偏位。

4.3.6　装配式生产软件操作：墙板吊装施工操作说明

1. 进入模块

1）界面介绍

在软件模块界面选择"竖向构件吊装施工"，并单击"进入"（见图 4-139）。

图 4-139　进入模块

2）项目信息

进入模块后查看项目信息，学习现场吊装施工基本信息，并单击"进入竖向构件吊装"（见图 4-140）。

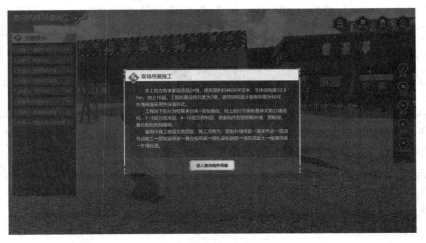

图 4-140　查看项目信息

2.准备工作

1) 安全技术交底

竖向构件吊装施工前,参与作业人员要进行安全生产交底。单击场景中"安全技术交底"的标识,并打开资料学习预制外墙安全技术交底,要求操作者熟练掌握工艺操作步骤,时刻牢记安全作业注意事项(见图4-141)。

图 4-141　安全技术交底

2) 作业区隔离

单击场景中"作业区隔离"的标识,开始作业前,使用醒目的标识和围护将作业区隔离,严禁无关人员进入作业区内(见图4-142)。

图 4-142　作业区隔离

3.测量放线

1) 弹校准线

单击场景中"在构件上弹出校准线"的标识,构件吊运前,在剪力墙上弹出 1 m 的校准线,方便后期安装时,构件水平度及标高的复核(见图4-143)。

图 4-143　弹校准线

2）绘制构件边线

打开图纸，识读构件的相关信息，单击场景中"用卷尺绘制构件边线"的标识，墙体位置线应从定位轴线上引测。根据施工图，PCQ5 位于 G、J 轴线与 2 轴线相交处，放线时，使用卷尺从 2 轴线测量出 100 mm 的距离，并用石笔做好标记，用墨斗弹出剪力墙的边线（见图4-144）。

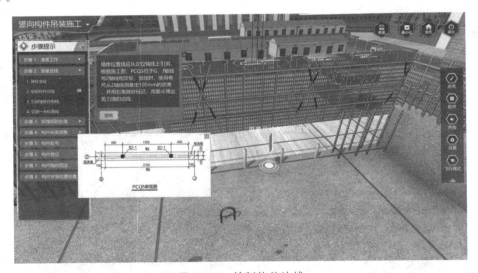

图 4-144　绘制构件边线

3）引测墙体控制线

单击场景中"引测墙体控制线"的标识，打开图纸，识读构件相关信息，墙体控制线从距剪力墙边线 20 cm 处进行设置；根据预制墙的长度及灌浆套筒的位置进行分仓设置，实际未注明时，同一灌浆区域内，任意两个灌浆套筒的间距不宜超过 1.5 m（见图 4-145）。

4）引测一米标高线

单击场景中"用卷尺绘制构件边线"的标识，使用卷尺在竖向构件的主筋上测出 1 m 的距离，并做好标记，作为 1 m 的标高控制线（见图 4-146）。

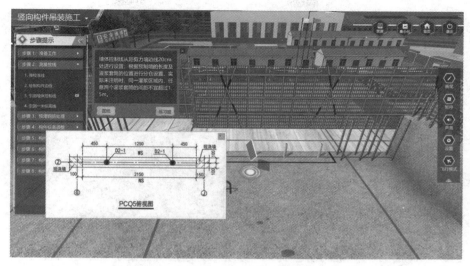

图 4-145 引测墙体控制线

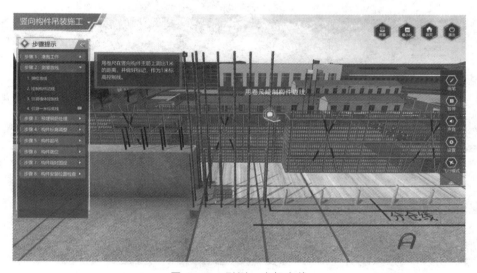

图 4-146 引测一米标高线

4．预埋钢筋处理

1）拆除塑料管

单击场景中"拆除塑料管"的标识，去除浇筑混凝土时用来保护钢筋的塑料管（见图 4-147）。

2）检验钢筋位置

在场景中的工具栏中选择定位钢板，将定位钢板拖动至场景中"使用定位钢板检验钢筋位置偏差"的标识处，将定位钢板放置在预留钢筋顶部，观察钢筋与定位钢板的孔洞是否对准，方便后期的施工（见图 4-148）。

3）调整倾斜的钢筋

在场景中的工具栏中选择钢管，将钢管拖动至场景中"用钢管调整倾斜钢筋"的标识处，若有倾斜的钢筋可使用钢管进行调整，调整完成后，将钢板套入钢筋中，检验钢筋的位置，确

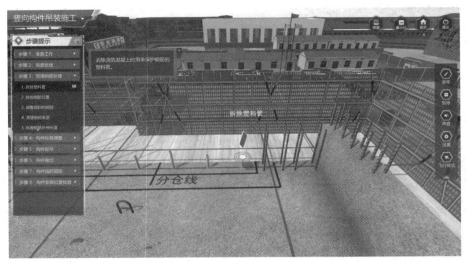

图 4-147 拆除塑料管

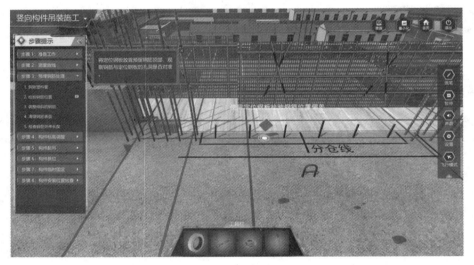

图 4-148 检验钢筋位置

保每一根预留钢筋都位于定位钢板的孔洞内（见图 4-149）。

4）清理钢筋表面

在场景中的工具栏中选择电刷，将电刷拖动至场景中"用电刷清理钢筋表面"的标识处，使用电刷将钢筋表面的水泥砂浆以及锈迹进行清理，以保证钢筋表面的清洁（见图 4-150）。

5）检查钢筋外伸长度

打开图纸，识读构件相关信息，单击场景中"修理钢筋长度"的标识，点击资料，确认构件的允许偏差以及检查方法。预留钢筋的外伸长度在构件安装前应进行复测，长度偏长应及时修理，若长度偏短，且超出误差范围，需联系设计人员进行设计变更处理（见图 4-151）。

5.构件标高调整

1）清理楼面

单击场景中"清理楼面"的标识，使用扫帚把楼面上的细石砂浆颗粒清扫干净，防止对后

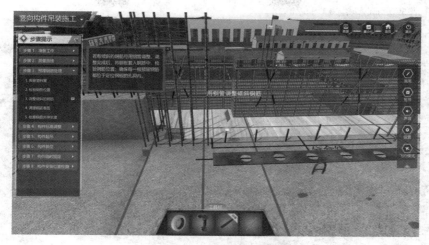

图 4-149　调整倾斜的钢筋

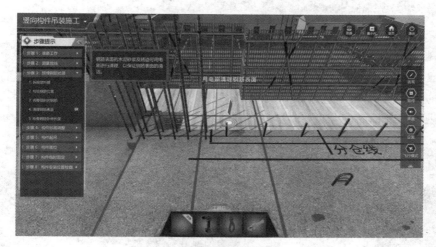

图 4-150　清理钢筋表面

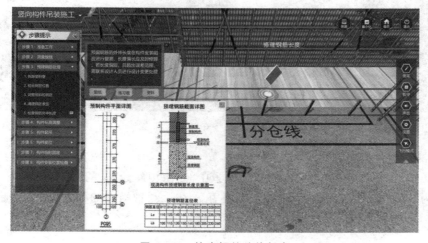

图 4-151　检查钢筋外伸长度

期施工质量造成影响（见图 4-152）。

图 4-152　清理楼面

2）调整安装位置标高

在场景中的工具栏中选择垫块，将垫块拖动至场景中"放置垫块"的标识处，打开图纸，确认构件的标高信息，将垫块放置在构件的安装位置，通过不同厚度的垫片组合，使用水准仪和塔尺进行构件标高的调整，每块墙板不少于 4 处（见图 4-153）。

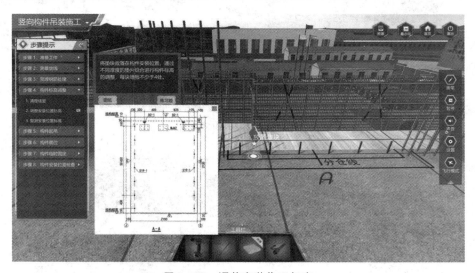

图 4-153　调整安装位置标高

3）复测安装位置标高

打开图纸，确认构件的位置标高，单击场景中"复测构件标高"的标识，根据施工图，垫块总厚度应为 20 mm，将塔尺放置在垫片上，使用水准仪测量构件的标高，误差不超过 5 mm（见图 4-154）。

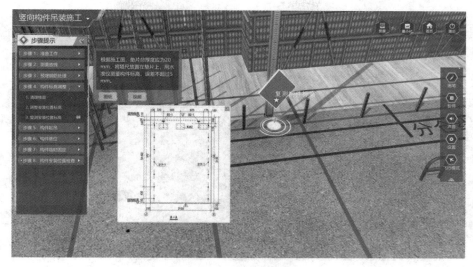

图 4-154 复测安装位置标高

6.构件起吊

1）确定构件型号

打开图纸，识读构件相关信息，单击场景中"选择正确的剪力墙构件"的标识，根据施工图，吊装 PCQ5，在预制剪力墙堆放区，选择对应的构件型号（见图 4-155）。

图 4-155 确定构件型号

2）连接吊钉

在场景中的工具栏中选择鸭嘴口吊具，将鸭嘴口吊具拖动至场景中"连接吊钉"的标识处，将配套的鸭嘴口吊具与剪力墙构件上的吊钉进行连接，注意吊具与吊钉之间的连接必须牢固，且吊索与构件的水平夹角不应小于 45°（见图 4-156）。

3）试吊剪力墙

单击场景中"试吊剪力墙"的标识，使用塔吊将构件吊离地面 500 mm 左右，静停，看是否存在滑钩、脱落等情况（见图 4-157）。

图 4-156　连接吊钉

图 4-157　试吊剪力墙

4）检查灌浆套筒

单击场景中"检查灌浆套筒"的标识,在预制剪力墙上系上定位牵引绳,将手电筒对准构件底部的灌浆套筒,并用钢筋清除套筒内的杂物(见图 4-158)。

7. 构件就位

1）吊装剪力墙

单击场景中"吊装剪力墙"的标识,保持构件平稳,当构件吊至比安装作业面高出 3 m 以上且高出作业面最高设施 1 m 以上时,将构件平移至安装部位上方(见图 4-159)。

2）引导构件就位

单击场景中"引导构件就位"的标识,构件接近安装部位时,安装人员用牵引绳调整构件位置与方向;当构件底部接近安装部位约 1000 mm 时,手扶构件调整水平位置进行就位(见图 4-160)。

图 4-158　检查灌浆套筒

图 4-159　吊装剪力墙

图 4-160　引导构件就位

3）构件就位

单击场景中"用反光镜检查对准情况"的标识，缓慢降落构件，当构件底部与预留钢筋接触时，使用反光镜检查构件底部的对准情况，确保构件能够准确坐落在楼面上（见图4-161）。

图4-161　构件就位

8. 构件临时固定

1）固定挂耳

单击场景中"安装预埋螺栓"的标识，打开图纸，确认预埋螺栓的位置，剪力墙垂直坐落在安装位置上后，使用螺栓将挂耳固定在墙体内侧面（见图4-162）。

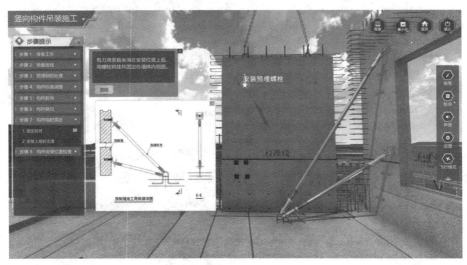

图4-162　固定挂耳

2）安装上排斜支撑

在场景中的工具栏中选择斜支撑，将斜支撑拖动至场景中"固定斜支撑"的标识处，将上排斜支撑上端固定在剪力墙上，调节斜支撑上的螺丝，确保斜支撑下端能够与楼板上的预埋件进行连接，然后将斜支撑下端固定在楼面的预埋件上（见图4-163）。

图 4-163 安装上排斜支撑

9.构件安装位置检查

1）检查构件水平位置

单击场景中"复核墙体水平位置"的标识，打开图纸和相关资料，识读并确认构件的相关信息，以及允许的偏差和使用的检测方法，使用卷尺测量剪力墙的墙边至墙体控制线的距离（见图 4-164）。

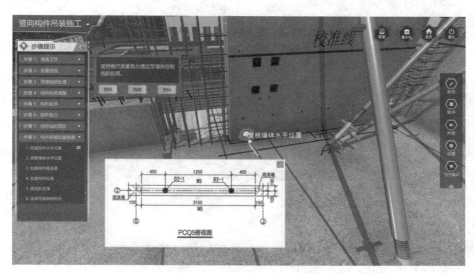

图 4-164 检查构件水平位置

2）调整墙体水平位置

单击场景中"调整墙体位置"的标识，若误差超出允许的范围，使用撬棍将墙体调整到正确的位置（见图 4-165）。

3）检查构件垂直度

在场景中的工具栏中选择靠尺，将靠尺拖动至场景中"检查构件垂直度"的标识处，使用靠尺检查墙体垂直度，若有偏差，可通过调整上排斜支撑杆件的长度，使构件的垂直度符合

图 4-165　调整墙体水平位置

设计要求（见图 4-166）。

图 4-166　检查构件垂直度

4）检查构件标高

单击场景中"检查构件标高"的标识，使用水准仪测量墙体上的校准线，确保墙体标高在允许误差内（见图 4-167）。

5）固定斜支撑

单击场景中"固定斜支撑"的标识，调整完成后，将上排斜支撑的调节螺丝锁死，以防止松动，保证安全；安装下排斜支撑，并锁死调节螺丝（见图 4-168）。

6）连续吊装其他构件

单击场景中"连续吊装其他构件"的标识，固定好剪力墙后，去掉吊钩及缆风绳，进行下一墙板的安装，打开图纸，识读平面图，确定吊装顺序，并重复循环（见图 4-169）。

图 4-167　检查构件标高

图 4-168　固定斜支撑

图 4-169　连续吊装其他构件

4.3.7　装配式生产软件操作:灌浆作业操作说明

1.进入模块

在软件模块界面选择"灌浆作业",并单击"进入"(见图 4-170)。

图 4-170　进入模块

2.准备工作

打开资料,学习灌浆作业施工方案,单击场景中"准备工作"的标识,灌浆作业前,核实现场天气,环境温度应在 5~30 摄氏度。选择与套筒匹配的灌浆料,根据施工方案,选用的灌浆料配比取:水:干粉料=12:100(见图 4-171)。

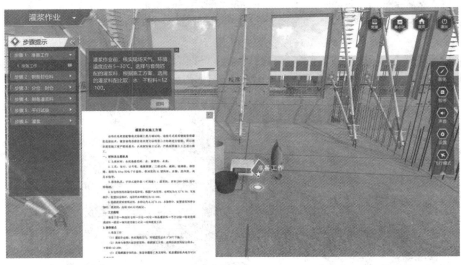

图 4-171　准备工作

3.制备封仓料

1）在搅拌桶中加水

单击场景中"在搅拌桶中加水"的标识，打开资料，学习相关技术要求。假设本案例中的封仓料配比选用水∶干粉料为12∶100，那么配置25 kg的水泥砂浆干粉料，需要的拌和水为3 kg（见图4-172）。

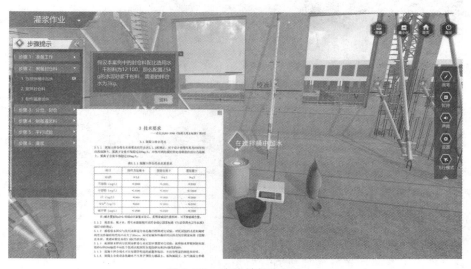

图 4-172 在搅拌桶中加水

2）搅拌封仓料

单击场景中"搅拌封仓料"的标识，将用来配制封仓料的水泥砂浆倒入搅拌桶中，使用手持式搅拌器将水泥砂浆搅拌均匀（见图4-173）。

图 4-173 搅拌封仓料

3）制作强度试件

单击场景中"制作强度试件"的标识，水泥砂浆强度试件的三联试模采用边长70.7 mm的立方体，在试模内侧涂刷脱模剂，然后将搅拌好的浆料倒入试模中制作强度试件，放入养护箱内养护(见图 4-174)。

图 4-174　制作强度试件

4.分仓、封仓

1)清理

在场景中的工具栏中选择鼓风机,将鼓风机拖动至场景中"清理"的标识处,使用钢筋清理套筒内的杂物,使用鼓风机将墙体与楼面之间的垃圾清理干净,然后洒水湿润墙面(见图4-175)。

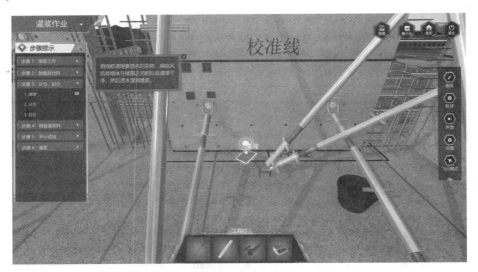

图 4-175　清理

2)分仓

单击场景中"分仓"的标识,打开图纸和资料,确定构件的信息,学习灌浆施工要求。将专门的工具塞入墙体下方 20 mm 的缝隙内,将砂浆放置于拖板上,用另一专门工具塞填砂浆,分仓砂浆带宽度为 30 mm 至 50 mm(见图 4-176)。

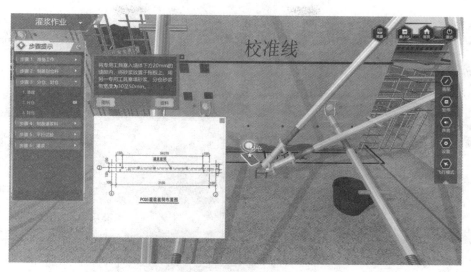

图 4-176 分仓

3）封仓

单击场景中"封仓"的标识，将专门工具伸入缝隙中作为封仓砂浆的挡板，以保证水泥砂浆嵌入墙内的宽度不大于 20 mm；然后用搅拌好的水泥砂浆进行封仓施工（见图 4-177）。

图 4-177 封仓

5.制备灌浆料

1）在搅拌桶中加水

单击场景中"在搅拌桶中加水"的标识，按照产品说明书要求制备灌浆料，称取 3 kg 的拌和水，加入搅拌桶中（见图 4-178）。

2）第一次搅拌灌浆料

单击场景中"第一次搅拌灌浆料"的标识，使用电子秤称取大约 70％用量的灌浆干粉料，加入搅拌桶内，使用手持式搅拌器将灌浆干粉料大致搅拌均匀（1～2 min）（见图 4-179）。

图 4-178　在搅拌桶中加水

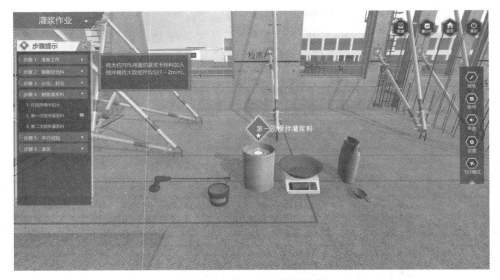

图 4-179　第一次搅拌灌浆料

3）第二次搅拌灌浆料

单击场景中"第二次搅拌灌浆料"的标识，使用电子秤称取剩余的 30％用量的灌浆干粉料，加入搅拌桶内，使用手持式搅拌器搅拌均匀（3～4 min），静置 2 min 排气，浆料拌和物应在 30 min 内用完，搅拌完成后的灌浆料不得再次加水，已经开始初凝的灌浆料不能使用（见图 4-180）。

6.平行试验

1）检验灌浆料流动度

单击场景中"检验灌浆料流动度"的标识，打开资料，学习灌浆料拌和物性能试验标准规范，明确灌浆料拌和物的工作性能要求，使用截锥圆模检验灌浆料拌和物初始的流动度，初始流动度不应小于 300 mm（见图 4-181）。

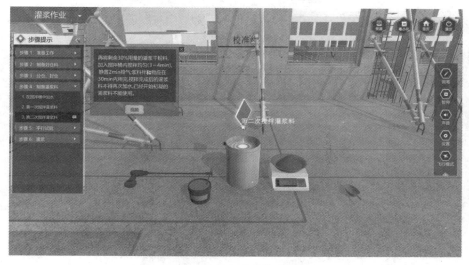

图 4-180 第二次搅拌灌浆料

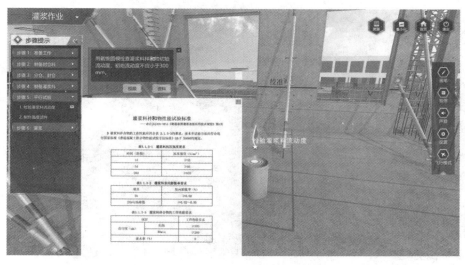

图 4-181 检验灌浆料流动度

2）制作强度试件

单击场景中"制作强度试件"的标识,打开资料,学习灌浆料拌和物性能试验标准,明确灌浆料抗压强度要求,灌浆施工过程中,应现场制作 3 组 40 mm×40 mm×160 mm 的试块,用于抗压强度试验,在标准养护条件下养护,1 天、3 天、28 天各一组(见图 4-182)。

7.灌浆

1）标记

单击场景中"标记"的标识,打开资料,学习灌浆施工检查记录表,明确灌浆孔位置与标记,根据灌浆施工检查记录表中剪力墙上灌浆孔的排布示意图,使用蓝色的记号笔把编号写在对应的墙体灌浆孔上(见图 4-183)。

2）检查套筒通透性

单击场景中"检查套筒通透性"的标识,灌浆前,使用木塞将所有的注浆孔和出浆孔塞

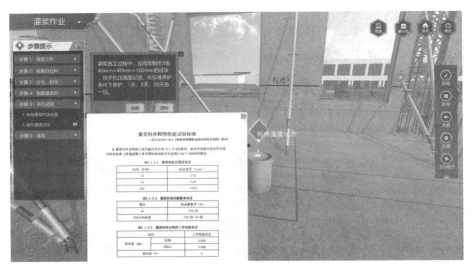

图 4-182　制作强度试件

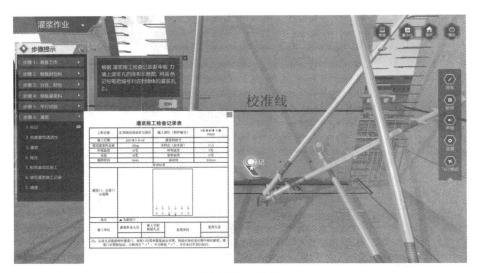

图 4-183　标记

住,使用鼓风机插入分区的注浆孔,依次检查其他套筒的出浆孔,查看是否有气流流出,确保同一灌浆区内套筒的通透性。另外分区重复如此(见图 4-184)。

3)灌浆

单击场景中"灌浆"的标识,将拌和好的灌浆料倒入灌浆机内,调节灌浆机开始增压,待浆液呈柱状流出时,将灌浆嘴插入注浆孔进行灌浆,当灌浆料拌和物从出浆孔呈柱状流出且无气泡后立即用木塞封堵(见图 4-185)。

4)保压

单击场景中"保压"的标识,该分区所有灌浆套筒的出浆孔均排出浆料并封堵后,继续保持压力 10~15 秒,然后使用木塞封堵注浆孔(见图 4-186)。

图 4-184　检查套筒通透性

图 4-185　灌浆

图 4-186　保压

5）相邻灌浆区施工

单击场景中"相邻灌浆区施工"的标识，打开资料，查看灌浆施工检查记录表，明确相关信息，对相邻的灌浆区进行灌浆作业（见图4-187）。

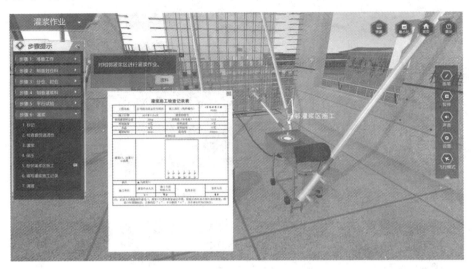

图4-187 相邻灌浆区施工

6）填写灌浆施工记录

单击场景中"填写灌浆施工记录"的标识，灌浆施工必须由专职质检人员及监理人员全过程旁站监督，每块预制剪力墙的施工均需填写灌浆施工检查记录表（见图4-188）。

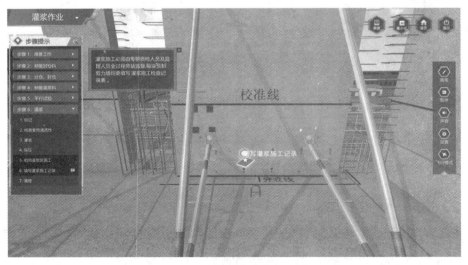

图4-188 填写灌浆施工记录

7）清理

单击场景中"清理"的标识，灌浆完毕后立即清洗搅拌机、搅拌桶、灌浆机等器具，以免灌浆料凝固，清理困难；及时清理作业面，散落的灌浆料拌和物不得二次使用（见图4-189）。

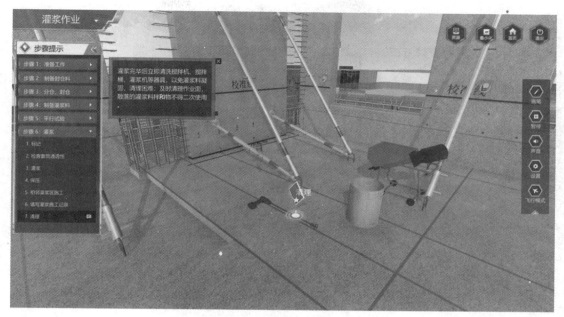

图 4-189 清理

知识拓展

1. 预制混凝土墙施工图识读

某工程预制混凝土剪力墙外墙板类型选用图集 15G365-1《预制混凝土剪力墙外墙板》中一块编号为 WQ-3028 的剪力墙,其工程概况如下:预制外墙板外叶墙板按环境类别二 a 类设计,最外层钢筋保护层厚度按 20 mm 设计,外叶墙板如有瓷砖饰面或环境类别不同时可由设计调整,钢筋最小保护层厚度不应小于 15 mm,内叶墙板按环境类别一类设计,配筋图中已标明钢筋定位,如有调整,钢筋最小保护层厚度不应小于15 mm;上下层预制外墙板的竖向钢筋采用套筒灌浆连接,相邻预制外墙板之间的水平钢筋采用整体式接缝连接;预制外墙板中承重内叶墙板厚度为 200 mm,外叶墙板厚度为 60 mm,中间夹心保温层厚度 t 为 30～100 mm;楼板和预制阳台板的厚度为130 mm;混凝土强度等级 C30,三级抗震;外叶墙板钢筋采用冷轧带肋钢筋(Φ^R),其他钢筋均采用 HRB400,钢材采用 Q235-B 级钢材;灌浆套筒和套筒灌浆料应符合国家现行有关标准的规定,构件吊装用吊件、临时支撑用预埋螺母等其他预埋件应符合国家现行有关标准的规定;预制外墙板中保温材料采用挤塑聚苯板(XPS),外墙板密封材料等应满足国家现行有关标准的要求。该外墙板模板图、配筋图及节点详图如图4-190 至图 4-193、表 4-5 和表 4-6 所示。

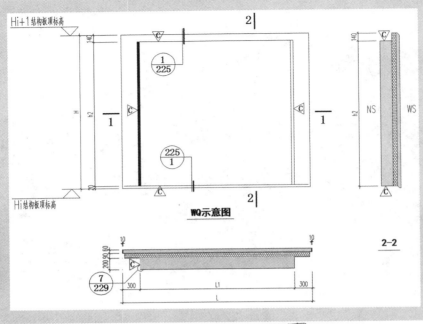

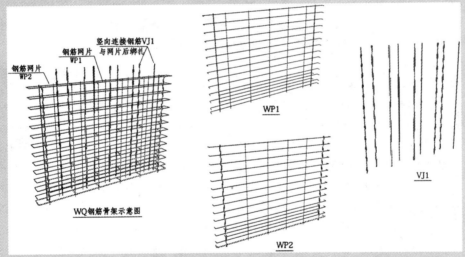

图 4-190　WQ 索引图

表 4-5　WQ 选用表

层高 H/mm	墙板编号	标志宽度 L/mm	L_q/mm	h_q/mm	墙板重量/kg
2800	WQ-2728	2700	2100	2640	3904
	WQ-3028	3000	2400	2640	4426
	WQ-3328	3300	2700	2640	4949
	WQ-3628	3600	3000	2640	5472

注：1. WQ-3028 各符号的含义：WQ——无洞口外墙；30——墙板的标志宽度为 3000 mm；28——层高 2800 mm。

2. 选用表中墙板重量未考虑保温材料重量。

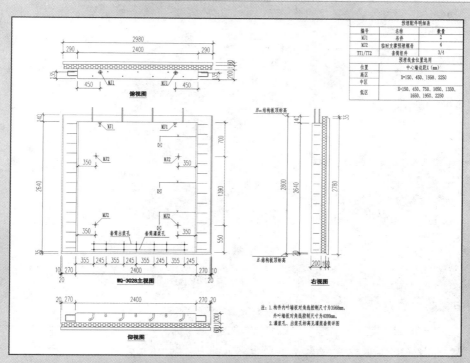

图 4-191 WQ-3028 模板图

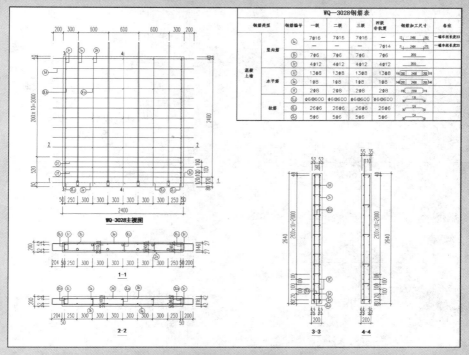

· 图 4-192 WQ-3028 配筋图

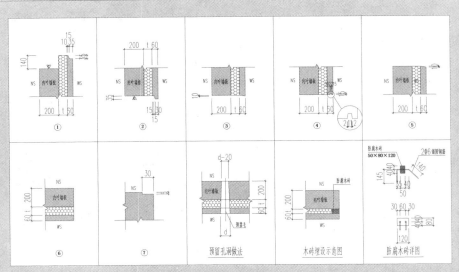

图 4-193　预制外墙板节点详图

表 4-6　预制墙板预埋件示意图

名称	埋件示意图	备注
MJ1-A		埋件用途:预制墙板垂直吊装。 L_1:墙板宽度方向定位尺寸。 L_2:墙板厚度方向定位尺寸。 L_1、L_2详见构件图。
MJ2		埋件用途:用于墙板现场临时支撑。 L_1:墙板高度方向定位尺寸。 L_2:墙板宽度方向定位尺寸。 L_1、L_2详见构件图。
TG		埋件用途:墙板灌浆或出浆孔。 灌浆管及出浆管规格与注浆设备匹配。
TG		用途:钢筋连接用半灌浆套筒。 图集中钢筋连接按此参数设计,根据工程情况,可选用不同厂家产品。

续表

名称	埋件示意图	备注
TT1 TT2		1. 灌浆管、出浆管并排使用时,注意管定位。 2. 灌浆管、出浆管应垂直于墙板板面。 3. 灌浆管、出浆管弯折采用热弯工艺,禁止冷加工。 4. 灌浆管、出浆管规格与注浆设备匹配。
T-60		1. 用途:预制墙板墙肢套筒定位。 2. h 值根据钢筋直径分别为: $\bigoplus$ 12 h:74 mm。$\bigoplus$ 14 h:89 mm。 $\bigoplus$ 16 h:104 mm 3. 灌浆管及出浆管规格与注浆设备匹配。 4. 墙肢配筋详见构件图。

1)预制墙平面图识读

(1)预制墙模板图识读。

从图 4-191 中可以读取出 WQ-3028 模板图中的以下内容:

① 外墙板的具体尺寸。

a. 外墙板的标志宽度 3000 mm,层高 2800 mm。

b. 外叶墙板的宽度 2980 mm,高度(2780+35)mm=2815 mm,厚度 60 mm,外叶墙板对角线控制尺寸为 4099 mm。

c. 内叶墙板宽度 2400 mm,高度 2640 mm,厚度 200 mm,内叶墙板对角线控制尺寸为 3568 mm。

d. 夹心保温层宽度(2980−20×2)mm=2940 mm,高度(2640+140)mm=2780 mm,厚度 t。

e. 内叶板距离外叶板边缘宽度方向两边各为 290 mm,高度方向底部 35 mm,顶部 140 mm。

f. 内叶板距离夹心保温层边缘宽度方向两边各为 270 mm,高度方向底部平齐,顶部 140 mm。

② 外墙板预埋件的定位尺寸。

a. 吊件 MJ1 两个,位于内叶墙板顶部,距离内叶板宽度方向两边缘各为 450 mm。

　　b.临时支撑预埋螺母 MJ2 四个,分为上下两排,下面一排距离内叶板底面 550 mm,距离内叶板宽度边缘各为 350 mm;上面一排距离内叶板顶面 700 mm,距离内叶板宽度边缘各为 350 mm。

　　c.预埋线盒位置有三种选择,高区、中区、低区,距离内叶板右侧边缘距离可参考预埋件明细表内的数据选用。

　　d.套筒灌浆孔和出浆孔的定位尺寸,按从左至右分别为 355 mm、245 mm、355 mm、245 mm、355 mm、245 mm、355 mm、245 mm;灌浆孔距离内叶板底部 30 mm,灌浆孔与出浆孔之间的高度 h 根据钢筋直径确定,直径 12 的 HRB400 钢筋,高度 74 mm,直径 14 的 HRB400 钢筋,高度 89 mm,直径 16 mm 的 HRB400 钢筋,高度 104 mm。

　　(2)预制墙配筋图识读。

　　从图 4-192 中可以读取出 WQ-3028 内叶墙板配筋图中共有 9 种类型的钢筋,根据前面工程概况,构件抗震等级三级,各种钢筋信息内容如下:

　　① ③a 号钢筋为 7 根直径 16 mm 的 HRB400 竖向钢筋,下端插入套筒内,上端延伸出墙板顶部,下端车丝长度 23 mm。

　　② ③b 号钢筋为 7 根直径 6 mm 的 HRB400 竖向钢筋。

　　③ ③c 号钢筋为内叶板两端 4 根直径 12 mm 的 HRB400 竖向钢筋。

　　④ ③d 号钢筋为 13 根直径 8 mm 的 HRB400 水平环向封闭钢筋,两端伸出内叶板边缘各 200 mm。

　　⑤ ③e 号钢筋为内叶板底部 1 根直径 8 mm 的 HRB400 水平环向封闭钢筋,两端伸出内叶板边缘各 200 mm。

　　⑥ ③f 号钢筋为内叶板下部 2 根直径 8 mm 的 HRB400 水平环向封闭钢筋,两端不伸出内叶板。

　　⑦ ③La 号钢筋为内叶板中间的拉筋,规格为直径 6 mm 的 HRB400 钢筋,间距 600 mm。

　　⑧ ③Lb 号钢筋为内叶板两侧竖向拉筋,规格为 26 根直径 6 mm 的 HRB400 钢筋。

　　⑨ ③Lc 号钢筋为内叶板最底部一排拉筋,规格为 5 根直径 6 mm 的 HRB400 钢筋。

　　2)预制墙详图识读

　　从图 4-194 中可以读取出外叶墙板配筋图中钢筋采用焊接网片,间距应小于 150 mm,竖向筋与水平筋均为直径 5 mm 的 HPB300 级钢筋;外叶墙板上未表示拉结件,设计人员应根据实际情况另行补充设计。WQ-wy1 适用于无阳台外叶墙板,WQ-wy2 适用于有阳台板外叶墙板。

　　3)预制墙施工图识读实训

　　某工程预制外墙板 WQC1-3328-1214 模板图及配筋图如图 4-195 和图 4-196 所示,试阅读该外墙板模板图及配筋图的相关内容。

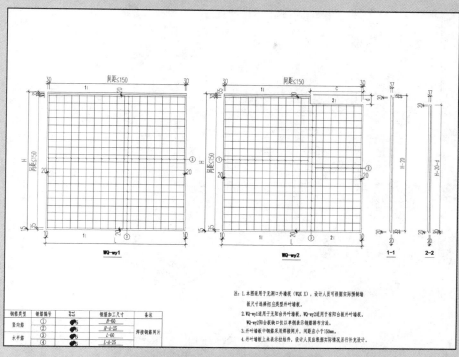

图 4-194 WQ 外叶墙板配筋详图

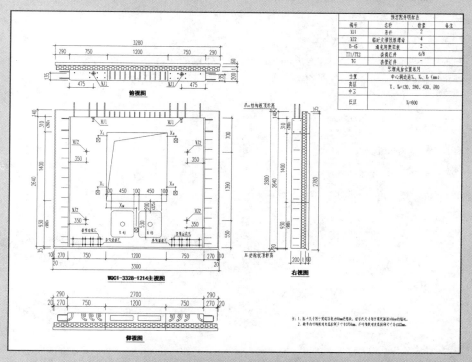

图 4-195 WQC1-3328-1214 模板图

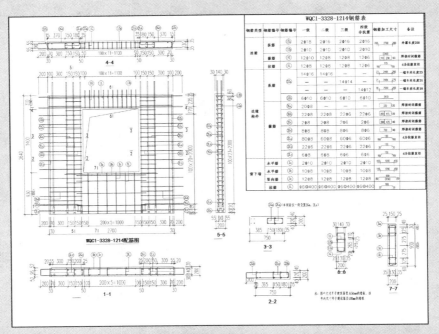

图 4-196　WQC1-3328-1214 配筋图

2. 预制混凝土墙工程量计算

1) 预制墙钢筋与预埋件工程量计算

(1) 预制墙钢筋工程量计算。

预制墙钢筋工程量,设计有规定时按设计规定计算,如图 4-192(WQ-3028)所示,给出了该预制墙中 9 种钢筋的设计用量;设计未规定的,可按以下方法进行计算。

① ③a 号钢筋长度 =(23+2466+290) mm=2779 mm,共 7 根,总长度 =2779 ×7 mm=19453 mm。

② ③b 号钢筋长度 =2610 mm,共 7 根,总长度 =2610×7 mm=18270 mm。

③ ③c 号钢筋长度 =2610 mm,共 4 根,总长度 =2610×4 mm=10440 mm。

④ ③d 号钢筋长度 =(116+200+2400+200)×2 mm=5832 mm,共 13 根,总长度 =5832×13 mm=75816 mm。

⑤ ③e 号钢筋长度 =(146+200+2400+200)×2 mm=5892 mm,共 1 根。

⑥ ③f 号钢筋长度 =(116+2350)×2 mm=4932 mm,共 2 根,总长度 =4932 ×2 mm=9864 mm。

⑦ ③La 号钢筋长度 =(130+30×2+1.9×6×2) mm=212.8 mm,共 15 根,总长度 =212.8×15 mm=3192 mm。

⑧ ③Lb 号钢筋长度 =(124+30×2+1.9×6×2) mm=206.8 mm,共 26 根,总长度 =206.8×26 mm=5376.8 mm。

⑨ ③Lc 号钢筋长度＝(154＋30×2＋1.9×6×2) mm＝236.8 mm,共 5 根,总长度＝236.8×5 mm＝1184 mm。

(2) 预制墙预埋件工程量计算。

由图 4-191 可知,MJ1 吊件 2 个,临时支撑预埋螺母 4 个,TT1 套筒组件 3 个,TT2 套筒组件 4 个。

2) 预制墙混凝土与配料工程量计算

(1) 计算预制墙混凝土工程量。

$$工程量＝2.4×2.64×0.2 \ m^3＝1.267 \ m^3$$

(2) 计算混凝土配料工程量。

假设混凝土的石子粒径＜16 mm,参考山东省建筑工程消耗量定额 C30 混凝土每立方米水泥(32.5 MPa)用量 0.505 t,黄砂(过筛中砂)用量 0.355 m^3,碎石(15 mm)用量 0.862 m^3,水用量 0.21 m^3,则该板各材料用量如下:

$$水泥用量＝1.267×0.505 \ t＝0.64 \ t$$
$$黄砂用量＝1.267×0.355 \ m^3＝0.45 \ m^3$$
$$碎石用量＝1.267×0.862 \ m^3＝1.09 \ m^3$$
$$水用量＝1.267×0.21 \ m^3＝0.266 \ m^3$$

3) 预制墙保温板与拉结件工程量计算

(1) 保温板工程量计算。

假定保温板厚为 100 mm,则保温板工程量＝2.94×(2.8－0.02)×0.1 m^3 ＝0.817 m^3。

(2) 由图 4-194 中的设计说明可知,预制墙外叶板与内叶板之间的拉结件由具体工程设计确定,图集未做规定。

4) 预制墙工程量计算实训

某工程预制外墙板 WQC1-3328-1214 模板图及配筋图如图 4-195 和图 4-196 所示,试计算该外墙板钢筋及混凝土相应工程量。

课后习题

一、填空题

1.目前常用的预制混凝土剪力墙外墙板,它由 _____、_____ 和 _____ 三部分组成,也称为预制混凝土夹心保温剪力墙墙板。

2.脱模剂必须采用 _____ 隔离剂,且需时刻保证抹布或 _____ 及脱模剂干净无污染。

3. _____ 是用于连接预制保温墙体内、外层混凝土墙板,传递墙板剪力,以使内外层墙板形成整体的连接器。

4. _____ 吊钉适用于所有预制混凝土构件的起吊,尤其适合墙板类薄型构件。

5.预制墙板一般采用_____固定方式,采用_____来固定。

二、简答题

1.简要回答拉结件的设置方式及应满足的要求。

2.简要回答灌浆套筒的分类。

3.简要回答预制墙板堆放要求。

三、实操题

1.正确操作"墙板流水线生产工艺"。

2.正确操作"夹心墙板生产工艺"。

3.正确操作"竖向构件吊装施工"。

4.正确操作"灌浆作业"。

学习目标

知识目标：

1. 熟悉预制混凝土板构件生产流程。

2. 了解预制混凝土板存储与运输注意事项。

3. 掌握预制混凝土板施工流程与工艺要求。

能力目标：

1. 能够在现场协助工程师进行装配式构件安装。

2. 能够控制并确保结构安装质量措施满足设计及施工要求。

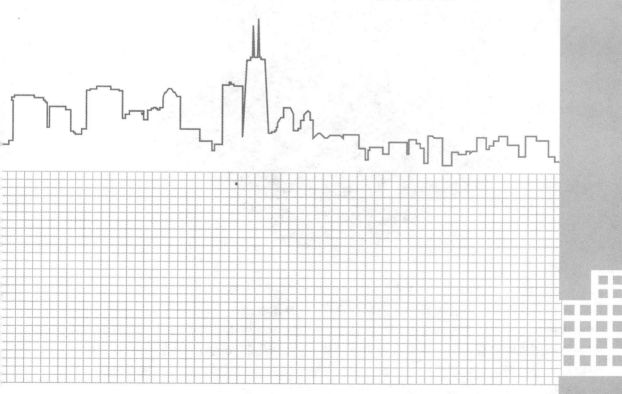

5.1　预制混凝土板构件生产

预制混凝土板构件按照制造工艺不同可分为预制混凝土叠合板、预制混凝土实心板、预制混凝土空心板、预制混凝土双 T 板等。其中,预制混凝土叠合板主要有两种,一种是桁架钢筋混凝土叠合板(见图 5-1),另一种是预制带肋底板混凝土叠合楼板(见图 5-2)。

图 5-1　桁架钢筋混凝土叠合板

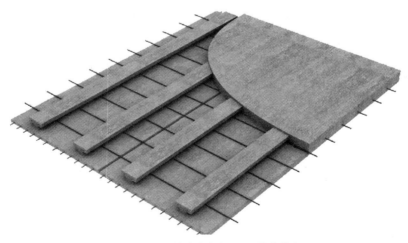

图 5-2　预制带肋底板混凝土叠合楼板

桁架钢筋混凝土叠合板属于半预制构件,下部为预制混凝土板,外露部分为桁架钢筋,叠合楼板在工地安装到位后要进行二次浇筑,从而成为整体实心楼板。桁架钢筋的主要作用是使后浇筑的混凝土层与预制底板形成整体,并在制作和安装过程中提供刚度。伸出预制混凝土层的桁架钢筋和粗糙的混凝土表面保证了叠合楼板预制部分与现浇部分能有效结合成整体。

预制混凝土板构件的生产可采用流水线工艺:将模台放置在滚轴或轨道上,组模后进行钢筋和预埋件入模作业,然后浇筑混凝土并进行振捣,养护后脱模,经质检合格的预制混凝土板可标识后放置在构件存放区。预制混凝土板构件的加工工艺如图 5-3 所示。

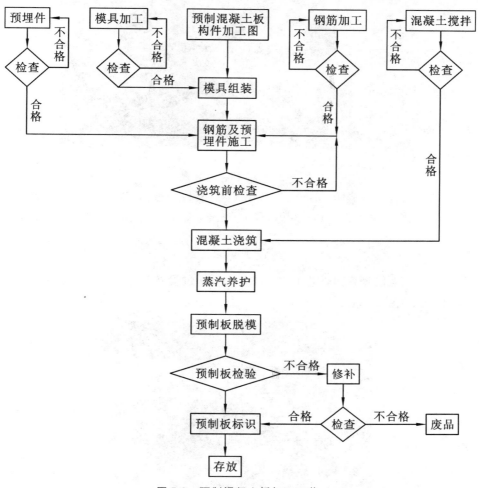

图 5-3　预制混凝土板加工工艺

现以图集 15G366-1《桁架钢筋混凝土叠合板(60 mm 厚底板)》中一块编号为 DBS2-67-3015-11 的双向受力叠合板用底板为例,详细说明预制混凝土板构件的生产过程。

5.1.1　预制板生产模具组装

1.模具选择

流水线生产工艺除了模台外,主要模具为边模。DBS2-67-3015-11 可采用磁性边模,包含两个磁铁系统,每个磁铁系统内镶嵌磁块,充有 400～900 kg 的磁力,通过磁块直接与模台吸合连接。

叠合楼板常用边模高度有 60 mm、70 mm 两种,常用边模长度有 500 mm、750 mm、1000 mm、2000 mm、3000 mm、3300 mm,如图 5-4 所示。

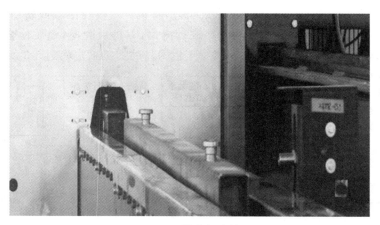

图 5-4 叠合板边模

由双向受力叠合板用底板 DBS2-67-3015-11 的模板图可知,该板厚度 60 mm,标志跨度 3000 mm,标志宽度 1500 mm,可选用高度 60 mm,长度 500 mm、1000 mm、3000 mm 的边模。

2.模具清理

自动流水线上有清理模具的模具清扫机,模台通过设备时,将附着、散落在模具上的混凝土渣清理干净,并收集到清渣斗内,如图 5-5 所示。

图 5-5 模台清理设备

人工清理模具时,需要用腻子刀或其他铲刀清理,需要注意清理模具要清理彻底,对残余的大块的混凝土要小心清理,防止损伤模台。

3.划线

根据 DBS2-67-3015-11 的模板图,按照叠合板用底板的定位线进行划线,图 5-6 所示为机械手按照输入的图样信息,在模台上绘制出模具的边线。

4.模具安装及固定

1)模具组装

根据划线位置摆放叠合板的边模,并用磁盒进行固定,如图 5-7 所示。

图 5-6　机械手划线

图 5-7　边模安装

图 5-8 为预制混凝土模板固定磁盒,其使用方法如下:

图 5-8　磁盒

（1）磁盒上面有一个开关压头,把磁盒置于平台上,按下压头,磁盒牢牢吸住平台,处于工作状态;使用杠杆撬起压头,磁盒与平台吸力大大减少,磁盒处于关闭状态,可以搬动磁盒。

（2）平台厚度和表面平整程度将会影响磁盒与平台之间的吸力,平台越厚,表面越平整,吸力越大,而侧向剪切力又与磁盒吸力以及接触面的摩擦系数有关。

（3）磁盒两端有两个固定螺丝,可以连接不同的夹具,以固定不同形状结构的边模,比如角钢、槽钢边模等。

2）模具质量检验

模具组装完成后,应对其几何尺寸等进行检验（见图 5-9）,结果需满足《装配式混凝土结构技术规程》(JGJ 1—2014)中的规定,叠合板 DBS2-67-3015-11 的模具尺寸允许误差见表5-1。

图 5-9　模具对角线检验

表 5-1　预制板构件模具尺寸的允许误差和检验方法

项次	检验项目及内容		允许偏差/mm	检验方法
1	长度	≤6 m	1，−2	用钢尺量平行构件高度方向，取其中偏差绝对值较大处
		>6 m 且≤12 m	2，4	
		>12 m	3，−5	
2	截面尺寸	墙板	1，−2	用钢尺测量两端或中部，取其中偏差绝对值较大处
3		其他构件	2，−4	
4	对角线差		3	用钢尺量纵、横两个方向对角线
5	侧向弯曲		$L/1500$ 且≤5	拉线，用钢尺量测侧向弯曲最大处
6	翘曲		$L/1500$	对角拉线测量交叉点间距离值的两倍
7	底模表面平整度		2	用 2 m 靠尺和塞尺量
8	组装缝隙		1	用塞片或塞尺量
9	端模与侧模高低差		1	用钢尺、拐尺量

注：L 为模具与混凝土接触面中最长边的尺寸。

5.涂刷脱模剂和缓凝剂

1）涂刷脱模剂

（1）涂刷前检查。

在涂刷脱模剂前要检查模具是否干净。

（2）脱模剂种类。

混凝土脱模剂是指在混凝土浇筑前涂抹在模具上的一种物质，以使浇筑后模板不致粘在混凝土表面、不易拆模，或影响混凝土表面的光洁度。其主要作用为在模板与混凝土表面之间形成一层膜，将两者隔离开，故又称隔离剂。

常用脱模剂有油性和水性两种材质，制作预制叠合板构件应选用对产品表面没有污染的脱模剂，一般采用水性脱模剂。

（3）自动涂刷。

流水线配有自动喷涂脱模剂设备（见图 5-10），模台运转到该工位后，设备启动，开始喷涂脱模剂，设备上有多个喷嘴，保证模台每个地方都均匀喷到，模台离开设备工作面时设备自动关闭。

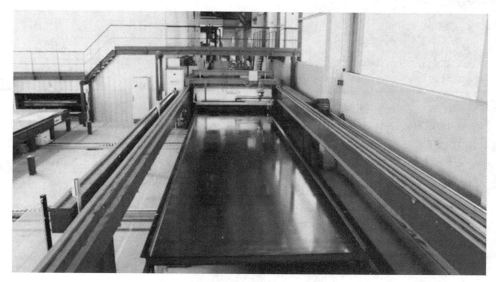

图 5-10　生产线自动喷涂脱模剂

（4）人工涂刷。

人工涂抹脱模剂要使用干净的抹布或海绵，涂抹均匀后模具表面不允许有明显的痕迹，不允许有堆积，不允许有漏涂等现象。

（5）其他要求。

脱模剂喷涂后不要马上作业，应当等脱模剂成膜以后再进行下一道工序。

2）涂刷缓凝剂

根据 DBS2-67-3015-11 的模板图可知，该预制叠合板用底板的上表面及四个断面均为粗糙面，因此需要在模具上涂刷缓凝剂，混凝土脱模后再用水冲洗去除表面没有凝固的灰浆，形成粗糙面。涂刷缓凝剂须做到：

（1）宜选用专业厂家生产的粗糙面专用缓凝剂。

（2）按照设计要求的粗糙面部位涂刷。

5.1.2　预制板钢筋工程施工

1.钢筋选材

表 5-2 为双向板底板跨度、宽度方向钢筋代号组合表，由该表可知叠合板 DBS2-67-3015-11 跨度及宽度方向钢筋均采用直径为 8 mm 的三级钢，间距 200 mm。

表 5-2 双向板底板跨度、宽度方向钢筋代号组合表

跨度方向钢筋 编号 宽度方向钢筋	C8@200	C8@150	C10@200	C10@150
C8@200	11	21	31	41
C8@150	—	22	32	42
C8@100	—	—	—	43

2. 钢筋加工

叠合板 DBS2-67-3015-11 的钢筋加工主要包括调直、除锈、剪切、弯曲等。

1) 钢筋调直、除锈

钢筋调直应符合《混凝土结构工程施工质量验收规范》(GB 50204—2015)的有关规定。钢筋调直宜采用机械方法,也可采用冷拉方法。当采用冷拉方法调直钢筋时,DBS2-67-3015-11 所用 HRB400 级钢筋的冷拉率不宜大于 1%。

经过冷拉的钢筋,可不必再进行除锈。

2) 钢筋剪切

钢筋切断可以采用切断机(直径 40 mm 以下的钢筋),也可以采用手工切断(直径 16 mm)。切断时应根据钢筋号、直径、长度和数量,长短搭配,先断长料后断短料,尽量减少和缩短钢筋短头,以节约钢材。

3) 钢筋弯曲

由表 5-7 DBS2-67-3015-11 底板配筋表可知,①号钢筋末端需要做 135°弯钩,其所用的 HRB400 级钢筋弯弧内直径不小于钢筋直径的 4 倍,弯钩后的平直部分长度应符合设计要求的 40 mm,如图 5-11 所示。

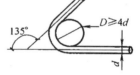

图 5-11 带肋钢筋端部 135°弯钩

3. 钢筋桁架制作

1) 钢筋桁架制作要求

钢筋桁架的制作应满足以下要求:

(1) 桁架钢筋弦杆钢筋直径不宜小于 8 mm,腹杆钢筋直径不应小于 4 mm。

(2) 钢筋桁架应由专用焊接机械制造,腹杆钢筋与上、下弦钢筋的焊接采用电阻点焊。

(3) 钢筋桁架焊点的抗剪力应不小于腹杆钢筋规定屈服力的 0.6 倍。

(4) 钢筋桁架的尺寸、重量允许偏差符合表 5-3 的规定。

表 5-3 桁架偏差允许值

检查项目	设计长度	设计高度	设计宽度	上弦焊点间距	伸出长度	理论重量
允许偏差	±5 mm	±3 mm	±5 mm	±2.5 mm	0~2 mm	±4.0%

2) 钢筋桁架布置要求

钢筋桁架布置应满足下列要求:

(1) 桁架钢筋应沿主要受力方向布置。

(2) 钢筋桁架放置于底板钢筋的上层,下弦钢筋与底板钢筋绑扎连接。

（3）桁架钢筋距板边不应大于 300 mm，间距不宜大于 600 mm。

（4）桁架钢筋弦杆混凝土保护层厚度不应小于 15 mm。

4. 钢筋骨架制作

根据图 5-87 DBS2-67-3015-11 板配筋图及表 5-6 所示的底板参数，制作 DBS2-67-3015-11 钢筋骨架，制作步骤如下：

（1）底板放配筋，上层钢筋为跨度方向配筋（加强筋），下层钢筋为宽度方向配筋（分布筋），上下层钢筋绑扎。先放置分布筋，再放置加强筋。

（2）底板宽度方向上两边分别放置直径为 6 mm 的三级钢 2 根，放置在下层。

（3）放置桁架钢筋，下弦钢筋与上层钢筋（按跨度方向配筋）处于同层，采用绑扎连接。

5. 钢筋绑扎

绑扎钢筋骨架前，应仔细核对钢筋料尺寸及设计图纸，绑扎板筋一般用顺扣或八字扣，钢筋每个交叉点均要绑扎，并且绑扎牢固不得松扣，如图 5-12 和图 5-13 所示。

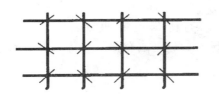
图 5-12 八字扣绑扎法

图 5-13 顺扣

6. 混凝土保护层厚度控制

混凝土保护层垫块宜采用塑料类垫块或水泥垫块（见图 5-14 和图 5-15），且应与钢筋骨架或网片绑扎牢固，垫块按梅花状布置，间距满足钢筋限位及控制变形要求；垫块在两个方向均有凹槽，以便适应两种保护层厚度。

图 5-14 塑料卡

图 5-15 水泥垫块

7. 吊点加强筋布置

根据图 5-91 所示的宽 1500 双向板吊点位置平面示意图布置吊点加强钢筋。加强钢筋位于每个吊点两侧，每侧两根，选用直径 8 mm 的 HRB400 三级钢，每根长度 280 mm。

5.1.3　预制板混凝土浇筑

1. 浇筑前检验

混凝土浇筑前,应对钢筋进行隐蔽工程检查,检查项目包括:

(1) 钢筋的牌号、规格、数量、位置、间距等是否符合设计与规范要求。

(2) 受力钢筋的连接方式、接头位置、接头质量、接头面积百分率、搭接长度等。

(3) 伸出钢筋的直径、伸出长度、位置偏差等。

(4) 预留孔洞的规格、数量、位置、定位等。

2. 混凝土搅拌

预制桁架叠合板底板 DBS2-67-3015-11 混凝土强度等级为 C30。

1) 搅拌节奏控制

预制混凝土作业不像现浇混凝土那样是整体浇筑,而是一个一个构件浇筑。每个构件的混凝土强度等级可能不一样,混凝土量不一样,前道工序完成的节奏也有差异,所以,预制混凝土搅拌作业必须控制节奏:搅拌混凝土的强度等级、时机与混凝土数量必须与已经完成前道工序的构件的需求一致。既要避免搅拌量过剩或搅拌后等待入模时间过长,又要尽可能提高搅拌效率。

2) 搅拌时间控制

混凝土搅拌时间在 60～120 s 之间为佳。冬期施工时搅拌时间应取常温搅拌时间的 1.5 倍。

3. 混凝土运送

如果流水线工艺混凝土浇筑振捣平台设在搅拌站出料口位置,混凝土直接出料给布料机,没有混凝土运送环节;如果流水线浇筑振捣平台与出料口有一定距离,则需要考虑混凝土运送。

自动鱼雷罐(见图 5-16)常用在搅拌站到构件生产线布料机之间运输,运输效率高,适合浇筑混凝土连续作业。采用自动鱼雷罐运输时,搅拌站与生产线布料位置距离不能过长,宜控制在 150 m 以内,且最好是直线运输。

图 5-16　自动鱼雷罐

混凝土运送须做到：

（1）运送能力与搅拌混凝土的节奏匹配。

（2）运送路径通畅，应尽可能缩短运送时间。

（3）运送混凝土容器每次出料后必须清洗干净，不能有残留混凝土。

4. 混凝土浇筑

流水线上最常用的浇筑方式是通过布料机的前后左右移动来完成的，如图5-17所示。

图 5-17　布料机浇筑混凝土

混凝土无论采用何种入模方式，浇筑时应符合下列要求：

（1）混凝土浇筑前应当做好混凝土的检查，检查内容包括混凝土坍落度、温度、含气量等。

（2）浇筑混凝土应均匀连续，从模具一端开始。

（3）投料高度不宜超过 500 mm。

（4）浇筑过程中应有效控制混凝土的均匀性、密实性和整体性。

（5）混凝土浇筑应在混凝土初凝前全部完成。

（6）冬季混凝土入模温度不应低于 5 ℃。

（7）混凝土浇筑前应制作同条件养护试块等。

5. 混凝土振捣

流水线振动台通过水平和垂直振动从而达到混凝土的密实。振动至混凝土表面泛浆，无下沉，无大量气泡溢出为宜，如图5-18所示。

6. 拉毛处理

《混凝土结构设计规范》（GB 50010—2010）中指出，预制板表面应做成凹凸差不小于 4 mm 的粗糙面，以提高叠合层和现浇层的粘接强度，如图5-19所示。

预制桁架叠合板底板 DBS2-67-3015-11 在混凝土浇筑振捣完成后、终凝前使用拉毛工具进行拉毛处理，当模台经过拉毛机时，拉毛机上的铁爪在混凝土表面形成规则的凹槽，形成条状粗糙面，如图5-20所示。

图 5-18　振动台振动

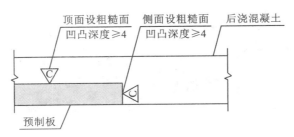

图 5-19　叠合板的粗糙面

图 5-20　混凝土浇筑面的拉毛处理

5.1.4　预制板混凝土养护

养护是保证混凝土质量的重要环节,对混凝土的强度、抗冻性、耐久性有很大的影响。混凝土养护有三种方式:常温、蒸汽、养护剂养护。

　　预制桁架叠合板底板 DBS2-67-3015-11 采用蒸汽（或加温）养护，蒸汽（或加温）养护可以缩短养护时间，快速脱模，提高效率，减少模具和生产设施的投入，如图 5-21 所示。

图 5-21　叠合板养护

蒸汽养护的基本要求：

（1）采用蒸汽养护时，应分为静养、升温、恒温和降温四个阶段（见图 5-22）。

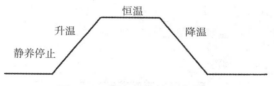

图 5-22　蒸汽养护过程曲线图

（2）静养时间根据外界温度一般为 2～3 h。

（3）升温速度宜为每小时 10～20 ℃。

（4）降温速度不宜超过每小时 10 ℃。

（5）楼板等较薄的构件，养护最高温度应控制在 60 ℃以下，持续时间不小于 4 h。

（6）当构件表面温度与外界温差不大于 20 ℃时，方可撤除养护措施脱模。

5.1.5　预制板脱模

（1）构件脱模起吊时混凝土强度应达到设计图样和规范要求的脱模强度，且不宜小于 15 MPa。构件强度依据试验室同批次、同条件养护的混凝土试块抗压强度。

（2）按顺序将叠合板的边模拆除，严禁用振动、敲打方式拆模，如图 5-23 所示。

（3）构件脱模时应仔细检查，确认构件与模具之间的连接部分完全拆除后方可起吊。

（4）脱模后的构件运输到质检区待检。

图 5-23　拆除边模

5.1.6　预制板检验

预制桁架叠合板底板 DBS2-67-3015-11 脱模后需要进行外观检查和尺寸检查。

1. 外观质量检验

预制构件的外观缺陷应由监理单位、生产单位根据其对结构性能和使用功能的影响的严重程度按表 5-4 确定。

表 5-4　构件外观质量

名称	现象	严重缺陷	一般缺陷
露筋	构件内钢筋未被混凝土包裹而外露	纵向受力钢筋有露筋	其他钢筋有少量露筋
蜂窝	混凝土表面缺少水泥砂浆而形成石子外露	构件主要受力部位有蜂窝	其他部位有少量蜂窝
孔洞	混凝土中孔穴深度和长度均超过保护层厚度	构件主要受力部位有孔洞	其他部位有少量孔洞
裂缝	缝隙从混凝土表面延伸至混凝土内部	构件主要受力部位有影响结构性能或使用功能的裂缝	其他部位有少量不影响结构性能或使用功能的裂缝
疏松	混凝土局部不密实	构件主要受力部位有疏松	其他部位有少量疏松
连接部位缺陷	构件连接处混凝土缺陷及连接钢筋、连接件松动	连接部位有影响结构传力性能的缺陷	连接部位有基本不影响结构传力性能的缺陷
外形缺陷	缺棱掉角、棱角不直、翘曲不平、飞边凸肋等	清水混凝土构件有影响使用功能或装饰效果的外形缺陷	其他混凝土构件有不影响使用功能的外形缺陷

续表

名称	现象	严重缺陷	一般缺陷
外表缺陷	构件表面麻面、掉皮、起砂、沾污等	具有重要装饰效果的清水混凝土构件有外表缺陷	其他混凝土构件有不影响使用功能的外表缺陷

2.构件尺寸检验

预制叠合板构件尺寸偏差及检验方法应符合表5-5的规定;设计有专门规定时,还应符合设计要求。

表 5-5　预制叠合板构件尺寸偏差及检验方法

项目		允许偏差/mm	检验方法
长度	楼板	±5	钢尺检查
宽度、高(厚)度	楼板	±5	钢尺量一端及中部,取其偏差绝对值中较大值处
表面平整度	楼板	5	2 m靠尺和塞尺量测
侧向弯曲	楼板	$L/750$ 且≤20	拉线、直尺量测最大侧向弯曲处
翘曲	楼板	$L/750$	调平尺在两端量测
对角线	楼板	10	尺量两个对角线

注:L 为构件长度(mm)。

5.1.7　预制板标识

预制叠合板脱模后应在明显部位做构件标识,标识的内容应包括产品名称、编号、规格、设计强度、生产日期、合格状态、使用位置等。标识宜用电子笔喷绘,也可用记号笔手写,但必须清晰正确。

5.1.8　装配式生产软件操作:叠合板流水线生产工艺操作说明

1.进入模块

1)界面介绍

在软件模块界面单击"构件生产与工艺",在显示的下拉列表中选择"叠合板流水线生产工艺"模块(见图5-24)。

2)操作说明

进入模块后查看操作说明,使用鼠标和键盘上的 W、A、S、D 键(或方向键)对场景进行缩放、旋转、漫游等操作(见图5-25)。

2.产前准备

1)人员准备

叠合板生产前,作业人员要完成产前培训并进行安全生产交底。单击场景中"人员准备"的标识,从物品存放架上拾取安全帽、劳保工装、防护手套、防滑鞋并进行穿戴(见图5-26)。

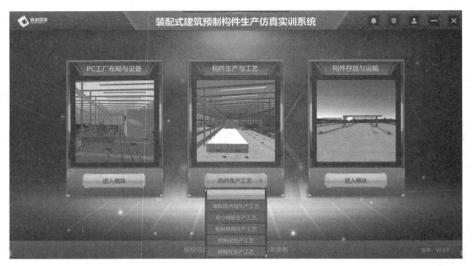

图 5-24　选择模块

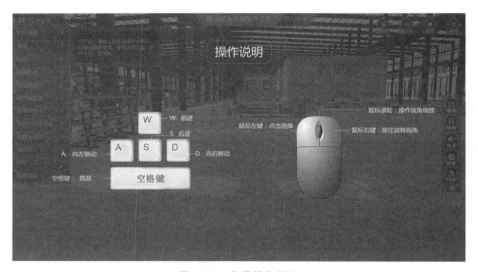

图 5-25　查看操作说明

2）工具材料准备

单击场景中"工具材料准备"的标识，根据构件图纸及生产工艺要求，从存放架上将生产过程中要使用到的灰铲、电动扳手、卷尺、墨斗、扁刷、滚刷、密封条、磁盒、撬棍、螺栓、扎丝、接线盒等工具材料领取到工具盒内（见图 5-27）。

3）模具准备

打开图纸，确认叠合板模具的尺寸，单击场景中"模具准备"的标识，使用卷尺测量存放架上的叠合板模具，选择尺寸符合要求的模具。将选好的模具放到生产线旁的模具传送滚轴上，将模具转运至组模区域（见图 5-28）。

3. 清理

单击场景中"模具清理"的标识，启动清扫机，模台开始运转，当模台通过清扫设备时，设备上的刮板降下来铲除模台上残留的混凝土，然后将模台转运至划线工位（见图 5-29）。

图 5-26 人员准备

图 5-27 工具材料准备

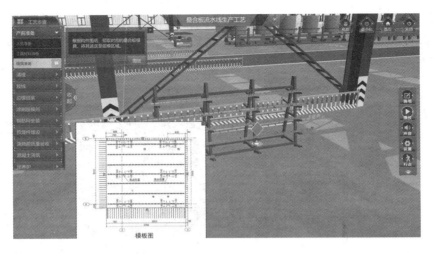

图 5-28 模具准备

图 5-29 清理

4. 放线

1）划线机放线

打开图纸,根据图纸确定叠合板的边线以及预埋件的位置,确定完成后,单击场景中"划线机放线"的标识,启动机械手,在模台上绘制出叠合板的边线以及预埋件的位置线(见图 5-30)。

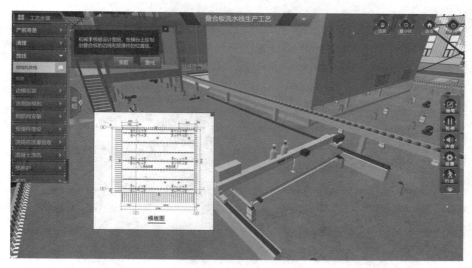

图 5-30　划线机放线

2）检查

打开图纸,确定叠合板的预埋件的位置以及数量,单击场景中"检查"的标识,使用卷尺测量预埋件中心线至构件边线的距离,检查预埋件的数量,确保各项检查的数据符合设计要求,检查完成后将模台转运至组模工位(见图 5-31)。

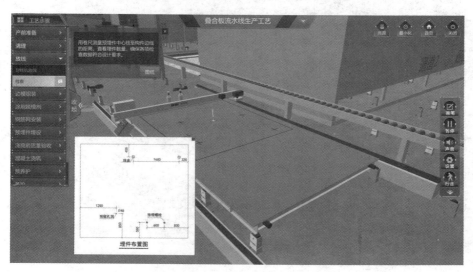

图 5-31　检查

5. 边模组装

1）摆放模具

单击场景中"摆放模具"的标识，在传送带上取出叠合板模具，并且在模具底面贴上密封条，防止模具与模台贴合不牢固，出现漏浆。根据构件图纸对应的尺寸以及模台上的构件边线，将模具贴合在模台上（见图 5-32）。

图 5-32　摆放模具

2）模具初固定

模具摆放完成后，单击场景中"模具初固定"的标识，使用螺栓和电动扳手将叠合板四边的模具进行初步固定（见图 5-33）。

图 5-33　模具初固定

3）测量矫正

模具初固定完成后，单击场景中"测量矫正"的标识，打开叠合板模板图，使用卷尺依次检查模具的长、宽、对角线的尺寸，误差较大的使用橡胶锤敲打模具，使模具移动到正确的位置,一敲一测。使用钢尺检查模具的高度,使用塞尺检查模具的缝隙(见图5-34)。

图 5-34　测量矫正

4)模具终固定

模具测量矫正后,在场景中的工具库中选择磁盒,将磁盒拖动至场景中"模具终固定"的标识处,利用边模固定磁盒将边模固定在模台上,根据长短边合理安排磁盒,注意每个边模上固定的磁盒不宜少于两个,模台固定完成后,使用电动扳手将模具四个边角的螺栓拧紧(见图5-35)。

图 5-35　模具终固定

6.涂刷脱模剂

1)涂刷模台

单击场景中"涂刷模台"的标识,单击喷涂机,调整设备状态,设备上的多个喷嘴同时工作,缓慢地将模台转运至喷油工位,确保模台表面都能喷到脱模剂(见图5-36)。

图 5-36 涂刷模台

2）涂刷缓凝剂

单击场景中"涂刷缓凝剂"的标识，使用扁刷将缓凝剂涂刷到边模的内侧面，涂抹时，要保证缓凝剂均匀涂抹，不能积液，也不可漏涂（见图 5-37）。

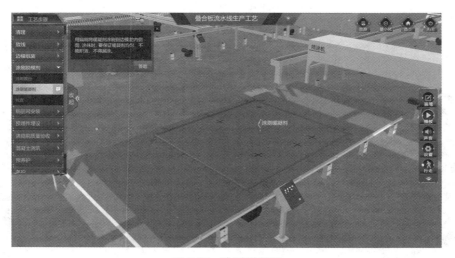

图 5-37 涂刷缓凝剂

3）检查

单击场景中"检查"的标识，检查模台，查看模台的脱模剂和缓凝剂是否涂抹均匀，不足的地方要使用滚刷进行清抹、补漏，不允许出现白色的水状液体。检查好后将模台转运至钢筋安装工位（见图 5-38）。

7. 钢筋网安装

1）安装受力筋

单击场景中"安装受力筋"的标识，打开图纸，根据构件图纸，使用卷尺测量钢筋出筋的尺寸，并且在钢筋上标记模具位置线，确保模具两端出筋长度符合图纸要求，然后将叠合板的受力筋放入模具内并用扎丝绑扎牢固（见图 5-39）。

图 5-38　检查

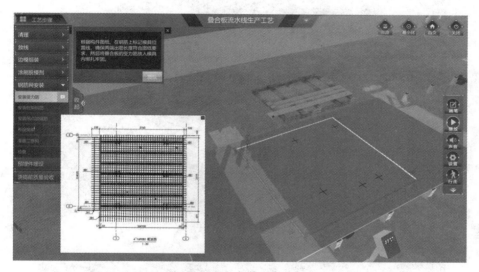

图 5-39　安装受力筋

2）安装桁架钢筋

受力钢筋安装完成后，单击场景中"安装桁架钢筋"的标识，打开图纸，确定桁架钢筋的位置，然后将桁架钢筋放置在叠合板底筋上，并用扎丝绑扎牢固（见图 5-40）。

3）安装吊点加强筋

桁架钢筋安装完成后，单击场景中"安装吊点加强筋"的标识，打开构件图纸，确定好吊点加强筋的位置，在吊点位置绑扎吊点加强筋，绑扎牢固后，用红漆在桁架钢筋上进行标示，以便叠合板养护完成后能够确定吊钩的连接位置（见图 5-41）。

4）布设垫块

钢筋安装完成后，在场景中的工具库中选择垫块，将垫块拖动至场景中"布设垫块"的标识处，按照每平方米四个的标准在钢筋网上安装塑料垫块。垫块与垫块之间的间距保持在 300～800 mm 为宜（见图 5-42）。

图 5-40　安装桁架钢筋

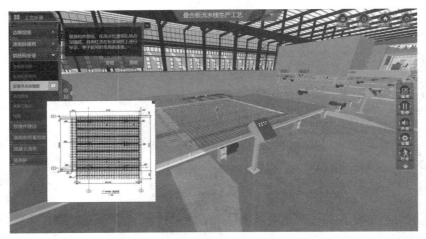

图 5-41　安装吊点加强筋

图 5-42　布设垫块

5）准备二维码

单击场景中"准备二维码"的标识，在二维码集装盒中选择对应型号的叠合板二维码标牌，标牌内容应注明工程名称、楼号楼层、构件型号、产品名称等信息（见图5-43）。

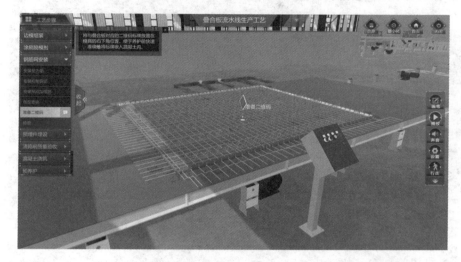

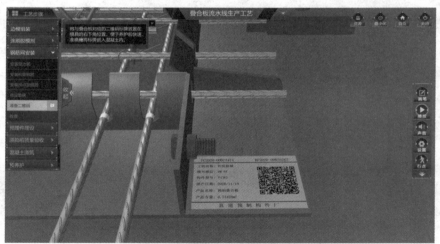

图5-43　准备二维码

6）检查

单击场景中"检查"的标识，使用卷尺测量钢筋的外伸长度，确保钢筋长度符合设计要求；测量最边上那根钢筋到边模的距离，确保混凝土保护层厚度符合设计要求。随后将模台转运至埋件安装工位（见图5-44）。

8.预埋件埋设

1）灯盒预埋

单击场景中"灯盒预埋"的标识，打开图纸，确认灯盒的位置，将型号符合设计要求的灯盒放置在模台指定的位置上。灯盒的孔洞可以用透明胶带进行封堵，避免混凝土浇筑时浆液流入盒中。固定灯盒时，用两根短钢筋将灯盒两侧夹紧并与叠合板钢筋网绑扎固定，顶部用短钢筋与钢筋网或桁架筋绑扎，将灯盒压紧固定（见图5-45）。

图 5-44　检查

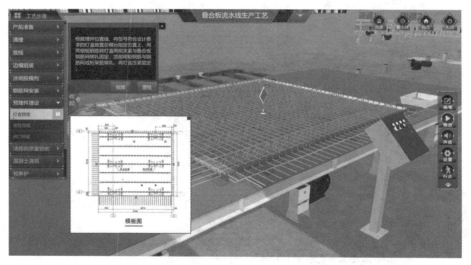

图 5-45　灯盒预埋

2）套筒预埋

在场景的工具库中选择套筒,将套筒拖动至场景中"套筒预埋"处,固定斜支撑螺栓套筒前,要预先对套筒的丝扣涂油保护,并用透明胶带将丝扣孔洞封堵;在螺栓下部焊接三根短钢筋,打开图纸,确定套筒位置,将套筒放在模台指定位置并用扎丝将短钢筋与叠合板钢筋绑扎固定(见图 5-46)。

3）洞口预留

叠合板预留洞口采用定制的金属模具来预留,在场景的工具库中选择金属模具,将金属模具拖动至场景中"洞口预留"的标识处,固定前在金属模具上涂刷好脱模剂,以便后期顺利拆除;打开图纸,确定洞口位置,将处理好的金属模具安放在模台指定位置,金属模具两侧用两根钢筋夹住,然后将其绑扎在钢筋网上固定,金属模具顶部使用一根钢筋加固,钢筋两端绑扎在钢筋网上(见图 5-47)。

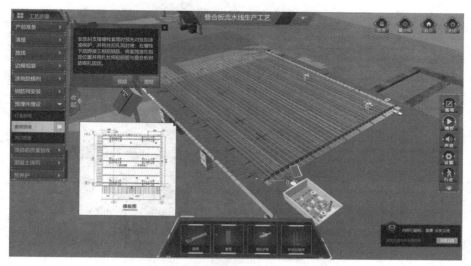

图 5-46　套筒预埋

图 5-47　洞口预留

9.浇捣前质量验收

1）模具验收

单击场景中"模具验收"的标识,使用卷尺分别对模具的长、宽以及对角线尺寸进行测量,同时打开检查表,确认检查项目及检查结果是否满足设计要求,手动检查边模是否安装牢固(见图 5-48)。

2）钢筋验收

单击场景中"钢筋验收"的标识,使用卷尺测量钢筋的外伸长度以及排距,查看检查表,确认误差是否在允许范围内(见图 5-49)。

3）预埋验收

单击场景中"预埋验收"的标识,使用卷尺分别对灯盒、套筒、金属模具的安装位置进行测量,根据检查表,确认检查内容是否符合要求。目测预埋件的数量,手动检查预埋件是否

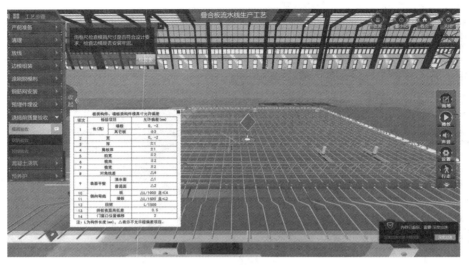

图 5-48　模具验收

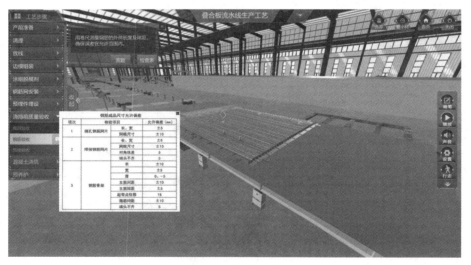

图 5-49　钢筋验收

安装牢固（见图 5-50）。

10. 混凝土浇筑

1）塞缝

混凝土浇筑前，应在边模与钢筋的缝隙中填塞橡胶条（注意模具的四边均需填塞），以防止浇筑混凝土时，浆液流出模具外。在场景的工具库中选择橡胶条，将橡胶条拖动至场景中"塞缝"标识处进行封堵（见图 5-51）。

2）布料、振捣

单击场景中"布料、振捣"的标识，在桁架钢筋上盖上橡胶管（注意每一排桁架钢筋均需铺盖），避免浇筑时混凝土浆液粘在桁架钢筋上。将模台转运至混凝土浇筑工位，将来自搅拌站的混凝土运送至模台上方的料斗内，开启设备，料斗从模具一端开始浇筑，注意不要太靠近外边模，同时模台开始振动，边浇筑边振捣直到浇筑完毕（见图 5-52）。

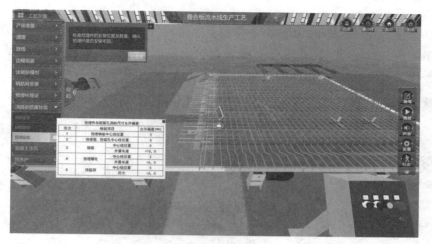

图 5-50 预埋验收

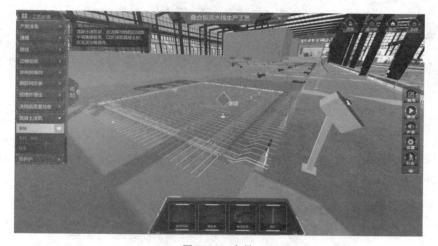

图 5-51 塞缝

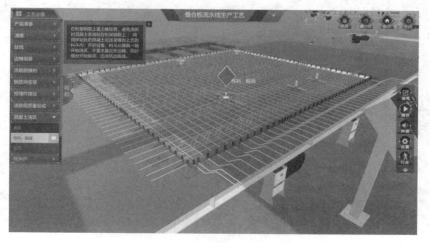

图 5-52 布料、振捣

3）拉毛

单击场景中"拉毛"的标识,拆除桁架钢筋上用来覆盖的橡胶管,将振捣完成后的叠合板转运至拉毛工位,启动拉毛机,拉毛机对叠合板的上表面进行拉毛处理,以保证叠合板和后浇筑的混凝土能够较好地咬合(见图 5-53)。

图 5-53　拉毛

11. 预养护

单击场景中"预养护"的标识,将二维码标牌嵌入混凝土内,注意标牌内容要朝上,然后将模台转运至预养护窑内进行预养护。预养护时间根据外界温度和构件类型来确定,对于叠合板构件,预养时间一般不少于两小时,两小时后将预养完成的叠合板转送至养护工位(见图 5-54)。

图 5-54　预养护

12. 养护

打开养护表,根据构件类型,设置好养护窑的养护温度、时间等参数,单击场景中"养护"

标识,码垛机将待养护的叠合板送入养护窑中,启动系统开始蒸汽养护。养护完成后,将叠合板转运至脱模区(见图5-55)。

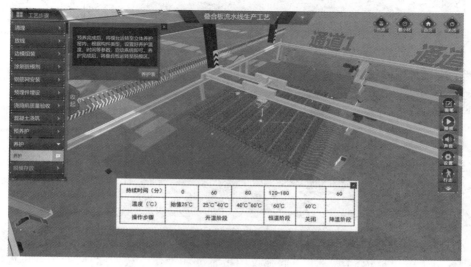

图5-55　养护

13. 脱模存放

1) 拆除螺栓与磁盒

在场景的工具库中选择电动扳手,将电动扳手拖动至场景中"拆除螺栓与磁盒"标识处,使用电动扳手拆除模具之间连接的螺栓,使用撬棍拆除固定模具的磁盒(见图5-56)。

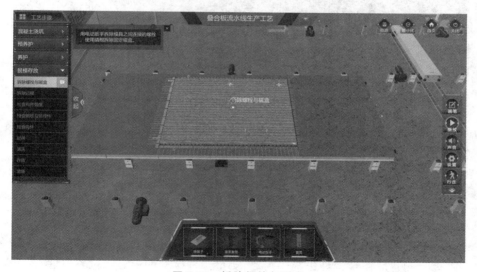

图5-56　拆除螺栓与磁盒

2) 拆除边模

单击场景中"拆除边模"标识,先拆除模具上的密封条,使用橡胶锤轻敲边模,用撬棍将模具与构件分离,然后将拆下的边模收集起来,放置在模台上(见图5-57)。

3) 检查构件强度

单击场景中"检查构件强度"的标识,在构件脱模前,使用回弹仪测试预制件的强度,达

图 5-57　拆除边模

到 15 MPa 以上方可拆模起吊。由于回弹仪的敏感度和操作方法不同,一般须在不同的点位进行测试;用保护层厚度检测仪检测保护层厚度(见图 5-58)。

图 5-58　检查构件强度

4)检查钢筋与预埋件

单击场景中"检查钢筋与预埋件"的标识,使用卷尺检查钢筋的外伸长度,测量灯盒至构件边线的距离。测量套筒至构件边线的距离,测量预埋螺栓的中心线位置(见图 5-59)。

5)检查构件

单击场景中"检查构件"的标识,观察混凝土的外表面,混凝土外表面不应有严重缺陷;打开检查表,查看检查项目,使用卷尺测量构件的尺寸,确认各检查部分是否符合验收规范(见图 5-60)。

6)起吊

在场景的工具库中选择起吊吊钩,将吊钩拖动至场景中"起吊"标识处,将吊钩与叠合板

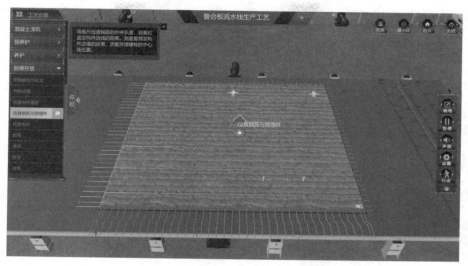

图 5-59　检查钢筋与预埋件

图 5-60　检查构件

吊点位置的桁架钢筋连接(红色标识处,注意吊钩不可连接其他位置的钢筋桁架)(见图 5-61)。

7) 清洗

单击场景中"清洗"的标识,吊起连接好的叠合板,将其吊运至转运车上,启动转运车运至清洗区,再次使用龙门吊将叠合板吊运至清洗区的钢架上,用高压水枪冲刷叠合板的四周,使其露出粗糙面(见图 5-62)。

8) 存放

单击场景中"存放"的标识,将冲洗完成的叠合板运至存放区。堆放叠合板时,叠合板不可与地面直接接触,可在地面放置钢制托架,上下两层叠合板间须用垫木分隔,叠合高度不得超过 1.5 m(见图 5-63)。

图 5-61　起吊

图 5-62　清洗

图 5-63　存放

9）清场

单击场景中"清场"的标识,在生产区域内将所有使用到的工具、图纸、文件等收集存放好(见图5-64)。

图 5-64　清场

5.2　预制混凝土板存储与运输

5.2.1　预制混凝土板存储

1.存储技术准备

(1)根据构件的重量和外形尺寸,设计并制作好成品存放架。

(2)对存放场地占地面积进行计算,编制存放场地平面布置图。

(3)根据已确认的专项方案的相关要求,组织实施预制构件成品的存放。

(4)混凝土预制构件存放区应按构件型号、类型进行分区,集中存放。

2.存储施工机具

主要机具包括吊梁、吊环、吊链、C字架、吊架、帆布带、存放架、翻转架等。

3.成品起吊

(1)将预制板成品吊运至翻转架上进行翻转,翻转前检查有无漏拆螺丝,两侧旁折板及顶梁盒仔是否固定牢固,工作台附近是否有人作业及其他不安全因素,如图5-65所示。

(2)成品起吊前应检查钢线及滑轮位置是否正确,吊钩是否全部勾好。

(3)吊运产品时吊臂上应加帆布带(保险带)。

(4)成品起吊和摆放时,需轻起慢放,避免损坏成品。

(5)将翻转后的成品吊运至指定的存放区域。

(6)预制楼板存放数量每堆不超过十件。

图 5-65　翻转架

4.预制板存储

（1）预制件应考虑按项目、构件类型、施工现场施工进度等因素分开存放。

（2）存放场地应为混凝土硬化地面，满足平整度和地基承载力要求，并有排水措施。

（3）预制件分类型集中摆放，成品之间应有足够的空间或木垫防止产品相互碰撞造成损坏。

（4）预制混凝土板按型号、出厂日期分别存放。

（5）预制板可采用叠放方式存放，如图 5-66 所示。其叠放高度应根据构件强度、地面耐压力、垫木强度以及垛堆的稳定性而确定。构件层与层之间应垫平、垫实，各层支垫应上下对齐，最下面一层支垫应通长设置。预制楼板平放储存时，采用专用存放架支撑，叠放储存不宜超过 6 层。预应力混凝土叠合板的预制带肋底板应采用板肋朝上叠放的堆放方式，严禁倒置。各层预制带肋底板下部应设置垫木，垫木应上下对齐，不得脱空。堆放层数不应大于 8 层，并应有稳固措施。

图 5-66　预制叠合板的存放

（6）存放时，预埋吊环宜向上，标识向外。

（7）长期存放时，应采取措施控制预应力构件起拱值和叠合板翘曲变形。

（8）垫块宜采用木质或硬塑料材料，避免造成构件外观损伤。

5.2.2　预制板运输

（1）运输前应确定预制板出厂日的混凝土强度。在起吊、移动过程中混凝土强度不得低于 15 MPa；在设计无明确要求时，柱、梁、板类构件强度应不低于设计强度的 75% 才能运输。

（2）应根据装配式整体混凝土结构专项施工方案制订预制构件场内运输与存放计划，包括进场时间、次序、存放场地、运输路线、固定要求、码放支垫及成品保护措施等内容。对于超高、超宽、形状特殊的大型构件的运输和码放应采取专门质量安全保证措施。

（3）施工现场内道路应按照构件运输车辆的要求合理设置转弯半径及道路坡度。

（4）现场运输道路和存放堆场应坚实平整，并有排水措施。运输车辆进入施工现场的道路，应满足预制构件的运输要求。预制构件装卸、吊装工作范围内不应有障碍物，并应有满足预制构件周转使用的场地。

（5）预制构件装卸时应考虑车体平衡，采取绑扎固定措施；预制构件边角部或与紧固用绳索接触部位，宜采用垫衬加以保护。

（6）预制构件运送到现场后，应按规格、品种、使用部位、吊装顺序分别设置存放场地。存放场地应设置在吊车的有效起重范围内，并设置通道。

（7）预制板宜采用水平运输，构件叠放不宜超过 6 层，如图 5-67 所示。

（8）运输构件的搁置点：一般等截面预制柱构件在长度 1/5 处，板的搁置点在距端部 200～300 mm 处。其他构件视受力情况确定，搁置点宜靠近节点处。

图 5-67　预制板运输

5.3　预制混凝土板施工

5.3.1　施工准备

（1）叠合板安装施工前应编制专项施工方案，并经施工总承包企业技术负责人及总监理工程师批准。

（2）叠合板安装施工前应对施工人员进行技术交底，并由交底人和被交底人双方签字确认。

（3）叠合板安装施工前，应编制合理可行的施工计划，明确叠合板吊装的时间节点。

5.3.2　材料要求

（1）叠合板：叠合板进场后，检查预制叠合板的规格、型号、外观质量等，均应符合设计和相关标准要求，叠合板应有出厂合格证。

（2）安装支架材料：叠合板的安装支架可采用传统碗扣式脚手架，也可以采用新型支撑体系（钢支撑、四向支撑头、三脚架、木工字梁）。目前工地施工以传统碗扣式脚手架为主。

5.3.3　施工机具

1. 配置施工机具

（1）吊装机具：钢丝绳、卡环、螺栓、平衡钢梁、自动扳手、起重设备等。

（2）辅助机具：对讲机、吊线锤、经纬仪、激光扫平仪、索具、撬棍、可调钢支撑、工字钢、交流电焊机等。

2. 机具要求

（1）平衡钢梁：在叠合板安装过程中平衡叠合板受力，平衡钢梁可用槽钢及钢板加工制作。

（2）卡环：连接叠合板施工机具和钢丝绳，便于悬挂钢丝绳。

5.3.4　作业条件

（1）预制构件施工现场道路应做硬地化或铺设钢板处理，以满足施工道路地基承载力要求。

（2）考虑施工道路的运输流线、转弯半径等因素，合理规划预制叠合板起吊区堆放场地位置，满足吊装施工现场车通路通。

（3）根据叠合板吊装索引图，确定合理的构件吊装起点和吊装顺序，对各个叠合板编号，便于吊装工人确认。

（4）叠合板安装前，应确认叠合板安装工作面，以满足叠合板安装要求。

（5）叠合板吊装前，按设计要求，根据楼层已弹好的平面控制线和标高线，确定预制叠合板安装位置及标高，并复核。

（6）叠合板进场后，检查叠合板型号、截面尺寸及外观质量，应符合设计要求，并做叠合板进场检查记录。

5.3.5　施工操作工艺

1. 工艺框图

预制叠合板施工操作工艺如图5-68所示。

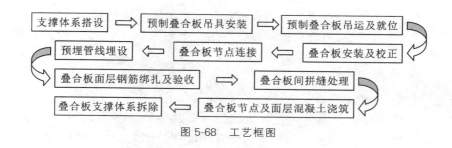

图 5-68　工艺框图

2.叠合板支撑体系搭设

叠合板支撑体系采用可调钢支撑搭设,并在可调钢支撑上铺设工字钢,根据叠合板的标高线,调节钢支撑顶端高度,以满足叠合板施工要求。

3.叠合板吊具安装

塔吊挂钩挂住 1 号钢丝绳→1 号钢丝绳通过卡环连接平衡钢梁→平衡钢梁通过卡环连接 2 号钢丝绳→2 号钢丝绳通过卡环连接叠合板预埋吊环→吊环通过预埋与叠合板连接,如图 5-69 所示。

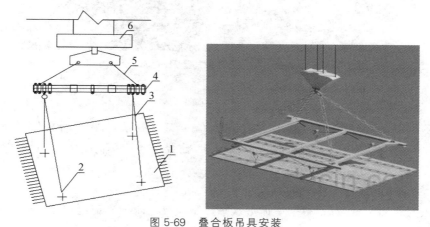

图 5-69　叠合板吊具安装

1—叠合板;2—预埋吊环;3—2 号钢丝绳;4—平衡钢梁;5—1 号钢丝绳;6—塔吊挂钩

4.叠合板吊运及就位

预制叠合板的厚度为 60 mm,而常规的混凝土现浇楼板厚度为 100 mm,因此预制叠合板较普通的现浇混凝土楼板刚度低,使得其抵抗吊装时所产生弯矩的能力降低。因此,在吊装预制叠合板时,应控制起吊速度和降落速度,避免因吊装速度过快而使得叠合板因受力过大而产生变形裂缝。

1)叠合板吊运

① 叠合板吊点采用预留拉环方式,在叠合板上预留四个拉环,叠合板起吊时采用平衡钢梁均衡起吊,与吊钩连接的钢丝绳与叠合板水平面所成夹角不宜小于 45°。

② 混凝土叠合板运用模数化吊装梁进行吊装,保证叠合板起吊时四个吊点均匀受力,起吊过程应缓慢以保证叠合板平稳吊装。吊具和构件重心在垂直方向上重合,吊装前对叠合板进行吊装数值计算。

③ 叠合板吊运宜采用慢起、快升、缓放的操作方式。叠合板起吊区配置一名信号工和

两名司索工,叠合板起吊时,司索工将叠合板与存放架的安全固定装置拆除,塔吊司机在信号工指挥下,塔吊缓缓持力,当叠合板吊离存放架正上方约 500 mm 时,检查吊钩是否有歪扭或卡死现象及各吊点受力是否均匀,并进行调整。

2)叠合板就位

叠合板就位前,清理叠合板安装部位基层,在信号工指挥下,将叠合板吊运至安装部位的正上方,并核对叠合板的编号。叠合板就位时要从上而下垂直向下安装,在作业层上空 20 cm 处略作停顿,施工人员手扶楼板调整方向,将板的边线与墙(梁)上的安放位置线对准,放下时要停稳慢放,严禁快速猛放,以避免冲击力过大造成板面震折裂缝,如图 5-70 所示。5 级风以上时应停止吊装。

图 5-70　叠合板吊运及就位

5.叠合板的安装及校正

1)叠合板的安装

预制剪力墙、柱作为叠合板的支座,塔吊在信号工的指挥下,将叠合板缓缓下落至设计安装部位,叠合板搁置长度应满足设计规范要求,叠合板预留钢筋锚入剪力墙、柱的长度应符合规范要求。

2)叠合板校正

叠合板安装初步就位后,根据墙体上水平控制线及竖向板缝定位线,校核叠合板水平位置及竖向标高情况。

① 叠合板标高校正:吊装工根据叠合板标高控制线,调节支撑体系顶托,对叠合板标高进行校正。用支撑上的顶托微调器调节竖向独立支撑,确保叠合板满足设计标高要求,允许误差为±5 mm。如果叠合板有误差范围内的翘曲,就要根据剪力墙上 500 mm 控制线进行调整校正,保证叠合板顶标高一致。

② 叠合板轴线位置校正:吊装工根据叠合板轴线位置控制线,利用楔形小木块嵌入叠合板对叠合板轴线位置进行调整。不得直接使用撬棍调整,以免出现板边损坏。楼板铺设完毕后,板的下边缘不应该出现高低不平的情况,也不应出现空隙,局部无法调整避免的支座处出现的空隙要做封堵处理,支撑可以做适当调整,使板的底面保持平整、无缝隙。

6.叠合板节点连接

1)叠合板与预制剪力墙连接

① 叠合板与预制剪力墙端部连接。

预制剪力墙作为叠合板的端支座,叠合板搁置在预制剪力墙上,叠合板纵向受力钢筋在预制剪力墙端节点处采用锚入形式,搁置长度、锚固长度均应符合设计规范要求。

② 叠合板与预制剪力墙中间连接。

预制剪力墙作为叠合板的中支座,预制剪力墙两端的叠合板分别搁置在预制剪力墙上,搁置长度应符合设计规范要求,叠合板纵向受力钢筋在中间节点宜贯通或采用对接连接,面筋采用贯通钢筋连接预制剪力墙两端的叠合板面层。

2) 叠合板与叠合梁连接

叠合梁安装后,叠合梁的预制反沿作为叠合板的支座,叠合板搁置在叠合梁上,叠合板纵向受力钢筋锚入叠合梁内,搁置长度和锚固长度均应符合设计规范要求。

7. 预埋管线埋设

在叠合板施工完毕后,绑扎叠合板面筋,同时埋设预埋管线,预埋管线与叠合板面筋绑扎固定,预埋管线埋设应符合设计和规范要求。叠合板敷设管线时,正穿管线采用刚性管线,斜穿管线采用柔韧性较好的管材。不可多根管线集束预埋,应采用直径较小的管线,分散穿孔预埋,减少应力集中,如图 5-71 所示。施工过程中必须做好成品保护工作。

图 5-71　预埋管线埋设

8. 叠合板面层钢筋绑扎及验收

（1）根据叠合板上方钢筋间距控制线进行钢筋绑扎,保证钢筋搭接和间距符合设计要求,如图 5-72 所示。同时利用叠合板桁架钢筋作为马凳筋,确保叠合板面层钢筋的保护层厚度。要求对已铺设好的钢筋、模板进行保护,禁止在底模上行走或踩踏,禁止随意扳动、切断格构钢筋。

图 5-72　叠合板面层钢筋绑扎

叠合板拼缝处构造钢筋必须按照设计图纸进行绑扎搭设,钢筋沿长方向距离≥200 mm;同时叠合板纵筋在施工时严禁弯折,施工时可以先绑扎梁下部纵筋及箍筋,待叠合板安装完毕后再进行梁上部纵筋绑扎,避免叠合板纵筋因钢筋疲劳造成刚度及强度下降。

(2)叠合板节点处理及面层钢筋绑扎后,由工程项目监理人员对此进行验收。

9.叠合板间拼缝处理

(1)为保证叠合板拼缝处钢筋的保护层厚度和楼板厚度,在叠合板的拼缝处板上边缘设置了 30 mm×30 mm 的倒角。

(2)叠合板安装完成后,采用较原结构高一等级的无收缩混凝土浇筑叠合板间拼缝。

10.叠合板节点及面层混凝土浇筑

(1)混凝土浇筑前,应按相关规范对叠合板安装及现场钢筋绑扎等项目进行检查验收,以保证混凝土质量。混凝土浇筑前,应先用定位卡具检查并校正预制构件外露的钢筋。在浇筑混凝土前应将插筋露出部位用胶带包裹,防止浇筑的混凝土污染钢筋接头。应将模板内及叠合面垃圾清理干净,并剔除叠合面松动的石子、浮浆。

(2)叠合板表面清理干净后,应在混凝土浇筑前 24 h 对节点及叠合面浇水湿润,浇筑前 1 h 吸干积水。

(3)叠合板节点采用较原结构高一标号的无收缩混凝土浇筑,节点混凝土采用插入式振捣棒振捣,叠合板面层采用平板振动器振捣。

(4)混凝土浇筑应从中间向两边浇筑,保证预制叠合板底板及支撑受力均匀。混凝土浇筑前应控制入模温度,保证混凝土连续浇筑。浇筑后使用平板振捣器振捣,保证混凝土振捣密实。

(5)对叠合构件与周边现浇混凝土结构连接处,浇筑混凝土时应注意加密振捣点,以保证结构部位混凝土振捣质量。混凝土浇筑时,注意不要移动预埋件位置,且不得污染预埋件外露连接部位。在进行混凝土浇筑时,避免局部混凝土的堆载过大。混凝土浇筑后产生弯沉应及时养护,保证表面湿润,养护时间不少 14 d。混凝土初凝后、终凝前,后浇层与预制墙板的接合面应采取拉毛措施。

混凝土浇筑如图 5-73 所示。

图 5-73 混凝土浇筑

11.叠合板支撑体系拆除

叠合板浇筑的混凝土达到设计强度后,方可拆除叠合板支撑体系。

12.成品保护

(1)叠合板进场后堆放不得超过四层。

(2)叠合板吊装施工之前,应采用橡胶材料保护叠合走道板成品阳角。

(3)叠合板在起吊过程中应采用慢起、快升、缓放的操作方式,防止叠合板在吊装过程中与建筑物碰撞造成缺棱掉角。

(4)叠合板在施工吊装时不得踩踏板上钢筋,避免其偏位。

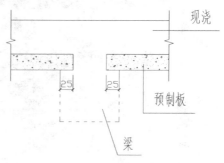

5.3.6 叠合板与梁的搁置点连接

叠合楼板设计采用单向板,搁置点 25 mm,留设锚固筋,与梁浇捣混凝土连接(见图 5-74)。

图 5-74 叠合楼板搁置点

5.3.7 装配式生产软件操作:叠合板吊装操作说明

1.进入模块

界面介绍:在软件模块界面选择"叠合板吊装",并单击"进入"(见图 5-75)。

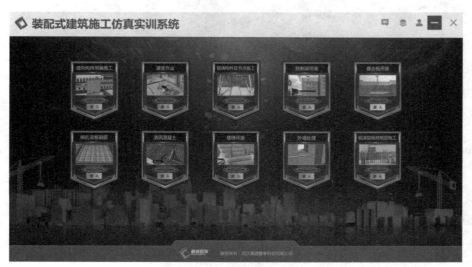

图 5-75 进入模块

2.测量放线

单击场景中"弹出水平位置线"的标识,打开图纸,识读相关信息,根据施工图纸,在模板面上标记出叠合板后浇板带区域的位置线,施工图中,叠合板搁置在梁上,且搁置长度为 10 mm(见图 5-76)。

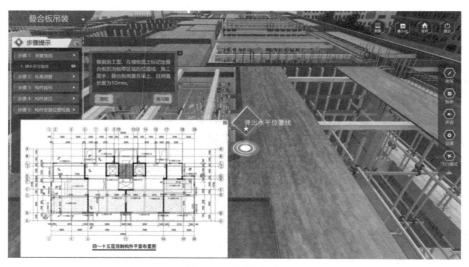

图 5-76　测量放线

3.标高调整

单击场景中"调整叠合板标高支撑"的标识,从立杆上的 1 米标高线测出叠合板的底标高,调整顶托位置,使木方上表面与板底标高对齐(见图 5-77)。

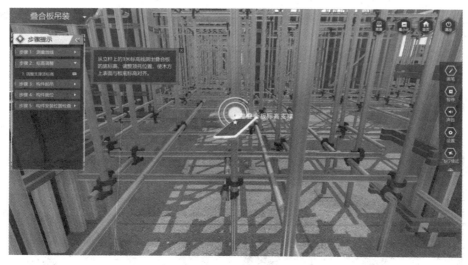

图 5-77　标高调整

4.构件起吊

1)试吊叠合板

单击场景中"连接吊钩"的标识,打开图纸,确定构件的相关信息,根据施工图,确认构件型号,在叠合板吊点位置连接吊钩,注意吊链与构件的水平夹角不应小于 45°,并在叠合板上系上牵引绳。连接牢固后,将叠合板吊起至地面 500 mm 处稍作停顿,倘若没有滑钩、脱落等情况再继续起吊(见图 5-78)。

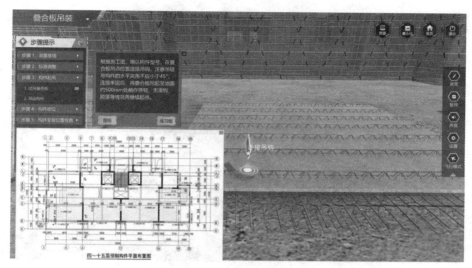

图 5-78　试吊叠合板

2）吊运构件

单击场景中"吊运构件"的标识，保持构件平稳，将板吊至作业层上方，预制构件吊运过程中，作业区下方不允许有人员随意走动，防止出现意外（见图 5-79）。

图 5-79　吊运构件

5. 构件就位

1）调整构件方向

单击场景中"调整构件方向"的标识，继续吊运构件，待叠合板下落至操作人员可用手接触的高度时，调整楼板方向及位置（见图 5-80）。

2）构件就位

单击场景中"构件就位"的标识，当叠合板下降至离楼面 500 mm 左右时，微调构件位置，使板边与板带位置线基本吻合；调整好板位置后，静停，保持构件的垂直状态，然后再将叠合板缓慢吊放至木方上（见图 5-81）。

图 5-80   调整构件方向

图 5-81   构件就位

6.构件安装位置检查

1）复核叠合板水平位置

打开资料,确定构件检测的相关参数,单击场景中"测量板水平位置"的标识,叠合板放置平稳后,使用卷尺测量板的水平位置(见图 5-82)。

2）调整水平位置

单击场景中"调整构件水平位置"的标识,误差超出允许的范围,使用撬棍微调构件的位置,再使用卷尺进行复测,确保叠合板的位置准确(见图 5-83)。

3）复核叠合板标高

打开资料,确定构件检测的相关参数,单击场景中"复核叠合板标高"的标识,使用卷尺测量板底至立杆上 1 米标高线的距离,若标高误差较大,可通过调整顶托的位置,使其标高误差在允许的范围内(见图 5-84)。

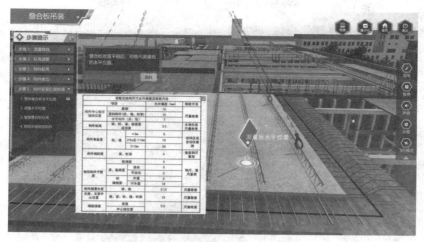

图 5-82　复核叠合板水平位置

图 5-83　调整水平位置

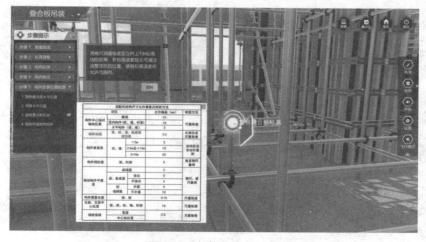

图 5-84　复核叠合板标高

4）脱钩吊装其他构件

单击场景中"脱钩吊装其他构件"的标识，叠合板调整完成后，脱钩，打开图纸，确定下一吊装构件的信息，连续吊装其他的预制构件（见图 5-85）。

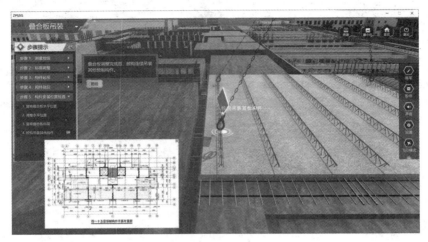

图 5-85　脱钩吊装其他构件

知识拓展

1. 预制混凝土板施工图识读

某工程桁架钢筋混凝土叠合板类型选用图集 15G366-1《桁架钢筋混凝土叠合板（60 mm 厚底板）》中一块编号为 DBS2-67-3015-11 的双向受力叠合板，其工程概况如下：工程环境类别为一类，剪力墙墙厚为 200 mm，混凝土强度等级 C30，底板钢筋及钢筋桁架的上弦、下弦钢筋采用 HRB400 钢筋，钢筋桁架腹杆钢筋采用 HPB300 钢筋，底板最外层钢筋混凝土保护层厚度为 15 mm，底板混凝土厚度为 60 mm，后浇混凝土叠合层厚度为 70 mm；该叠合板模板图、配筋图及节点详图如图 5-86 至图 5-89 所示，相关参数如表 5-6 至表 5-8 所示。

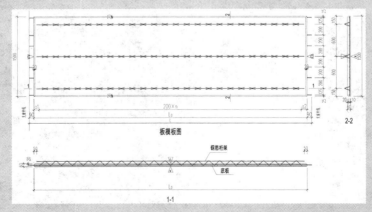

图 5-86　DBS2-67-3015-11 板模板图

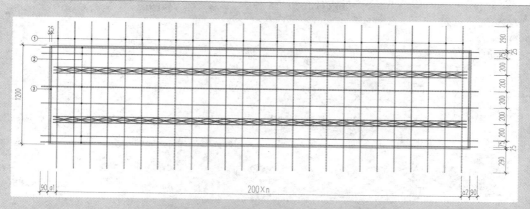

图 5-87　DBS2-67-3015-11 板配筋图

（注：①号钢筋弯钩角度为 135°；②号钢筋位于①号钢筋上层，桁架下弦钢筋与②号钢筋同层）

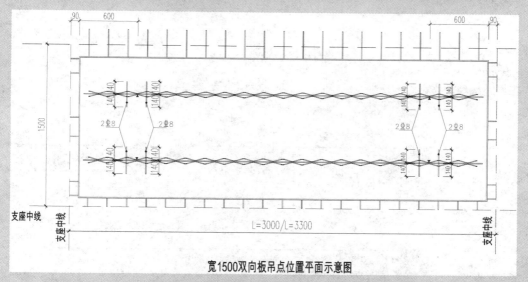

宽1500双向板吊点位置平面示意图

图 5-88　宽 1500 双向板吊点位置平面示意图

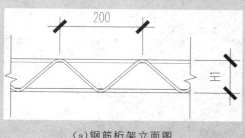

（a）钢筋桁架立面图

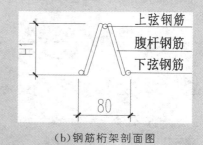

（b）钢筋桁架剖面图

图 5-89　钢筋桁架及底板大样图

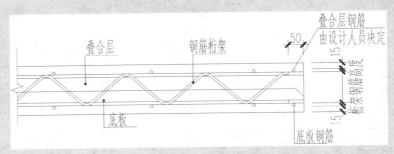

(c)叠合板剖面图

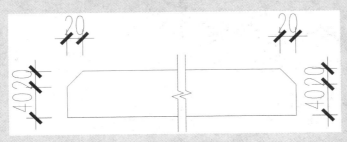

(d)双向板断面图

续图 5-89

表 5-6　叠合板 DBS2-67-3015-11 底板参数

底板编号 (×代表 1、3)	L_0/mm	a_1/mm	a_2/mm	n	桁架型号		
					编号	长度/mm	重量/kg
DBS2-67-3015-×1	2820	150	70	13	A80	2720	4.79
DBS2-68-3015-×1					A90		4.87

注:DBS2-67-3015-11 中各符号的含义,DBS——桁架钢筋混凝土叠合板用底板(双向板);2——叠合板类型(1 为边板,2 为中板);6——预制底板厚度,以厘米计,即 60 mm;7——后浇叠合层厚度,以厘米计,7 代表 70 mm;30——标志跨度,以分米计,即 3000 mm;15——标志宽度,以分米计,即 1500 mm;11——底板跨度及宽度方向钢筋代号。

表 5-7　DBS2-67-3015-11 底板配筋表

底板编号 (×代表 7、8)	①			②			③		
	规格	加工尺寸	根数	规格	加工尺寸	根数	规格	加工尺寸	根数
DBS2-6×-3015-11	C8	40 ⌐1780⌐ 40	14	C8	3000	6	C6	1150	2
DBS2-6×-3015-31				C10					

表 5-8 钢筋桁架规格及代号表

桁架规格代号	上弦钢筋公称直径/mm	下弦钢筋公称直径/mm	腹杆钢筋公称直径/mm	桁架设计高度/mm	桁架每延米理论重量/(kg/m)
A80	8	8	6	80	1.76
A90	8	8	6	90	1.79
A100	8	8	6	100	1.82
B80	10	8	6	80	1.98
B90	10	8	6	90	2.01
B100	10	8	6	100	2.04

1) 预制板平面图识读

（1）预制板模板图识读。

从图 5-86 和表 5-6 中可以读取出 DBS2-67-3015-11 模板图中的以下内容：

① 模板长度方向的尺寸：$L_0 = 2820$ mm，$a_1 = 150$ mm，$a_2 = 70$ mm，$n = 13$，$L_0 = a_1 + a_2 + 200n$，总长度 $L = L_0 + 90 \times 2 = 3000$ mm，两端延伸至支座中线；桁架长度为 $L_0 - 50 \times 2 = 2720$ mm。

② 模板宽度方向的尺寸：板实际宽度 1200 mm，标志宽度 1500 mm，板边缘至拼缝定位线各为 150 mm，板的四边坡面水平投影宽度均为 20 mm；桁架距离板长边边缘 300 mm，两平行桁架之间的距离为 600 mm，钢筋桁架端部距离板端部 50 mm。

③ 叠合板底板厚度为 60 mm，Ⓜ 所指方向代表模板面，Ⓒ 所指方向代表粗糙面。

（2）预制板配筋图识读。

从图 5-87、表 5-7 和表 5-8 中可以读取出 DBS2-67-3015-11 配筋图中的以下内容：

① ①号钢筋为直径 8 mm 的 HRB400 三级钢，两端弯锚 135°，平直段长度 40 mm，间距 200 mm，长度方向两端伸出板边缘 290 mm，板边第一根钢筋距离板边缘 25 mm。

② ②号钢筋为直径 8 mm 的 HRB400 三级钢，两端无弯钩，两端间距 75 mm，中间间距 200 mm，长度方向两端伸出板边缘 90 mm。

③ ③号钢筋为直径 6 mm 的 HRB400 三级钢，两端无弯钩，两端距离①号钢筋间距分别为 $(150-25)$ mm $= 125$ mm 和 $(70-25)$ mm $= 45$ mm。

④ 桁架上弦和下弦钢筋为直径 8 mm 的 HRB400 三级钢，腹杆钢筋为直径 6 mm 的 HPB300 一级钢，长度方向桁架边缘距离板边缘 50 mm。

（3）预制板吊点位置识读。

从图 5-88 可知，图中所示"▲"表示吊点位置，吊点应设置在距离图中所示位置最近的上弦节点处。该双向板一共 4 个吊点，吊点距离构件边缘 600 mm，每个吊点两侧各设置两根直径 8 mm 的 HRB400 附加钢筋，长度为 280 mm。

2) 预制板详图识读

从图 5-89 及表 5-8 可知,钢筋桁架高度 $H_1 = 80$ mm,两个下弦之间的水平距离 80 mm;腹杆顶部弯折处水平距离 200 mm,腹杆端部距离板边缘 50 mm;底板钢筋和叠合层钢筋的外边缘距离构件边缘 15 mm;双向板的断面顶部两端为坡面,坡面的断面尺寸为高度 20 mm、宽度 20 mm。

3) 预制板施工图识读实训

某工程单向板 DBD67-2715-1 如图 5-90 和图 5-91、表 5-9 和表 5-10 所示,试阅读该单向板模板图及配筋图的相关内容。

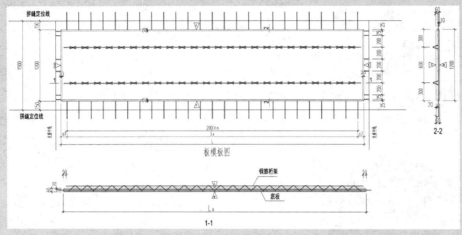

图 5-90 单向板 DBD67-2715-1 底板模板图

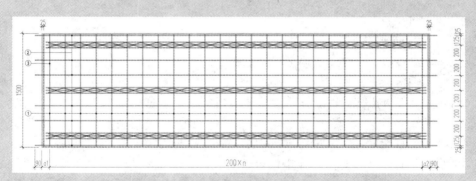

图 5-91 单向板 DBD67-2715-1 底板配筋图

表 5-9 单向板 DBD67-2715-1 底板参数

底板编号 (×代表 1、3)	L_0/mm	a_1/mm	a_2/mm	n	桁架型号		
					编号	长度/mm	重量/kg
DBD67-2715-×	2520	60	60	12	A80	2420	4.26
DBD68-2715-×					A90		4.33
DBD69-2715-3					A100		4.40

表 5-10 单向板 DBD67-2715-1 底板配筋表

底板编号 (×代表 7、8、9)	①			②			③		
	规格	加工尺寸	根数	规格	加工尺寸	根数	规格	加工尺寸	根数
DBD6×-2715-1	C6	1470	13	C8	2700	6	C6	1470	2
DBD6×-2715-3				C10					

2．预制混凝土板工程量计算

1）预制板钢筋与预埋件工程量计算

（1）预制板钢筋工程量计算。

叠合板底板钢筋工程量，设计有规定时按设计规定计算，如表 5-7 所示，给出了该双向板底板中 3 种钢筋的设计用量；设计未规定的，可按以下方法进行计算。

①号钢筋长度＝$(1200+290\times2+40\times2+1.9\times8\times2)$ mm＝1890.4 mm。

②号钢筋长度＝$(2820+90\times2)$ mm＝3000 mm

③号钢筋长度＝$(1200-15\times2)$ mm＝1170 mm

单个钢筋桁架长度＝$(2820-50\times2)$ mm＝2720 mm

（2）预制板预埋件工程量计算。

由图 5-88 可知，该板中的预埋件存在于各吊点的两侧，均为直径 8 mm 的 HRB400 三级钢，长度为 280 mm，于桁架两侧均分。

2）预制板混凝土与配料工程量计算

（1）计算预制板混凝土工程量。

混凝土工程量＝$2.82\times1.2\times0.06$ m³＝0.203 m³

如果扣除板四周的倒角工程量，则：

混凝土工程量＝$[2.82\times1.2\times0.06$

$-(2.82+1.2)\times2\times1/2\times0.02\times0.02]$ m³

＝0.201 m³

（2）计算混凝土配料工程量。

假设混凝土的石子粒径＜16 mm，参考山东省建筑工程消耗量定额 C30 混凝土每立方米水泥（32.5 MPa）用量 0.505 t，黄砂（过筛中砂）用量 0.355 m³，碎石（15 mm）用量 0.862 m³，水用量 0.21 m³，则该板各材料用量如下：

水泥用量＝0.203×0.505 t＝0.103 t

黄砂用量＝0.203×0.355 m³＝0.072 m³

碎石用量＝0.203×0.862 m³＝0.175 m³

水用量＝0.203×0.21 m³＝0.043 m³

3）预制板工程量计算实训

某工程单向板 DBD67-2715-1 如图 5-90 和图 5-91、表 5-8 和表 5-9 所示，试计算该单向板钢筋及混凝土相应工程量。

课后习题

一、填空题

1. 叠合楼板常用边模高度有_____ mm、_____ mm 两种,常用边模长度有_____ mm、_____ mm、1000 mm、2000 mm、3000 mm、3300 mm。

2. 常用脱模剂有_____和_____两种材质,制作预制叠合板构件应选用对产品表面没有污染的脱模剂,一般采用_____脱模剂。

3. 加强钢筋位于每个吊点两侧,每侧_____根,选用直径_____mm 的 HRB 400 三级钢,每根长度_____ mm。

4. 流水线上最常用的浇筑方式是通过_____的前后左右移动来完成的。

5. 混凝土养护有三种方式:_____、_____、_____养护。

二、简答题

1. 简要回答混凝土运送的要求。

2. 简要回答蒸汽养护的基本要求。

3. 简要回答叠合板标高校正要求。

三、实操题

1. 正确操作"叠合板流水线生产工艺"。

2. 正确操作"叠合板吊装"。

学习目标

知识目标：

1. 熟悉预制混凝土楼梯构件生产流程。

2. 了解预制混凝土楼梯存储与运输注意事项。

3. 掌握预制混凝土楼梯施工流程与工艺要求。

能力目标：

1. 能够在现场协助工程师进行装配式构件安装。

2. 能够控制并确保结构安装质量措施满足设计及施工要求。

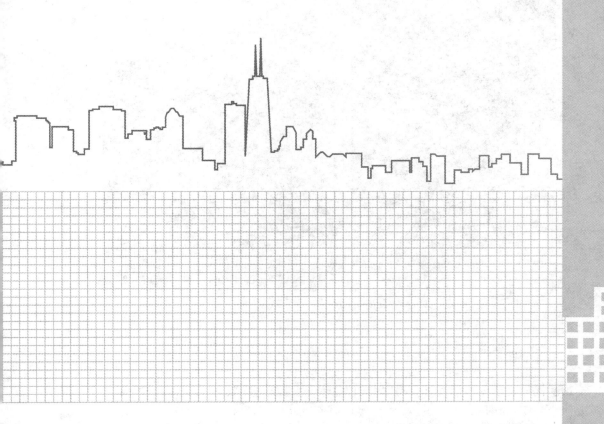

6.1　预制楼梯构件生产

6.1.1　原材料

水泥可以采用 P.O42.5 普通硅酸盐水泥,砂宜采用中砂,碎石可采用 5～25 mm 粒径,外加剂为萘系减水剂。为保证所有楼梯表面颜色的一致性,要保证碎石和砂比较干净,水泥供应商确定后不宜更换,砼料配合比调整完毕后,不宜有太大变动。

6.1.2　钢筋及预埋件

构件两端预留钢筋,与现浇节点整浇,保证钢筋的连续性,并且增加了钢筋长度,以确保构件的可靠连接。预制构件中钢筋宜采用整条钢筋,不采用两条及以上钢筋连接的形式。盘卷钢筋调直应采用无延伸功能的机械设备进行。预制楼梯钢筋如图 6-1 和图 6-2 所示。

图 6-1　预制楼梯钢筋

6.1.3　模具

预制楼梯宜选用专用模具,模具的操作顺序是:清模—贴胶带—抹脱模剂—装笼筋—装预埋件—合模,如图 6-3 所示。

图 6-2 预制楼梯预埋件

图 6-3 模具清模

施工中楼梯模板堵头也必须涂脱模剂,预埋件螺丝需上紧,防止振捣时螺丝松脱跑浆;预埋件必须以"井"字形钢筋固定在笼筋骨架上。合模时注意背板底部是否压笼筋。合模顺序一般为:合背板—锁紧拉杆—合侧板—合上部小侧板。合模完成后必须检查上部尺寸是否合格。

6.1.4 布料、振捣成型

根据实际情况均匀振捣,振捣棒应快插慢拔,振捣间距 15～20 cm,每处振捣 20～30 秒,根据砼料坍落度适当调整振捣时间。布料、振捣如图 6-4 所示。

振捣时应注意避开预埋件、钢筋等重要部位;禁止振捣棒接触正板,防止正板磨损导致后期清水面粘皮。

6.1.5 抹面、压光

初次抹面后须静置 1 小时后进行表面压光,压光应轻搓轻压,压光时应将模具表面、顶部浮浆清理干净,构件外表面应光滑,无明显凹坑、破损,内侧与结构相接触面须做到均匀拉毛处理,拉深 4～5 mm,然后再静置 1 小时。

6.1.6 蒸汽养护

静置抹面压光共计 2 h 后,开始升温养护,升温时间不能快,30 ℃/1 h,65 ℃/1.5 h,恒温温度为(65±2)℃,恒温时间为 3 h,总时间为 4.5 h,如图 6-5 所示。

图 6-4 布料、振捣

图 6-5 蒸汽养护

6.1.7 脱模

拆模顺序一般是：先拆预埋件螺丝—拆上部定型小侧板—拆侧板—拆上部拉杆—拆背板，如图 6-6 所示。吊楼梯要注意在背板处放置胶皮垫，防止起吊时磕损。背板拆下来后，让楼梯冷却 1 h 后比较容易起吊。

图 6-6 脱模

6.1.8 成品堆放

脱模后进行临时堆放，便于修补；修补完成，贴合格证，如图 6-7 所示。

6.1.9 装配式生产软件操作：预制楼梯生产工艺操作说明

1. 进入模块

1）界面介绍

在软件模块界面单击"构件生产与工艺"，在显示的下拉列表中选择"预制楼梯生产工艺"模块（见图 6-8）。

图 6-7 预制楼梯的临时堆放

图 6-8 进入模块

2）操作说明

进入模块后查看操作说明，使用鼠标和键盘上的 W、A、S、D 键（或方向键）对场景进行缩放、旋转、漫游等操作（见图 6-9）。

2. 产前准备

1）人员准备

预制楼梯生产前，作业人员要完成产前培训并进行安全生产交底。单击场景中"人员准备"的标识，从物品存放架上拾取安全帽、劳保工装、防护手套、防滑鞋并进行穿戴（见图 6-10）。

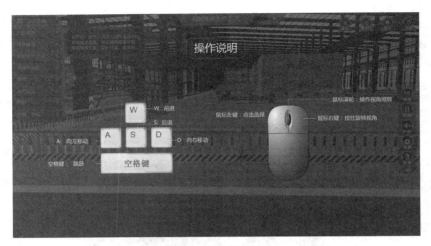

图 6-9　查看操作说明

图 6-10　人员准备

2）工具材料准备

单击场景中"工具材料准备"的标识，检查相关设备、工具是否处于安全操作状态；根据构件图纸及生产工艺要求，从存放架上将生产过程中要使用到的灰铲、电动扳手、卷尺、扁刷、滚刷、密封条、撬棍、螺栓、扎丝等工具材料领取到工具盒内（见图6-11）。

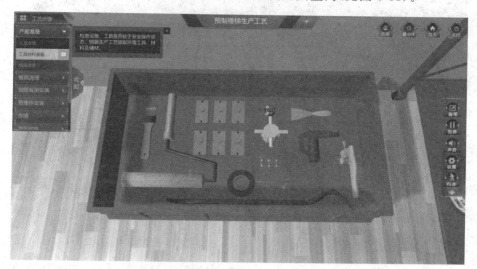

图6-11 工具材料准备

3）模具准备

打开图纸，确认预制楼梯模具的尺寸，单击场景中"模具准备"的标识，使用卷尺测量存放架上的预制楼梯模具，选择尺寸符合要求的模具（见图6-12）。

图6-12 模具准备

3.模具清理

1）模具清理

在场景中的工具库中选择铁铲，将铁铲拖动至场景中"模具清理"的标识处，使用铁铲清理楼梯底模、背板、侧板以及上部小侧板的砼渣，然后用鼓风机去除多余灰尘，保证模具表面清洁(见图 6-13)。

图 6-13　模具清理

2)涂刷脱模剂

在场景中的工具库中选择喷壶,将喷壶拖动至场景中"涂刷脱模剂"的标识处,使用喷壶将脱模剂喷涂在楼梯模具上,模具的所有外露面均应涂抹到位(见图 6-14)。

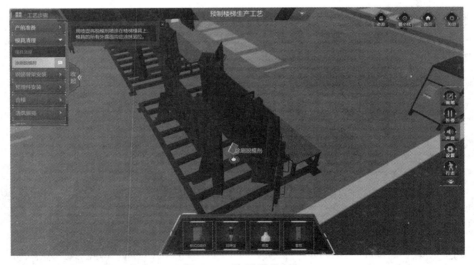

图 6-14　涂刷脱模剂

4.钢筋骨架安装

1)钢筋绑扎

打开图纸,对预制楼梯的钢筋进行识读,并确定钢筋的信息,确定完成后,在场景中的工具库中选择扎钩,将扎钩拖动至场景中"钢筋绑扎"的标识处,在钢筋绑扎区域铺设楼梯钢筋并且绑扎钢筋(见图 6-15)。

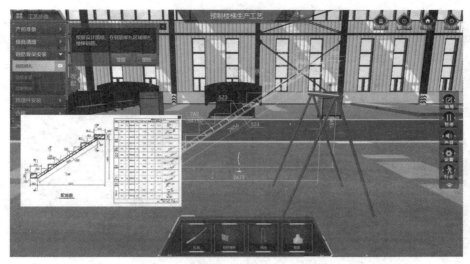

图 6-15　钢筋绑扎

2）钢筋安装

单击场景中"钢筋安装"的标识，使用行车和吊具将钢筋骨架吊至台车上方，调整位置，然后缓慢地将钢筋放入模具中（见图 6-16）。

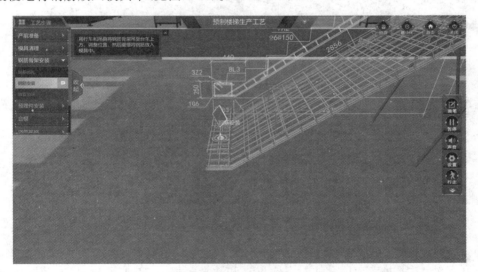

图 6-16　钢筋安装

3）放置垫块

单击场景中"放置垫块"的标识，在楼梯模具与钢筋间放置塑料垫块（见图 6-17）。

5.预埋件安装

1）安装栏杆埋件

打开图纸，识图并确定预埋件的安装位置和数量等信息，在场景中的工具库中选择栏杆埋件，将栏杆埋件拖动至场景中"安装栏杆埋件"的标识处，将固定栏杆预埋件用的磁铁贴在模具上，然后将楼梯栏杆预埋件固定在磁铁上，并用扎丝将预埋件与楼梯钢筋绑扎固定（见图 6-18）。

图 6-17　放置垫块

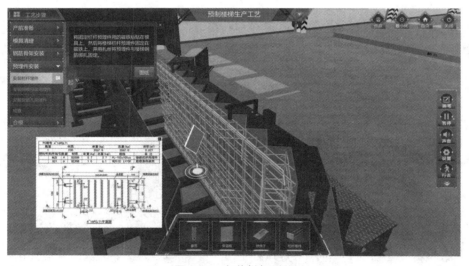

图 6-18　安装栏杆埋件

2）安装脱模吊装用埋件

打开图纸，识图并确定预埋件的安装位置和数量等信息，单击场景中"安装脱模吊装用埋件"的标识，将预埋件安装至指定位置，然后用螺杆将预埋件与工装架固定（见图 6-19）。

3）安装预留孔洞埋件

打开图纸，识图并确定预埋件的安装位置和数量等信息，单击场景中"安装预留孔洞埋件"的标识，将预留孔洞的预埋件固定在楼梯底模上，在孔洞预埋件周边放置加强筋，并与楼梯钢筋绑扎固定（见图 6-20）。

4）检查

打开检查表，确认检查的相关数据，在场景中的工具库中选择卷尺，将卷尺拖动至场景中"检查"的标识处，使用卷尺测量预埋件中心线至模具边的距离，确保误差在允许范围内（见图 6-21）。

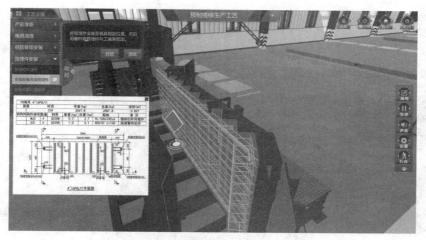

图 6-19　安装脱模吊装用埋件

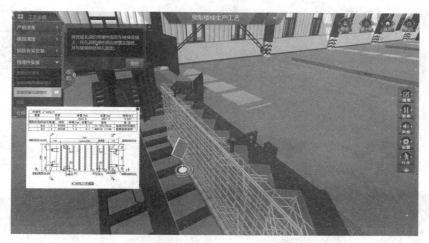

图 6-20　安装预留孔洞埋件

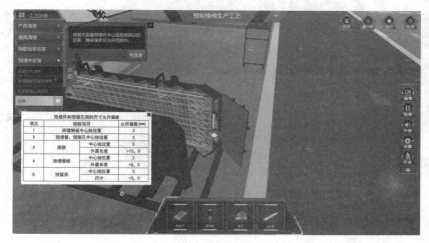

图 6-21　检查

6.合模

1）固定楼梯背板

单击场景中"固定楼梯背板"的标识,手推楼梯背板,将其移动到指定位置,确保楼梯模具底部连接处无缝隙后,锁紧拉杆(见图 6-22)。

图 6-22　固定楼梯背板

2）贴密封胶

在场景中的工具库中选择橡胶条,将橡胶条拖动至场景中"贴密封胶"的标识处,确认模具各部位和接缝处干净无杂物后,在底模与背板的外露面贴上密封条(见图 6-23)。

图 6-23　贴密封胶

3）固定楼梯侧板

单击场景中"固定楼梯侧板"的标识,将楼梯侧板安装在背板上,并用螺栓固定好(见图 6-24)。

图 6-24　固定楼梯侧板

7. 浇筑振捣

1）布料、振捣

单击场景中"布料、振捣"的标识,使用龙门吊将混凝土料斗从运输车上吊运至固定模台待浇筑的楼梯模具上方,打开卸料口,将混凝土均匀浇筑在楼梯模具中,边浇筑边使用振捣棒将混凝土振捣均匀(见图 6-25)。

图 6-25　布料、振捣

2）抹平

浇筑、振捣完成后,单击场景中"抹平"的标识,使用铁抹子将混凝土表面及预埋件周边的混凝土表面抹平,确保混凝土面平整,尤其要注意模具相交处及预埋件周边的位置(见图6-26)。

图 6-26　抹平

8.养护

单击场景中"养护"的标识,打开养护表,确认好蒸汽棚的养护温度、时间等参数,将二维码标牌嵌入混凝土内,注意二维码朝上,然后用蒸养棚将整个模台罩住,蒸养棚四周应密封严实,将蒸汽管插入蒸养棚,设置好时间与温度开始蒸养,待蒸养完成后撤掉蒸汽管,收起蒸养棚(见图 6-27)。

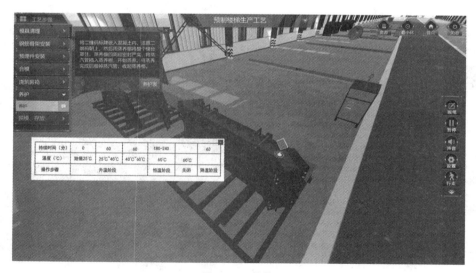

图 6-27　养护

9.脱模、存放

1) 拆模

在场景中的工具库中选择电动扳手,将电动扳手拖动至场景中"拆模"的标识处,首先拆除模具上方的拉杆,用电动扳手拆除工装架;使用回弹仪在构件表面测试构件强度,达到 15 MPa 以上方可拆模;拆除侧板与背板之间连接的螺栓,敲打模具,使侧板与混凝土分离;将吊环固定在楼梯上表面的预埋件位置,连接吊钩,使用龙门吊将模具楼梯踏步一边吊起至离地面3 cm左右,敲打模具上表面,使背板脱离混凝土面,扶稳楼梯成品,慢慢将楼梯成品从模具中吊出,并将构件吊至存放区;然后将剩余固定预埋件的工装拆除(见图6-28)。

图6-28　拆模

2)质检

单击场景中"质检"的标识,使用保护层厚度检测仪检验保护层厚度,使用卷尺测量构件尺寸,各检查部分应符合验收规范(见图6-29)。

图6-29　质检

3)清场

单击场景中"清场"的标识,使用扫把将模台与地面上的垃圾清理干净,在生产区域内将所有使用到的工具、图纸、文件等收集存放好(见图6-30)。

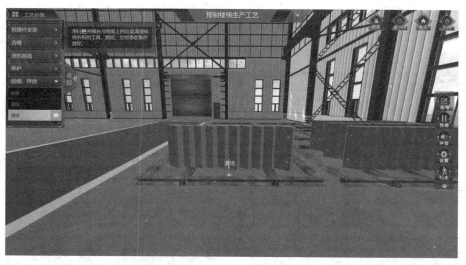

图 6-30　清场

6.2　预制楼梯存储与运输

6.2.1　预制楼梯的存储

（1）预制混凝土楼梯的现场堆放应指定专用堆场。

（2）当预制混凝土楼梯运输至现场后须及时利用塔吊吊运至指定专用堆场，应按品种、规格、吊装顺序分别设置堆垛。存放堆垛宜设置在吊装机械工作范围内并避开人行通道。

（3）堆场中预制构件堆放以吊装次序为原则，并对进场的每个构件按吊装次序编号。

（4）构件不得直接放置于地面上，场地上的构件应采取防倾覆措施。

（5）所有的预制构件堆场与其他设备、材料堆场需间隔一定的距离，应尽量布置在建筑物的外围并严格分类堆放。

（6）堆放场地应平整坚实，地面有硬化措施，并有排水设施，应尽量靠近道路。如果构件堆放在地库顶板上，则需要对地库顶板做加固措施。

（7）构件吊装区域有围栏封闭，并设置醒目的提示标语。预制构件堆场中必须设置合理的工作人员安全通道。

（8）预制构件存放时，预埋吊件所处位置应避免遮挡，易于起吊。

（9）预制楼梯通常采用平面堆放或专用存放架存放。采用平面堆放时宜沿受力方向设置支撑，叠放层数不宜超过 8 层，如图 6-31 所示。

图 6-31　预制楼梯的存放

（10）根据施工流水，为保证工序连续，要求每个流水段至少存放一个标准单元的预制构件。楼梯水平层叠码放。码放要保证构件水平，不得有歪斜现象。支点在横向端点向内第二个踏步处，且不少于两个踏步，上下层垫木要在同一位置。堆放形式如图 6-32 所示。

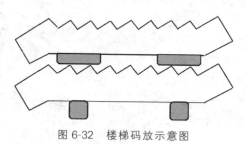

图 6-32　楼梯码放示意图

6.2.2　预制楼梯的运输

预制楼梯运输的工作主要包括：制订运输方案，设计并制作运输架，验算构件强度，清查构件，查看运输路线，确定运输方式。

1）制订运输方案

根据运输预制楼梯构件实际情况，装卸车现场及运输道路的情况，施工单位或当地的起重机械和运输车辆的供应条件以及经济效益等因素综合考虑，最终选定运输方法，选择起重机械（装卸构件用）、运输车辆和运输路线。运输线路的制定应按照客户指定的地点及货物的规格和重量制定特定的路线，确保运输条件与实际情况相符。

2）设计并制作运输架

根据构件的重量和外形尺寸进行设计制作，且尽量考虑运输架的通用性。

3）验算预制楼梯强度

对钢筋混凝土楼梯，根据运输方案所确定的条件，验算构件在最不利截面处的抗裂度，避免在运输中出现裂缝。如有出现裂缝的可能，应进行加固处理。

4）清查构件

清查预制楼梯构件的型号、质量和数量，有无加盖合格印和出厂合格证书等。

5）查看运输路线

在运输前再次对路线进行勘查，对于沿途可能经过的桥梁、桥洞、电缆、车道的承载能力，通行高度、宽度、弯度和坡度，沿途上空有无障碍物等实地考察并记载，制定出最佳顺畅的路线，有时甚至需要交通部门的配合等。在制订方案时，每处需要注意的地方需要注明，如不能满足车辆顺利通行，应及时采取措施。此外，应注意沿途是否横穿铁道，如有应查清火车通过道口的时间，以免发生交通事故。

6）确定运输方式

预制楼梯宜采用平层叠放运输方式，将预制构件平放在运输车上，往上叠放在一起进行运输,如图 6-33 所示。

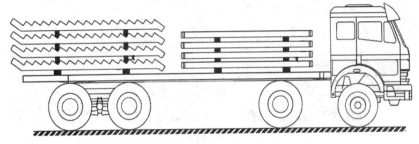

图 6-33　预制楼梯运输大样图

6.3　预制楼梯施工

6.3.1　施工准备

(1)预制楼梯安装前应编制专项施工方案,并经施工总承包企业技术负责人及总监理工程师批准。

(2)预制楼梯安装施工前应对施工人员进行技术交底,并由交底人和被交底人双方签字确认。

(3)预制楼梯安装施工前,应编制合理可行的施工计划,明确预制楼梯吊装的时间节点。

(4)吊装前,应在构件和相应的支撑结构上设置中心线和标高,按设计要求校核预埋件及连接钢筋等的数量、位置、尺寸和标高,并做出标记。每层楼面轴线垂直控制点不宜少于4个,楼层上的控制线应由底层原始点向上传递引测。每个楼层应设置不少于 1 个高程引测控制点。预制楼梯安装位置线应由控制线引出,每件预制楼梯应设置纵、横控制线。对安装控制线、平台梁标高进行复核,以节省吊装校准时间和保证安装质量。

(5)在吊装预制楼梯之前,应完成平台层的施工。在浇筑平台层钢筋混凝土前,在平台梁内安装预埋件,将预埋件钢板焊接在钢筋混凝土梁的纵向受力钢筋上。在浇筑混凝土时,应做好对预埋件的保护。

6.3.2　材料要求

(1)预制楼梯:预制楼梯进场后,检查其型号、几何尺寸及外观质量,应符合设计及规范要求,构件应有出厂合格证。

(2)原材料:钢筋的规格、形状应符合图纸要求,应有钢材出厂合格证;水泥宜采用 42.5R、52.5R 的普通硅酸盐水泥;细石粒径 0.5~3.2 cm;砂采用中砂。

6.3.3　施工机具

1.施工机具

（1）吊装机具：钢丝绳、吊具、卡环、螺栓、手拉葫芦、平衡钢梁、自动扳手、起重设备等。

（2）非吊装机具：对讲机、吊线锤、经纬仪、水准仪、全站仪、索具、撬棍等。

2.施工机具功能

（1）吊具：预制楼梯吊具所使用的钢材强度应进行力学验算，满足预制楼梯起吊要求。吊装用钢丝绳、吊装带、卸扣、吊钩等吊具应经检查合格，并应在其额定范围内使用。正式吊装作业前，应先将预制构件提升 300 mm 左右后，停稳构件，检查钢丝绳、吊具和预制构件状态，确认吊具安全且构件平稳后，方可缓慢提升构件。

（2）卡环：连接预制楼梯施工机具和钢丝绳，便于悬挂钢丝绳。

（3）葫芦：葫芦通过卡环连接预制楼梯吊具和平衡钢梁，并用于调节预制楼梯起吊的水平。

（4）平衡钢梁：在预制楼梯起吊安装过程中平衡预制楼梯受力，平衡钢梁可采用槽钢及钢板加工制作。

6.3.4　作业条件

（1）预制构件施工现场道路应做硬地化或铺设钢板处理，以满足施工道路地基承载力要求。

（2）考虑施工道路的运输流线、转弯半径等因素，合理规划预制楼梯起吊区堆放场地位置，满足吊装施工现场车通路通。

（3）根据预制楼梯吊装索引图，确定合理的构件吊装起点，并在预制楼梯上标明吊装区域和吊装顺序编号。

（4）预制楼梯安装前，应确认预制楼梯安装工作面，以满足预制楼梯安装要求。

（5）预制楼梯吊装前，根据楼层已弹好的平面控制线和标高线，确定预制楼梯安装位置及标高，并复核。

（6）预制楼梯进场后，检查型号、截面尺寸及外观质量，应符合设计要求，并做预制楼梯进场检查记录。

6.3.5　施工操作工艺

1.工艺框图

预制楼梯施工操作工艺如图 6-34 所示。

2.定位钢筋预埋及吊具安装

1）定位钢筋预埋

根据预制楼梯的设计位置和预留孔洞位置，在结构楼板上弹出定位钢筋预埋控制线，并

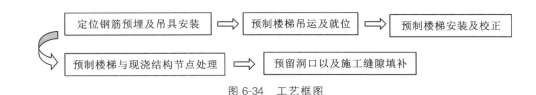

图 6-34　工艺框图

预埋楼梯定位钢筋。

2）吊具安装

① 预制楼梯吊装有采用葫芦吊具和不采用葫芦吊具两种方式,如图 6-35 所示。

图 6-35　预制楼梯吊装

② 预制楼梯吊具安装流程:

采用葫芦吊具安装流程:塔吊挂钩挂住 1 号钢丝绳→1 号钢丝绳通过卡环连接平衡钢梁→平衡钢梁通过卡环连接 2 号钢丝绳和葫芦→2 号钢丝绳和葫芦通过卡环连接预制楼梯吊具→预制楼梯吊具通过螺栓连接预制楼梯。

未采用葫芦吊具安装流程:塔吊挂钩挂住 1 号钢丝绳→1 号钢丝绳通过卡环连接平衡钢梁→平衡钢梁通过卡环连接 3 号和 4 号钢丝绳→3 号、4 号钢丝绳通过卡环连接预制楼梯吊具→预制楼梯吊具通过螺栓连接预制楼梯。

3. 预制楼梯吊运及就位

1）吊装前的准备

① 预制楼梯要待上层结构施工完成后方可进行下层楼梯的安装。吊装时梯梁支撑不得拆除。

② 楼梯平台处需提前弹好水平标高线及第一级踏步的位置线,为预制楼梯安装做好准备。

③ 楼梯垫板。选用 2 mm 厚 50 mm×50 mm 的钢板多块叠加作为楼梯搁置点,每个楼梯的上下部梯梁处各放置两处,用水准仪根据设计标高进行找平。

2）吊运

① 预制楼梯吊点预留方式可分为预留接驳器和预留带丝套筒两种,起吊钢丝绳与构件水平面所成夹角不宜小于 45°,并保证吊车主钩位置、吊具及预制构件重心在竖直方向重合。

② 吊运在正式吊装前必须进行试吊,先吊起距地面 500 mm 时停止,检查钢丝绳、吊钩的受力情况,使踏步面保持水平,然后吊至作业层上空。

预制楼梯的吊运宜采用慢起、快升、缓放的操作方式。预制楼梯起吊区配置一名信号工和两名司索工,预制楼梯起吊时,司索工将预制楼梯与存放架安全固定装置拆除,塔吊司机在信号工的指挥下,塔吊缓缓持力,将预制楼梯吊离存放架,当预制楼梯吊至离存放架 200～300 mm 处,通过调节葫芦将预制楼梯调整水平,然后吊运至安装施工层。

③ 预制楼梯吊装安全注意事项:

a. 安装作业开始前,应对安装作业区进行维护并做出明显的标识,拉警戒线,根据危险源级别安排旁站,严禁与安装作业无关的人员进入。

b. 吊装区域内,非作业人员严禁进入;吊运预制构件时,构件下方严禁站人,应待预制构件降落至距操作层 1 m 以内方准作业人员靠近,就位固定后方可脱钩。

c. 遇到雨雪雾天气,或者风力大于 5 级时,不得进行吊装作业。

d. 预制楼梯如遇到夜间进场卸货,应做好夜间施工防护,配备有效的照明设备,施工现场设置明显的交通标志、安全标牌、护栏、警戒灯等标志。吊装工人需配备安全帽、反光衣,并严格遵守塔吊起重流程。每次吊装前应对工人进行针对夜间卸货的安全技术交底,保证行人、施工机械和施工人员的施工安全。

e. 夜间吊装卸货期间应与塔吊司机密切配合,发出明确的指挥信号并及时沟通,避免误操作,吊装时应保证材料的吊索、吊钩牢固可靠,应时刻注意空中吊运物的位置,防止吊运物失衡掉落。

3)预制楼梯就位

在作业层上空约 300 mm 处略作停顿,施工人员手扶楼梯板调整方向,将楼梯板的边线与梯梁上的安装控制线对准,并将预埋螺栓与构件进行对孔。

预制楼梯就位前,应清理预制楼梯安装部位基层,在信号工指挥下,将预制楼梯吊运至安装部位的正上方,核对预制楼梯的编号。

4. 预制楼梯安装及校正

1)预制楼梯安装

在预制楼梯安装层配置一名信号工和四名吊装工,塔吊司机在信号工的指挥下将预制楼梯缓缓下落,在吊装工协助下将预制楼梯的预留孔洞和上下平台梁上的预埋定位钢筋对正,对预制楼梯安装初步定位。

吊装就位时楼梯板要从上垂直向下安装,梯板搁置时要停稳慢放,严禁快速猛放,以避免冲击力过大造成梯板碰损,如图 6-36 所示。

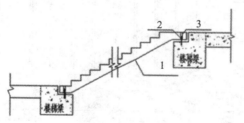

图 6-36 预制楼梯安装
1—预制楼梯;2—定位钢筋;3—预留孔洞

2)预制楼梯校正

根据弹设在楼层上的标高线和平面控制线,通过撬棍来调节预制楼梯的标高和平面位置,预制楼梯施工时应边安装边校正。校正后灌浆前应注意灌浆口的保护,避免杂物掉入。

5. 预制楼梯与现浇梁节点处理

根据工程设计图纸,弹出楼梯安装部位的上下平台的现浇梁豁口的水平线和标高线,将上下平台的现浇梁豁口作为预制楼梯的高低端支座,在吊装施工时,将预制楼梯下落至现浇梁豁口上。预制楼梯与梁、板连接如图 6-37 所示。

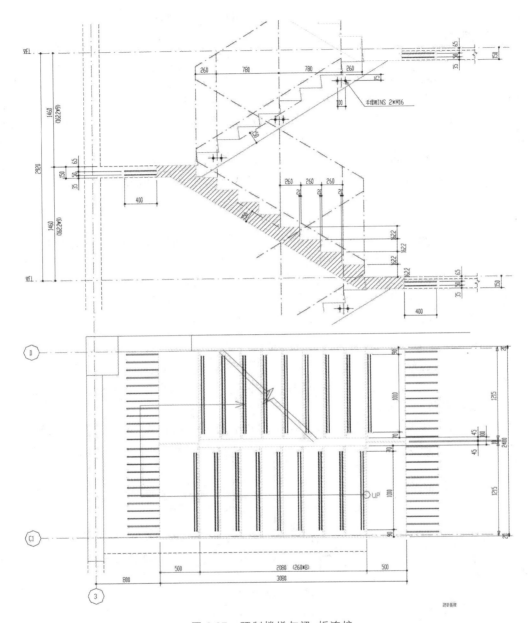

图 6-37　预制楼梯与梁、板连接

6. 预留孔洞及施工缝隙灌缝

（1）预制楼梯校正就位后，应在梯板预留孔洞封堵前对预制楼梯的平面定位、标高和外观质量等组织验收。

（2）待预制楼梯的平面定位、标高验收合格后，梯板上部采用砂浆对梯板预留孔洞进行封堵。封堵面应保证平整、密实和光滑；梯板下部则只在预埋螺栓的螺母垫片上方填充封堵即可，垫片下方的预留空腔用于梯板的自由滑动变形。预制楼梯的两端与平台梁之间缝隙均采用聚苯板填充，如图 6-38 所示。

（3）在固定梯段板与梯梁时，应将连接节点控制到位，将楼梯的预留孔洞使用灌浆料进

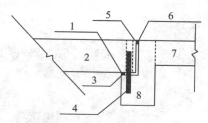

图 6-38 预制楼梯灌缝

1—密封砂浆;2—预制楼梯;3—PE棒;4—预埋定位钢筋;5—PE棒;6—密封砂浆;7—楼板;8—楼梯梁

行密封,保护预埋筋和预埋螺栓不产生锈蚀,确保楼梯的耐久性。

（4）在预制楼梯安装后及时对预留孔洞和施工缝隙进行灌缝处理,灌缝应采用比结构高一标号的微膨胀混凝土或砂浆。

6.3.6 装配式生产软件操作:楼梯吊装操作说明

1.进入模块

在软件模块界面选择"楼梯吊装",并单击"进入"（见图 6-39）。

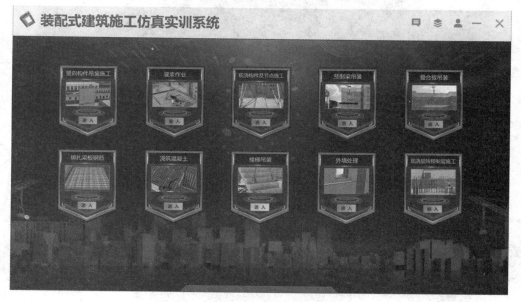

图 6-39 选择模块

2.测量放线

1）引测水平位置线

单击场景中"引测水平位置线"的标识,打开图纸,识读相关信息,根据施工图纸,在休息平台上引测出楼梯安装的水平位置线（见图 6-40）。

2）引测标高线

单击场景中"引测标高线"的标识,使用卷尺在侧墙上放出楼梯的标高控制线,并做好标记（见图 6-41）。

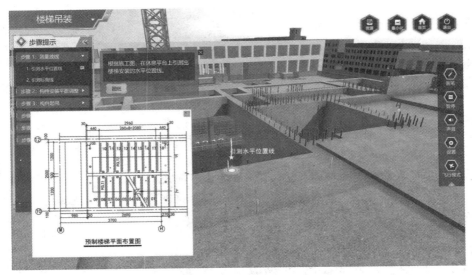

图 6-40　引测水平位置线

图 6-41　引测标高线

3.构件安装平面调整

1）放置垫块

在场景中的工具栏中选择垫块,将垫块拖动至场景中"放置垫块"的标识处,打开图纸,识读构件的相关信息,使用水准仪和塔尺,在楼梯的安装位置处放置垫块,总厚度为 20 mm（见图 6-42）。

2）铺设水泥砂浆

单击场景中"铺设水泥砂浆"的标识,打开图纸,识读构件的相关信息,在梯段的上下口的梯梁侧面粘贴聚苯板,在梯梁上铺设水泥砂浆并找平,厚度为 20 mm（见图 6-43）。

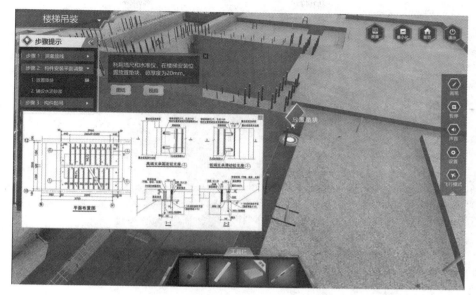

图 6-42　放置垫块

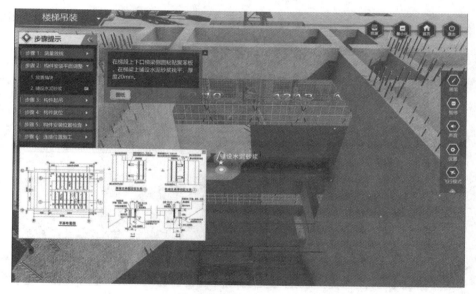

图 6-43　铺设水泥砂浆

4.构件起吊

1）连接吊钩

单击场景中"连接吊钩"的标识,打开图纸,确定吊装构件的相关信息,确认构件型号;连接吊环,并在吊环上安装牵引绳,靠近下端踏步段的吊链可采用手动葫芦,方便安装时调整楼梯的水平角度(见图 6-44)。

2）起吊

单击场景中"起吊"的标识,将楼梯吊起至地面 500 mm 左右的高度时,静停,观察是否有滑钩、松动现象,无异常的情况再将构件吊至作业层的上方(见图 6-45)。

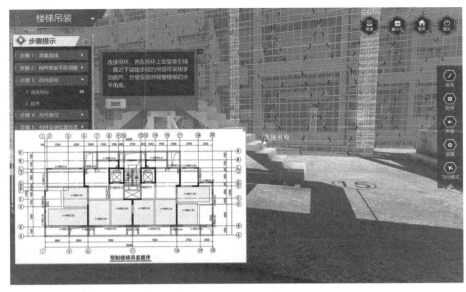

图 6-44　连接吊钩

图 6-45　起吊

5.构件就位

1）调整水平位置及方向

单击场景中"调整楼梯水平位置及方向"的标识,构件底部下降至离楼面约 1.8 m 时,安装人员使用牵引绳调整构件的位置与方向(见图 6-46)。

2）引导构件就位

单击场景中"手扶构件引导就位"的标识,当构件继续下降,下降至楼面 300 mm 左右的时候,调整楼梯的位置,再将楼梯放置在梯梁上;若楼梯水平角度没有达到安装要求,可手动调整葫芦链条,使楼梯与上下梯梁能够完全契合(见图 6-47)。

图 6-46 调整水平位置及方向

图 6-47 引导构件就位

6.构件安装位置检查

1）复核楼梯水平位置

单击场景中"复核楼梯水平位置"的标识,使用卷尺测量构件的边线至水平位置线的距离,确保误差在允许的范围内(见图 6-48)。

2）复核楼梯标高

单击场景中"复核楼梯标高"的标识,使用卷尺测量踏步面至楼梯标高控制线的距离,倘若没有较大的误差,即可脱钩继续吊装其他楼梯(见图 6-49)。

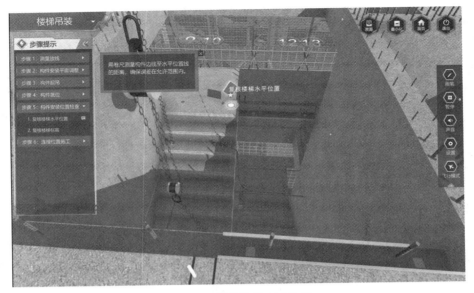

图 6-48　复核楼梯水平位置

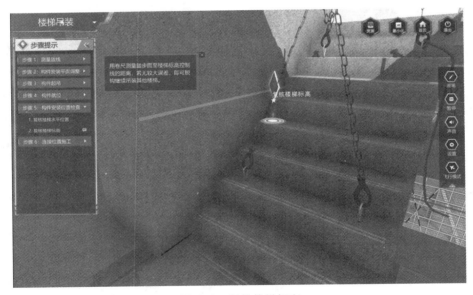

图 6-49　复核楼梯标高

7.连接位置施工

1）灌浆

单击场景中"灌浆"的标识,打开图纸,明确构件的相关信息,根据预制楼梯的安装详图,在梯段上端梯梁的预留孔洞内用灌浆料进行灌浆(见图 6-50)。

2）安装螺母

在场景中的工具栏中选择螺母,将螺母拖动至场景中"安装螺母"的标识处,打开图纸,明确构件的安装信息,在梯段下端梯梁的预埋螺栓上安装垫片,并使用螺母将垫片进行固定(见图 6-51)。

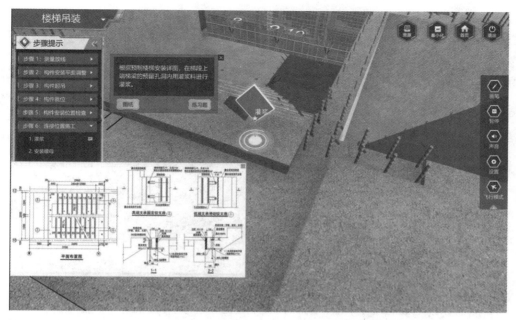

图 6-50　灌浆

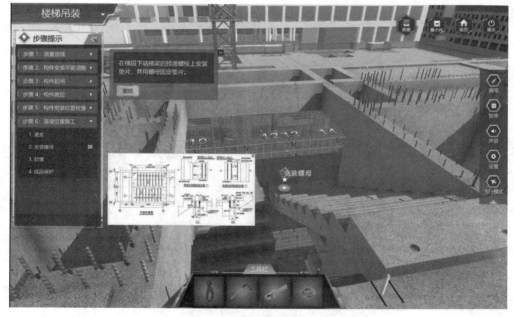

图 6-51　安装螺母

3）封堵

单击场景中"封堵"的标识，打开图纸，明确构件封堵的信息，使用砂浆封堵梯梁预留洞口的剩余部位，在楼梯梯段与梯梁的缝隙之间预埋 PE 棒，并进行注胶封堵（见图 6-52）。

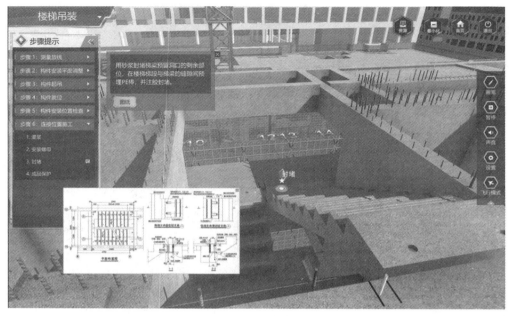

图 6-52   封堵

4）成品保护

单击场景中"成品保护"的标识，由于预制楼梯为清水混凝土面层，为避免后期施工的磕碰，在安装完成后，应及时使用竹胶板或多层板进行成品的保护（见图 6-53）。

图 6-53   成品保护

知识拓展

1.预制楼梯施工图识读

某工程楼梯类型选用 ST-30-24(双跑楼梯,建筑层高 3 m,楼梯间净宽 2.4 m,预制混凝土板式双跑楼梯梯段板),其工程概况如下:混凝土强度等级 C30;钢筋采用 HPB300(Φ)、HRB400(C);预埋件的锚板采用 Q235-B 级钢;锚筋预埋件的锚筋采用 HRB400 钢筋(严禁采用冷加工钢筋);锚筋与锚板之间的焊接采用埋弧压力焊,采用 HJ431 型焊剂,采用 T 形角焊缝时采用 E50 型、E55 型焊条;吊环采用 HPB300 级钢筋制作(严禁采用冷加工钢筋);构件吊装用吊环、预埋螺母或其他形式吊件等应满足国家现行有关标准的要求;钢筋保护层厚度按 20 mm 考虑,环境类别为一类,三级抗震;梯段板支座处为销键连接,上端支承处为固定铰支座,下端支承处为滑动铰支座。该双跑楼梯模板图、配筋图及节点详图如图 6-54 至图 6-56 所示,钢筋明细表如表 6-1 所示。

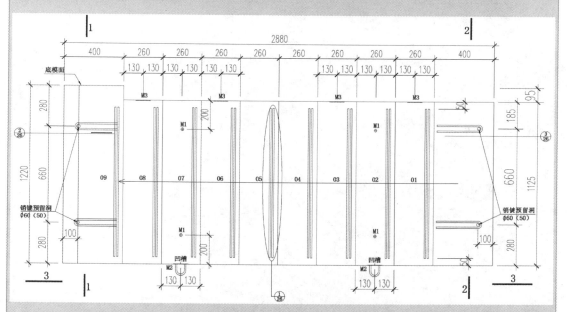

(a)模板平面图

图 6-54　双跑楼梯 ST-30-24 模板图

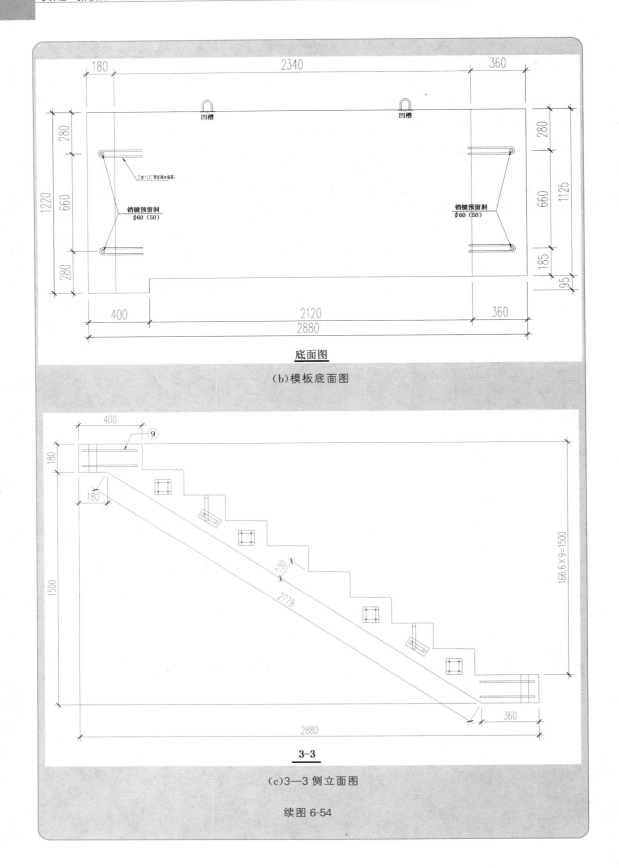

底面图

（b）模板底面图

3-3

（c）3—3 侧立面图

续图 6-54

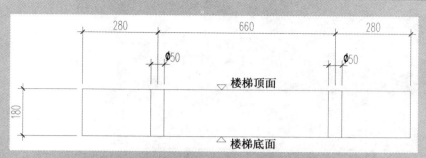

（d）1—1 剖面图

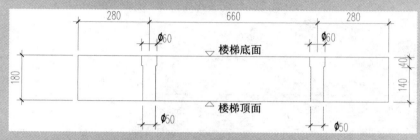

（e）2—2 剖面图

续图 6-54

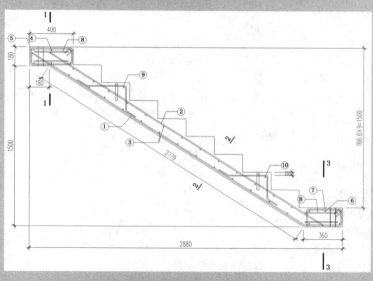

（a）楼梯配筋图

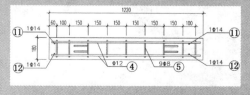

（b）1—1 剖面图

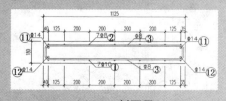

（c）2—2 剖面图

图 6-55　双跑楼梯 ST-30-24 配筋图

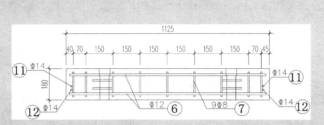

（d）3—3 剖面图　　　　　　　（e）⑨号钢筋平面定位图

续图 6-55

表 6-1　钢筋明细表

编号	数量	规格	形状	钢筋名称	重量/kg	钢筋总重量/kg	混凝土/m³
①	7	Φ10	2960　349	下部纵筋	14.29		
②	7	Φ8	3020	上部纵筋	8.35		
③	20	Φ8	90　1085　90	上、下分布筋	9.99		
④	6	Φ12	1180	边缘纵筋1	6.29		
⑤	9	Φ8	360　140	边缘箍筋1	3.56		
⑥	9	Φ12	1185	边缘纵筋2	5.79	74.83	0.7532
⑦	9	Φ8	340　140	边缘箍筋2	3.41		
⑧	8	Φ10	280	加强筋	3.31		
⑨	8	Φ8	100　362　232　100	吊点加强筋	2.51		
⑩	2	Φ8	1185	吊点加强筋	0.86		
⑪	2	Φ14	150　2960　321	边缘构造筋	8.30		
⑫	2	Φ14	2960　418	边缘加强筋	8.17		

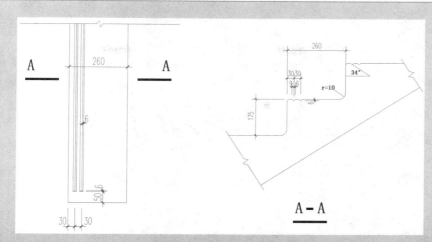

（a）①防滑槽加工做法

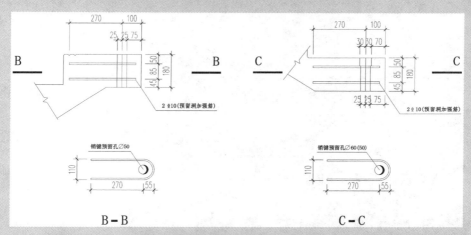

（b）②上端销键预留洞加强筋做法　　（c）③下端销键预留洞加强筋做法

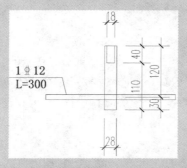

（d）④M1示意图（螺栓型号为M18，仅为施工过程中吊装用）

图6-56　双跑楼梯节点详图

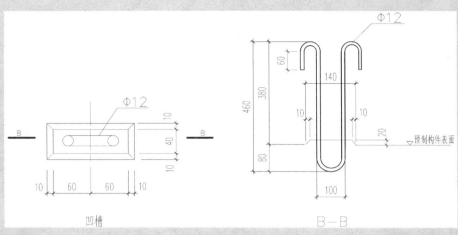

(e)⑤M2 大样图（构件脱模用的吊环）

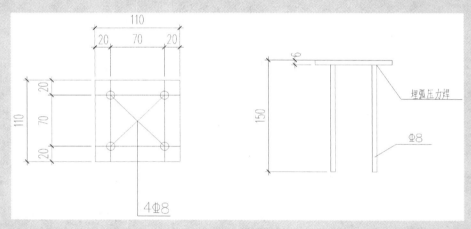

(f)⑥M3 大样图

续图 6-56

1）模板图识读

从图 6-54 中可以读取出 ST-30-24 模板图中的以下内容：

① 楼梯梯段板的具体尺寸。总长度 2880 mm，总宽度 1220 mm，总高度 1500 mm，梯段板的厚度 130 mm，梯段板底部斜长 2779 mm。踏步的尺寸为：踢面的高度 166.6 mm，踏面的宽度 260 mm。与平台梁相连的下端支承处尺寸为：宽度 400 mm（360 mm），高度 180 mm。上端支承处尺寸为：宽度 400 mm（180 mm），高度 180 mm。

② 梯段板上预埋件的定位尺寸。预埋件 M1（4 个）的定位尺寸：距离梯段板边缘为 200 mm，距离第 02 和 07 踏面的边缘为 130 mm。预埋件 M2（2 个）的定位尺寸：位于梯段板的前侧面，距离第 02 和 07 踏面的边缘为 130 mm，呈凹槽状，凹槽尺寸为 140 mm×60 mm，深 20 mm，凹槽中心线距梯段板底部 80 mm。预埋件 M3（4 个）的定位尺寸：位于梯段板的后侧面，距离第 01、03、06 和 08 踏面的边缘为 130 mm。

③ 梯段板上预留洞口的定位尺寸。梯段板上端预留洞口（2 个）的定位尺寸：上端支承处销键预留洞口距离支承左边缘 100 mm，距离前后侧面均为 280 mm，圆形洞口直径 50 mm。下端支承处销键预留洞口距离右边缘 100 mm，距离前后侧面分别为 280 mm 和 185 mm，圆形洞口直径上部 60 mm（深 40 mm），下部 50 mm（深 140 mm）。

2）配筋图识读

从图 6-55 中可以读取出 ST-30-24 配筋图中共有 12 种类型的钢筋，各种钢筋信息内容如下：

（1）①号筋为直径 10 mm 的 HRB400 三级钢，为梯段板下部纵向受力钢筋，钢筋上部直接锚入上端支承处（不弯锚），钢筋下部弯锚入下端支承处。

（2）②号筋为直径 8 mm 的 HRB400 三级钢，为梯段板上部纵向受力钢筋，钢筋两端直接锚入两端支承处（不弯锚）。

（3）③号筋为直径 8 mm 的 HRB400 三级钢，为固定梯段板上下纵向受力钢筋的分布筋，钢筋两端均需要弯锚。

（4）④号筋为直径 12 mm 的 HRB400 三级钢，为梯段板上端支承处宽度方向的边缘纵筋（两端不弯锚）。

（5）⑤号筋为直径 8 mm 的 HRB400 三级钢，为梯段板上端支承处宽度方向的边缘箍筋，箍筋两端均需做 135°弯钩。

（6）⑥号筋为直径 12 mm 的 HRB400 三级钢，为梯段板下端支承处宽度方向的边缘纵筋（两端不弯锚）。

（7）⑦号筋为直径 8 mm 的 HRB400 三级钢，为梯段板下端支承处宽度方向的边缘箍筋，箍筋两端均需做 135°弯钩。

（8）⑧号筋为直径 10 mm 的 HRB400 三级钢，为梯段板两端支承处预留洞口的加强筋。

（9）⑨号筋为直径 8 mm 的 HRB400 三级钢，为第 02 和 07 踏步吊点处的加强筋，相邻两根加强筋之间的距离为 100 mm，边缘加强筋与梯段板边缘距离 150 mm。

（10）⑩号筋为直径 8 mm 的 HRB400 三级钢，为第 02 和 07 踏步吊点处宽度方向的加强筋，与⑨号筋绑扎在一块。

（11）⑪号筋为直径 14 mm 的 HRB400 三级钢，为梯段板宽度方向两端上部的边缘构造筋。

（12）⑫号筋为直径 14 mm 的 HRB400 三级钢，为梯段板宽度方向两端下部的边缘构造筋。

3）节点详图识读

从图 6-56 中可以读取出 ST-30-24 双跑楼梯六个节点的详图信息，具体内容如下：

（1）节点①防滑槽加工做法。防滑槽长度方向两端距离梯段板边缘 50 mm，相邻两防滑槽中心线之间的距离为 30 mm，边缘防滑槽中心线距离踏步边缘 30 mm，每个防滑槽中心线距离两边距离分别为 9 mm 和 6 mm，防滑槽深 6 mm。

（2）节点②上端销键预留洞加强筋做法。预留洞外边缘距离支承外边缘75 mm；每个预留洞设置2根直径10 mm的HRB400三级钢，U形加强筋右边缘距离预留洞中心55 mm，加强筋平直段长度270 mm，两平行边之间的距离110 mm；竖直方向，上层加强筋与支承顶面距离50 mm，下层加强筋与支承顶面距离45 mm，两层加强筋之间的距离85 mm。

（3）节点③下端销键预留洞加强筋做法。预留洞外边缘距离支承外边缘，洞底部75 mm，洞顶部70 mm；预留洞上部直径60 mm，深50 mm，下部直径50 mm，深130 mm；其他钢筋构造同节点②。

（4）节点④预埋件M1构造。预埋吊件直径28 mm，长度150 mm，吊件顶部的螺栓孔直径18 mm（深40 mm），与预埋吊件相连接的加强筋为1根直径12 mm的HRB400三级钢，长度300 mm，与预埋吊件垂直布置，距离吊件底部30 mm。

（5）节点⑤预埋件M2构造。节点中预埋件凹槽为四棱台，长度140 mm，宽度60 mm，深度20 mm，四棱台四个斜面水平投影长度均为10 mm；预埋吊筋呈U形，为1根直径12 mm的HPB300一级钢，下端突出预制构件表面80 mm，伸入构件内部380 mm，钢筋端部做180°弯钩，平直段长度60 mm，平行段之间的距离100 mm。

（6）节点⑥预埋件M3构造。预埋钢板长度110 mm，宽度110 mm，厚度6 mm；与预埋钢板焊接的四根钢筋均为直径8 mm的HRB400三级钢，长度144 mm，焊接点距离钢板边缘均为20 mm。

2. 预制楼梯工程量计算

1）钢筋工程量计算

预制楼梯钢筋工程量，设计有规定时按设计规定计算，如表6-1所示，给出了该楼梯梯段板中12种钢筋的设计用量；设计未规定的，可按以下方法进行计算。

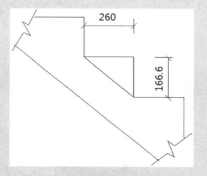

图6-57　局部踏步段示意图

取如图6-57所示的踏步段，其斜长 $=\sqrt{260 \times 260 + 166.6 \times 166.6}$ mm $=308.8$ mm，斜边相对于水平踏面边的斜率 $k = 308.8/260 = 1.1877$，斜边相对于竖向踢面边的斜率 $k' = 308.8/166.6 = 1.8535$，则：

①号钢筋长度 $= [(2880 - 360 - 20) \times 1.1877 + 360 - 20]$ mm
$= (2969 + 340)$ mm
$= 3309$ mm

②号钢筋长度 $= (1500 + 180 - 20 \times 2) \times 1.8535$ mm $= 3040$ mm

③号钢筋长度 $= [1125 - 20 \times 2 + (130 - 20 \times 2) \times 2]$ mm
$= (1085 + 90 \times 2)$ mm
$= 1265$ mm

④号钢筋长度 $= (1220 - 20 \times 2)$ mm $= 1180$ mm

$$⑤号钢筋长度＝[(400-20×2)×2+(180-20×2)×2+11.9×8×2]\ mm$$
$$＝(360×2+140×2+11.9×8×2)\ mm$$
$$＝1190\ mm$$

特别提示：根据 16G101-1(《混凝土结构施工图平面整体表示方法制图规则和构造详图》)规定,有抗震要求时,箍筋需要做 135°弯钩,其平直段长度取 $\max(10d,75)$,即 135°弯钩长度$=1.9d+\max(10d,75)$。

$$⑥号钢筋长度＝(1125-20×2)\ mm=1085\ mm$$
$$⑦号钢筋长度＝[(360-20)×2+(180-20×2)×2+11.9×8×2]\ mm$$
$$＝(340×2+140×2+11.9×8×2)\ mm=1150\ mm$$
$$⑧号钢筋长度＝(270×2+3.14×55)\ mm=713\ mm$$

⑨～⑫号钢筋长度按设计要求长度计算。

2) 混凝土工程量计算

预制楼梯混凝土工程量设计有规定的按设计规定计算,如表 6-1 中给出了楼梯混凝土工程量为 0.7532 m³。

假设混凝土的石子粒径＜16 mm,参考山东省建筑工程消耗量定额 C30 混凝土每立方米水泥(32.5 MPa)用量 0.505 t,黄砂(过筛中砂)用量 0.355 m³,碎石(15 mm)用量 0.862 m³,水用量 0.21 m³,则该板各材料用量如下：

$$水泥用量＝0.7532×0.505\ t=0.380\ t$$
$$黄砂用量＝0.7532×0.355\ m³=0.267\ m³$$
$$碎石用量＝0.7532×0.862\ m³=0.649\ m³$$
$$水用量＝0.7532×0.21\ m³=0.158\ m³$$

课后习题

一、填空题

1.预制楼梯宜选用专用模具,模具的操作顺序是：_____—贴胶带——_____—装笼筋—装预埋件—_____。

2.预制楼梯通常采用_____或_____存放。采用平面堆放时宜沿受力方向设置支撑,叠放层数不宜超过_____层。

3.吊装就位时楼梯板要从_____垂直向_____安装,梯板搁置时要_____,严禁快速猛放,以避免冲击力过大造成梯板碰损。

二、简答题

1.简要回答预制楼梯安装对施工机具的要求。

2.简要回答采用葫芦吊具安装预制楼梯的流程。

三、实操题

1.正确操作"预制楼梯生产工艺"。

2.正确操作"楼梯吊装"。

预制混凝土其他构件

YUZHI HUNNINGTU QITA GOUJIAN

学习目标

知识目标：

1. 熟悉预制混凝土阳台构件生产流程及存储与运输注意事项。

2. 熟悉预制混凝土空调板构件生产流程及存储与运输注意事项。

能力目标：

1. 能够在现场协助工程师进行装配式构件安装。

2. 能够控制并确保结构安装质量措施满足设计及施工要求。

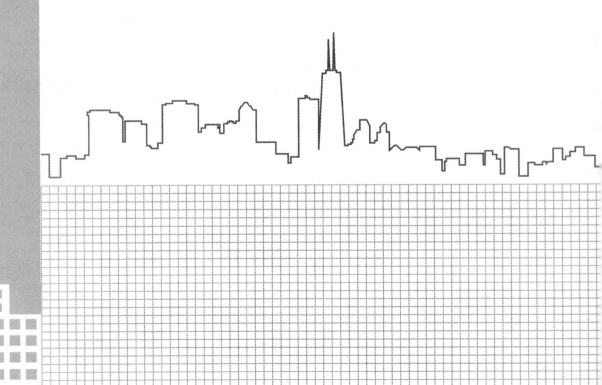

7.1　预制混凝土阳台生产、存储与运输

7.1.1　预制混凝土阳台生产

（1）原材料：水泥应采用强度不低于42.5级的硅酸盐水泥、普通硅酸盐水泥。混凝土应根据强度等级、耐久性和工作性等要求进行配合比设计。

（2）钢筋及预埋件：钢筋进场时进行检验，检验合格后方可进行加工，预埋件按设计图纸规定加工。钢筋安装应牢固，采用可靠的固定措施，保证预留连接钢筋的外露长度。

（3）混凝土浇筑完毕后应及时进行养护，养护时间和养护方法应符合生产方案的要求。

（4）预制阳台包括预制实心阳台和预制叠合阳台，如图7-1所示。

图7-1　预制实心阳台和预制叠合阳台

（5）成品检验：预制混凝土阳台的外观质量不应有严重缺陷，且不应有影响结构性能和安装、使用功能的尺寸偏差。对已经出现的严重缺陷，应由生产单位提出技术处理方案，并经监理单位认可后进行处理；对裂缝或连接部位的严重缺陷及其他影响结构安全的严重缺陷，技术处理方案还应经设计单位认可。对经处理的部位应重新验收。

7.1.2　预制混凝土阳台存储

（1）堆放场地须平整，进出道路应畅通，且有排水沟槽。

（2）不同规格、不同类别的构件分别堆放，以易找、易取、易运为宜。

（3）如采用人工搬运，堆放时尚应留有搬运通道。

（4）对于特殊和不规则形状阳台板的堆放，应制订堆放方案并严格执行。

（5）阳台板堆放时下面要垫4包黄砂或垫木，作为高低差调平之用，防止构件倾斜而滑动。

（6）预制混凝土阳台板宜沿受力方向设置支撑平放或采用专用存放架存放，叠放存储不宜超过8层，如图7-2所示。

图 7-2 预制混凝土阳台板存储

7.1.3 预制混凝土阳台运输

（1）预制阳台在运输时应特别注意对成品的保护措施，由于运输原因导致成品无法满足工程质量要求的，应视为不合格品，不得进入施工现场。

（2）预制阳台在运输时设置专用运输装置进行临时固定。

（3）预制阳台在出货前检查如下事项并认真校核相应出厂资料：

① 成品装车前检查其外观是否有崩烂，构件是否有损坏。

② 检查成品的预埋件等是否完好无损。

③ 外伸钢筋是否清洁干净。

④ 成品上盖的印章是否齐全。

（4）预制阳台在运输时不得损坏相应标志内容，包括使用部位、构件编号、铭牌等。由于上述环节导致构件无法识别时，由构件厂派专员进行相应标志内容的恢复。

（5）预制构件在运输时车速控制在 60 km/h 以内，并选择路况平坦、交通畅通之行驶路线进行运输，遵守交通法规及地方交通管控；

（6）预制构件相应资料转交现场管理人员，并经监理单位验收合格后方可安排构件卸货工作。

7.2 预制混凝土空调板生产、存储与运输

7.2.1 预制空调板生产

（1）空调板根据建筑设计造型一次成型。

（2）根据设计施工图，预留管洞，如图 7-3 所示。

（3）对空调板等小型构件采用定型钢模，通过拉接螺杆及定位卡进行紧固，如图 7-4 所示。

（4）构架钢筋必须按照构件施工图绑扎成型，钢筋骨架成型后应堆放在规定位置，需要时吊运至模台上。钢筋绑扎过程中应对钢筋位置按图纸精确控制，如图 7-5 所示。

图 7-3　预制空调板

图 7-4　空调板定型模板图　　　　图 7-5　空调板钢筋绑扎

（5）构件表面做到清水效果，可取消装饰抹灰作业。

7.2.2　预制空调板存储

（1）预制空调板存放场地宜为混凝土硬化地面或经过人工处理的自然地坪，满足平整度和地基承载力要求，并应有排水措施。

（2）堆放时空调板与地面之间应有一定的空隙。

（3）空调板按型号、出场日期分别存放。

（4）空调板宜平放，叠放层数不宜超过 6 层，堆放时间不宜超过 2 个月，如图 7-6 所示。

图 7-6　预制空调板的叠放

7.2.3　预制空调板运输

（1）预制空调板宜采用低平板车运输，叠放层数不超过 8 层，且不得超过运输车辆限高。

（2）吊装时按照要求，根据构件型号用相应的吊具进行吊装，不能有错挂、漏挂现象。

（3）转运工进行装车时应注意将同一楼号的构件放在同一车辆上。为节省时间，不可随意装车，以免到现场卸车费时费力。

（4）选择运输路线时，应综合考虑运输路线上涵洞、桥梁等制约因素。

知识拓展

1. 预制混凝土阳台施工图识读与工程量计算

1）预制混凝土阳台施工图识读

某工程阳台类型选用 YTB-B-1024-04（全预制板式阳台，阳台长度 1010 mm，房间开间 2400 mm，阳台宽度 2380 mm，阳台封边高度 400 mm），其工程概况如下：混凝土强度等级 C30；钢筋采用 HPB300（B）、HRB400（C）；预埋件的锚板采用 Q235-B 级钢；内埋式吊杆采用 Q345 钢材；吊环采用 HPB300 级钢筋制作（严禁采用冷加工钢筋）；预制阳台板预埋件、安装用的连接件应采用碳素结构钢；焊接采用的焊条，应符合现行国家标准；预埋件的锚筋采用 HRB400 钢筋，锚筋严禁采用冷加工钢筋；密封材料、背衬材料等应满足国家现行有关标准的要求；钢筋保护层厚度板按 20 mm、梁按 25 mm 考虑，环境类别为一类；预制阳台板纵向受力钢筋宜在后浇混凝土内直线锚固，当直线锚固长度不足时可采用弯钩和机械锚固方式，弯钩和机械锚固做法详见《装配式混凝土结构连接节点构造（剪力墙）》（15G310-2）；预制阳台板内埋设管线时，所铺设管线应放在板下层钢筋之上、板上层钢筋之下且管线应避免交叉，管线的混凝土保护层厚度应不小于 30 mm。全预制板式阳台选用如表 7-1 和图 7-7 所示；全预制板式阳台模板图、配筋图及节点详图如图 7-8 至图 7-10 所示，配筋表如表 7-2 所示。

表 7-1　全预制板式阳台选用表

规格	阳台长度 l/mm	房间开间 b/mm	阳台宽度 b_0/mm	全预制板厚度 h/mm	预制构件重量/t	脱模（吊装）吊点 a_1/mm	施工临时支撑 c_1/mm
YTB-B-1024-04	1010	2400	2380	130	1.17	450	425
YTB-B-1027-04	1010	2700	2680	130	1.30	550	475
YTB-B-1030-04	1010	3000	2980	130	1.43	600	525
YTB-B-1033-04	1010	3300	3280	130	1.56	650	575

注：预制阳台板 YTB-B-1024-04 中各符号的含义，YTB——预制阳台；B——预制阳台板类型（B 型代表全预制板式阳台，D 型代表叠合板式阳台，L 型代表全预制梁式阳台）；10——阳台板悬挑长度（结构尺寸 10 dm，相对剪力墙外墙外表面挑出长度）；24——预制阳台板宽度对应房间开间的轴线尺寸（24 dm）；04——封边高度（04 代表阳台封边高度 4 dm，08 代表封边高度 8 dm，12 代表封边高度 12 dm）。

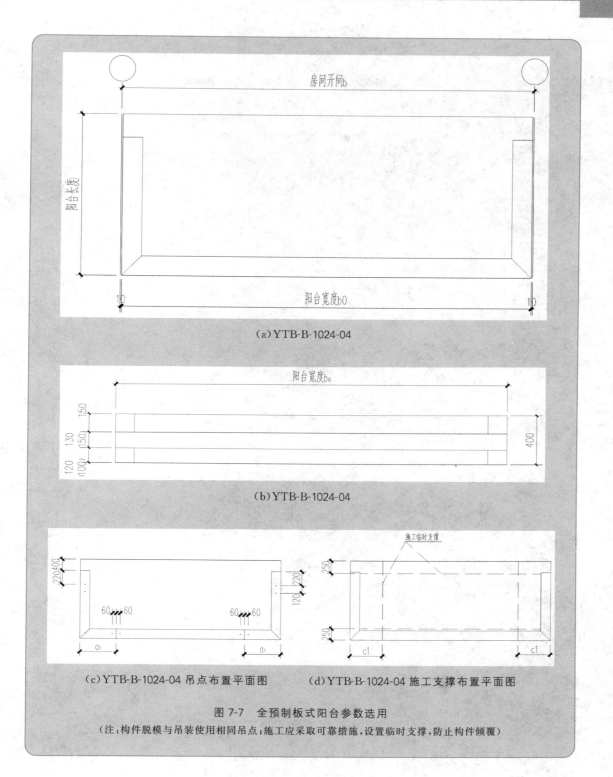

（a）YTB-B-1024-04

（b）YTB-B-1024-04

（c）YTB-B-1024-04 吊点布置平面图 （d）YTB-B-1024-04 施工支撑布置平面图

图 7-7 全预制板式阳台参数选用

（注：构件脱模与吊装使用相同吊点；施工应采取可靠措施，设置临时支撑，防止构件倾覆）

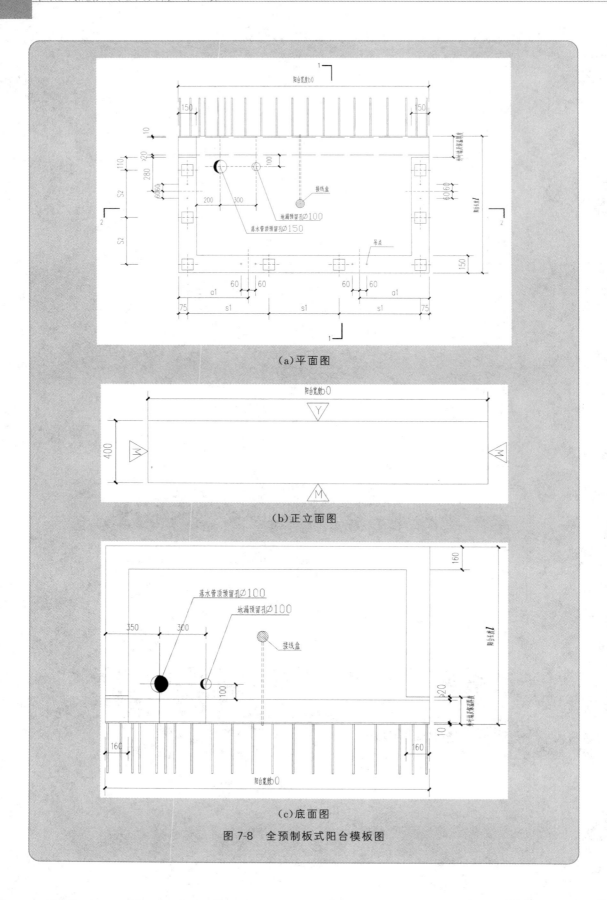

(a)平面图

(b)正立面图

(c)底面图

图 7-8　全预制板式阳台模板图

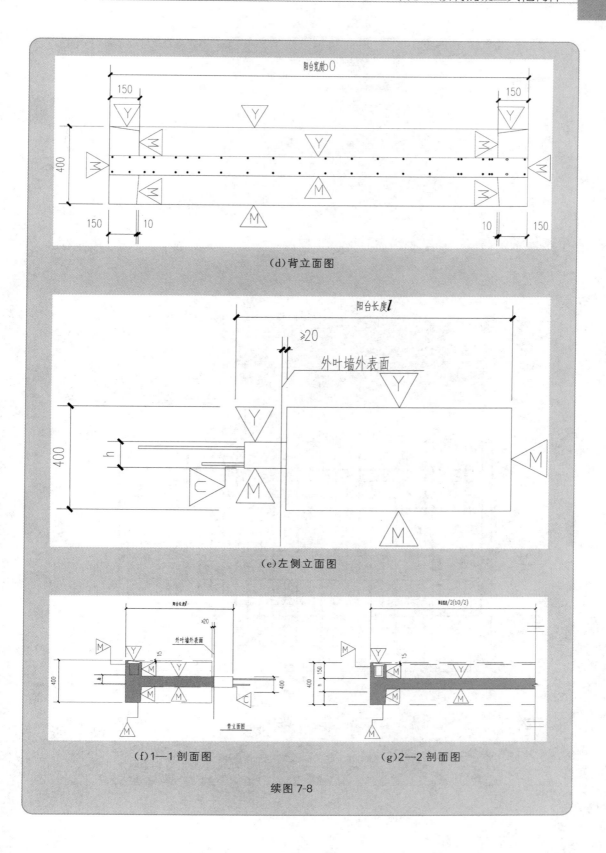

(d)背立面图

(e)左侧立面图

(f)1—1剖面图

(g)2—2剖面图

续图 7-8

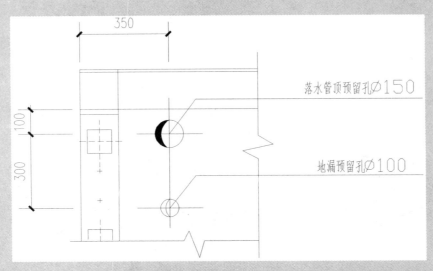

(h)洞口纵向排布图

续图 7-8

(注:图中预制阳台板栏杆预埋件间距 s_1、s_2 不大于 750 mm 且等分布置)

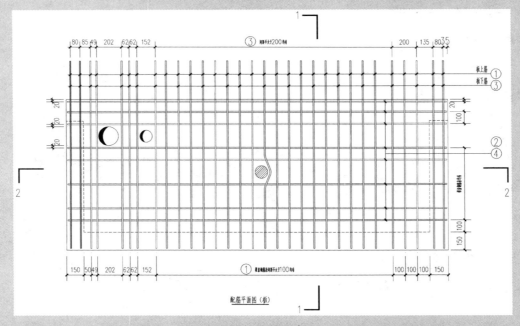

(a)配筋平面图(板)

图 7-9　全预制板式阳台配筋图

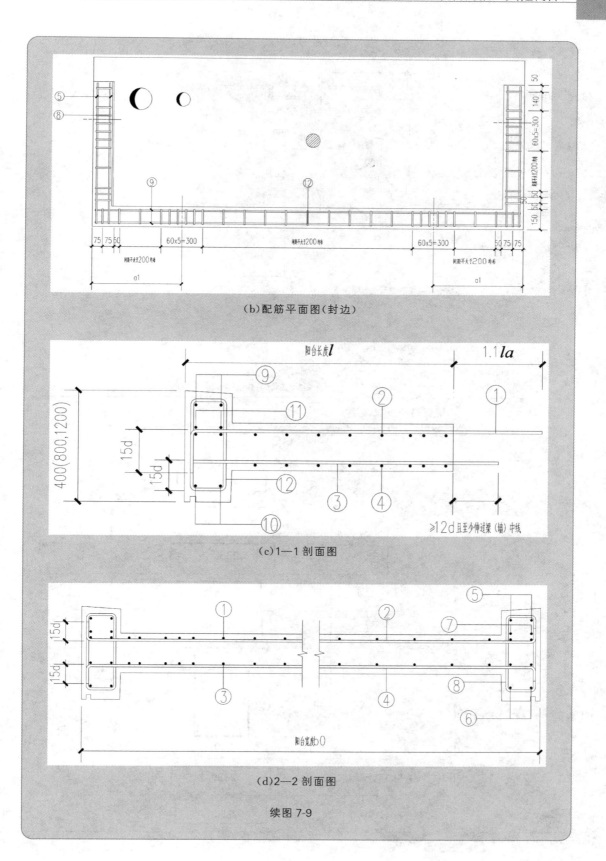

（b）配筋平面图（封边）

（c）1—1剖面图

（d）2—2剖面图

续图 7-9

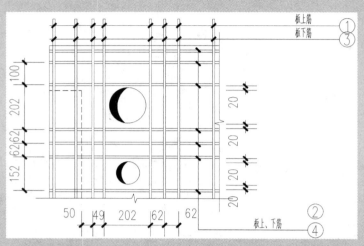

(e)阳台板洞口纵向排布配筋图

续图 7-9

（注：吊点位置箍筋应加密为 6C6@50）

表 7-2　全预制板式阳台配筋表

构件编号	钢筋编号	规格	加工尺寸	根数
YTB-B-1024-04	①	C8	120　1300	25
	②	C8	120　2330　120	8
	③	C8	120　1085	18
	④	C10	150　2330　150	8
	⑤	C12	180　≈800	4
	⑥	C12	180　≈800	4
	⑧	C6	350　100	22
	⑨	C12	180　2330　180	2
	⑩	C12	180　2330　180	2

续表

构件编号	钢筋编号	规格	加工尺寸	根数
YTB-B-1024-04	⑫	C6	350 / 100	21

注：YTB-B-1024-04 全预制板式阳台中没有⑦号和⑪号钢筋；因保温层厚度不确定，影响长度方向封边纵筋长度，在表中用"≈"表示约等于；封边封闭箍筋做135°弯钩，平直段长度为 5d；表中数据不作为下料依据，仅供参考，实际下料时按图纸设计要求及计算规则另行计算。

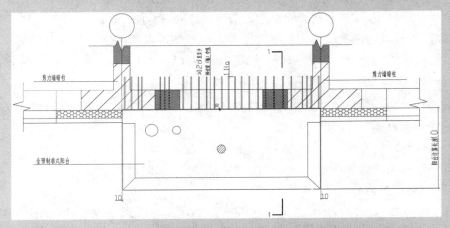

（a）全预制板式阳台与主体结构安装平面图

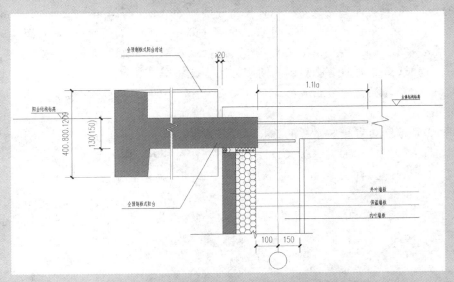

（b）1-1 剖面图（全预制板式阳台与主体结构连接节点详图）

图 7-10　全预制板式阳台节点详图

（注：预制阳台板长度方向封边尺寸＝阳台长度 l－10－保温层厚度－外叶墙板厚度－20）

（1）模板图识读。

从图 7-8 中可以读取出 YTB-B-1024-04 模板图中的以下内容：

① 全预制板式阳台的具体尺寸。结合表 7-1 可以读取出阳台长度 $l=1010$ mm，阳台宽度 $b_0=2380$ mm，阳台板厚度 $h=130$ mm；封边高度 400 mm，上封边高度 150 mm、厚度 150 mm，下封边高度（$400-150-130$）mm$=120$ mm、顶部厚度 160 mm、底部厚度 150 mm。

② 预埋件和吊点的定位尺寸。由图 7-8（a）可知，阳台长度方向第一个预埋件距离外叶墙外表面（$110+20$）mm$=130$ mm，相邻两个预埋件之间的距离 s_2；阳台宽度方向第一个预埋件距离阳台板边缘 75 mm，相邻两个预埋件之间的距离 s_1。阳台长度方向两个吊点之间的中点距离外叶墙外表面（$280+20$）mm$=300$ mm，两个吊点之间的距离为 60×2 mm$=120$ mm；阳台宽度方向相邻两个吊点之间的中点距离阳台边缘 $a_1=450$ mm，两个吊点之间的距离为 60×2 mm$=120$ mm。

③ 预留洞口的定位尺寸。从平面图和底面图中可以读取出阳台底板预留两个洞口，一个是落水管预留孔 $\phi150$，一个是地漏预留孔 $\phi100$，两个洞口之间的距离为 300 mm，距离外叶墙外表面 100 mm，落水管预留孔距离阳台边缘 350 mm。

④ 图中符号说明：$\underset{Y}{\triangle}$ 所指方向代表压光面，$\underset{M}{\triangle}$ 所指方向代表模板面，$\underset{C}{\triangle}$ 所指方向代表粗糙面。

（2）配筋图识读。

从图 7-9 和表 7-2 中可以读取出 YTB-B-1024-04 配筋图中共有 10 种类型的钢筋，各种钢筋信息内容如下：

① ①号钢筋为直径 8 mm 的 HRB400 三级钢，为阳台长度方向板上部钢筋，外侧弯锚 $15d$，内侧向墙（梁）或板内锚固 $1.1l_a$。间距按照图 7-9（a）中的要求进行布置，即左端钢筋的间距：第一根距离边缘 35 mm，其余分别为 80 mm、85 mm、49 mm、202 mm、62 mm、62 mm、152 mm。右端钢筋的间距：第一根距离边缘 35 mm，其余分别为 80 mm、135 mm、100 mm、100 mm。中间部分钢筋的间距根据钢筋表间距不大于 100 mm 均布（其他类型钢筋间距的阅读方法与此相同）。

② ②号钢筋为直径 8 mm 的 HRB400 三级钢，为阳台宽度方向板上部钢筋，两端弯锚 $15d$。

③ ③号钢筋为直径 8 mm 的 HRB400 三级钢，为阳台长度方向板下部钢筋，外侧弯锚 $15d$，内侧向墙（梁）内延伸长度 $\geqslant12d$ 且至少伸过梁（墙）中线。

④ ④号钢筋为直径 10 mm 的 HRB400 三级钢，为阳台宽度方向板下部钢筋，两端弯锚 $15d$。

⑤ ⑤号钢筋为直径 12 mm 的 HRB400 三级钢，为阳台长度方向封边上部钢筋，外侧弯锚 $15d$，内侧直锚。

⑥ ⑥号钢筋为直径 12 mm 的 HRB400 三级钢，为阳台长度方向封边下部钢筋，外侧弯锚 $15d$，内侧直锚。

⑦ ⑧号钢筋为直径 6 mm 的 HRB400 三级钢，为阳台长度方向封边上的箍筋。

⑧ ⑨号钢筋为直径 12 mm 的 HRB400 三级钢,为阳台宽度方向封边上部钢筋,两端弯锚 15d。

⑨ ⑩号钢筋为直径 12 mm 的 HRB400 三级钢,为阳台宽度方向封边下部钢筋,两端弯锚 15d。

⑩ ⑫号钢筋为直径 6 mm 的 HRB400 三级钢,为阳台宽度方向封边上的箍筋。

⑪ 由图 7-9(a)和图 7-9(e)可知,在阳台长度方向落水管预留孔两边缘距离两侧钢筋边缘 20 mm,在阳台宽度方向落水管预留孔和地漏预留孔两边缘距离两侧钢筋边缘均为 20 mm。

(3) 节点详图识读。

从图 7-10 中可以读取出 YTB-B-1024-04 两个节点的详图信息,具体内容如下:

沿阳台长度方向上部钢筋向主体结构内延伸 1.1l_a,下部钢筋延伸≥12d 且至少伸过梁(墙)中线,阳台板内边缘伸过内叶墙板外边缘 10 mm,封边内边缘距离外叶墙板外边缘 20 mm;阳台宽度方向的两外边缘距离两端轴线 10 mm;阳台板长度方向封边尺寸=阳台长度 l-10-保温层厚度-外叶墙板厚度-20。

2)预制混凝土阳台工程量计算

(1) 钢筋工程量计算。

全预制板式阳台钢筋工程量,设计有规定时按设计规定计算,如表 7-2 所示,给出了该板式阳台中 10 种钢筋的设计用量;设计未规定的,可按以下方法进行计算。

结合前面的工程概况,混凝土强度等级为 C30,板的钢筋保护层厚度为 20 mm,梁的钢筋保护层厚度为 25 mm,钢筋为 HRB400 三级钢,直径 d≤25 mm,查阅 16G101-1 可以得出 l_a=35d。

①号钢筋长度=(1010+1.1×35×8-25+15×8) mm=1413 mm。

②号钢筋长度=(2380-25×2+15×8×2) mm=2570 mm。

③号钢筋长度=(1010+12×8-25+15×8) mm=1201 mm。

④号钢筋长度=(2380-25×2+15×10×2) mm=2630 mm。

⑤号钢筋长度=阳台长度-10-保温层厚度-外叶墙板厚度-20-25×2+15×12=1110-保温层厚度-外叶墙板厚度(最终结果取决于保温层厚度和外叶墙板厚度,假设两者总厚度为 130 mm)=980 mm。

⑥号钢筋长度=⑤号钢筋长度。

⑧号钢筋长度=[(150-25×2+400-25×2)×2+6.9×6×2] mm=982.8 mm。

⑨号钢筋长度=(2380-25×2+15×12×2) mm=2690 mm。

⑩号钢筋长度=⑨号钢筋长度。

⑫号钢筋长度=⑧号钢筋长度。

(2) 混凝土工程量计算。

$$
\begin{aligned}
混凝土工程量 =& [1.01×2.38×0.13+2.38×(0.15×0.1425+0.12×0.155) \\
& +(1.01-0.01-0.13-0.02-0.15)×2×0.15×0.1425 \\
& +(1.01-0.01-0.13-0.02-0.155)×2×0.155×0.12]\ m^3 \\
=& 0.4634\ m^3
\end{aligned}
$$

假设混凝土的石子粒径＜16 mm,参考山东省建筑工程消耗量定额 C30 混凝土每立方米水泥(32.5 MPa)用量 0.505 t,黄砂(过筛中砂)用量 0.355 m³,碎石(15 mm)用量 0.862 m³,水用量 0.21 m³,则该阳台各材料用量如下:

水泥用量＝0.4634×0.505 t＝0.234 t

黄砂用量＝0.4634×0.355 m³＝0.165 m³

碎石用量＝0.4634×0.862 m³＝0.399 m³

水用量＝0.4634×0.21 m³＝0.973 m³

2.预制混凝土空调板施工图识读与工程量计算

1)预制混凝土空调板施工图识读

某工程预制空调板类型选用 KTB-74-110(预制空调板,空调板长度 740 mm,宽度 1100 mm),其工程概况如下:混凝土强度等级 C30;钢筋采用 HRB400(Ⓗ)三级钢,当吊装采用普通吊环时,应采用 HPB300(Φ)一级钢(严禁采用冷加工钢筋,吊点可设置两个);预埋件的锚板采用 Q235-B 级钢,同时预埋件锚板表面应做防腐处理;空调板密封材料应满足国家现行有关标准的要求;钢筋保护层厚度按 20 mm 考虑。预制空调板选用如表 7-3 和图 7-11 所示;预制空调板模板图及配筋图如图 7-12 和图 7-13 所示,配筋表如表 7-4 所示。

表 7-3　预制钢筋混凝土空调板选用表

编号	长度 L/mm	宽度 B/mm	厚度 h/mm	重量/kg	备注
KTB-63-110	630	1100	80	139	一般用于南方铁艺栏杆做法
KTB-63-120	630	1200	80	151	一般用于南方铁艺栏杆做法
KTB-63-130	630	1300	80	164	一般用于南方铁艺栏杆做法
KTB-74-110	740	1100	80	163	一般用于北方铁艺栏杆做法
KTB-74-120	740	1200	80	178	一般用于北方铁艺栏杆做法
KTB-74-130	740	1300	80	192	一般用于北方铁艺栏杆做法

注:KTB-74-110 中各符号的含义,KTB——预制空调板;74——预制空调板长度 74 cm(空调板长度 L 有 630 mm、730 mm、740 mm 和 840 mm 四种情况);110——预制空调板宽度 110 cm(空调板宽度 B 有 1100 mm、1200 mm、1300 mm 三种情况)。空调板厚度 h 图集规定为 80 mm。

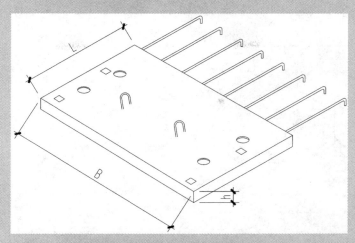

（a）预制空调板示意图

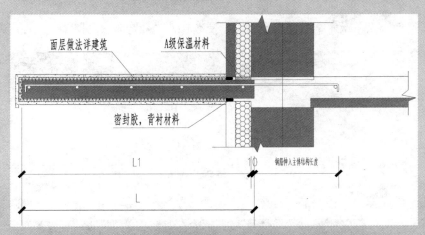

（b）预制空调板连接节点

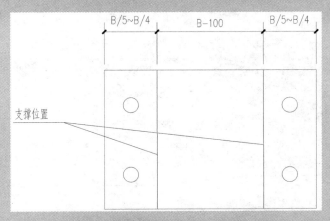

（c）预制空调板支撑平面布置图

图 7-11　预制钢筋混凝土空调板参数选用

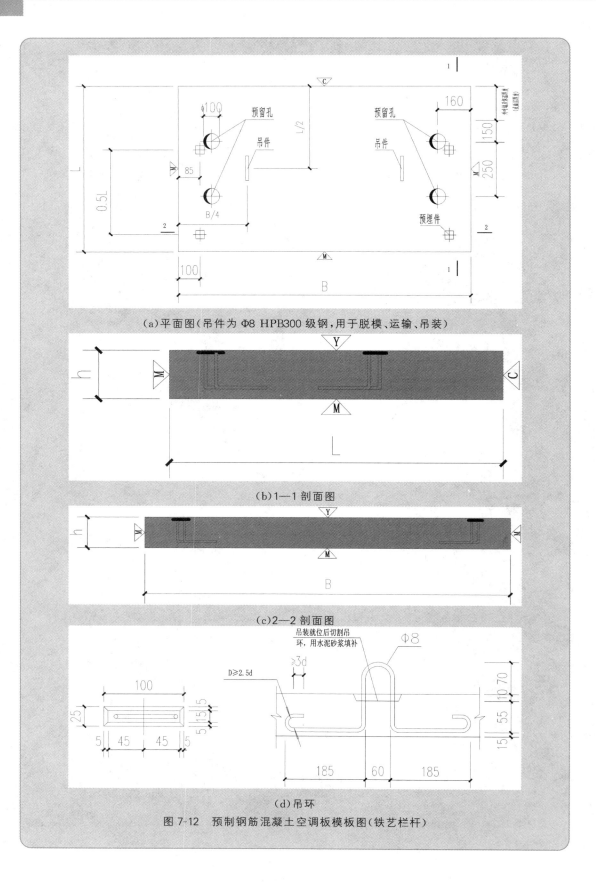

(a)平面图(吊件为 Φ8 HPB300 级钢,用于脱模、运输、吊装)

(b)1—1 剖面图

(c)2—2 剖面图

(d)吊环

图 7-12 预制钢筋混凝土空调板模板图(铁艺栏杆)

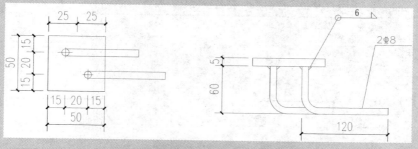

（e）预埋件（安装铁艺栏杆用）

续图 7-12

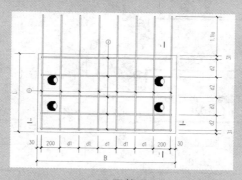

（a）配筋图

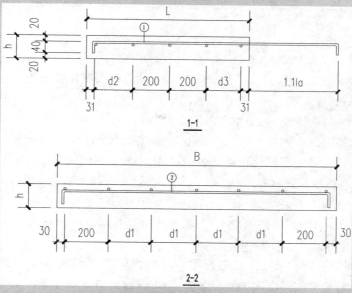

1—1

2—2

（b）剖面图

图 7-13　预制空调板配筋图

（注：①号负筋伸入支座长度为 $1.1l_a$；d_1 为预制空调板按图中给定尺寸计算的均布尺寸，d_2、d_3 用来调节洞口与钢筋间距，d_1、d_2、d_3 均≤200 mm）

表 7-4　预制空调板配筋表

预制空调板编号	①			②		
	规格	加工尺寸/mm	根数	规格	加工尺寸/mm	根数
KTB-63-110	C8	40 ⎿ 918 ⏋ 40	7	C6	40 ⎿ 1060 ⏋ 40	4
KTB-63-120	C8	40 ⎿ 918 ⏋ 40	7	C6	40 ⎿ 1160 ⏋ 40	4
KTB-63-130	C8	40 ⎿ 918 ⏋ 40	8	C6	40 ⎿ 1260 ⏋ 40	4
KTB-74-110	C8	40 ⎿ 1028 ⏋ 40	7	C6	40 ⎿ 1060 ⏋ 40	5
KTB-74-120	C8	40 ⎿ 1028 ⏋ 40	7	C6	40 ⎿ 1160 ⏋ 40	5
KTB-74-130	C8	40 ⎿ 1028 ⏋ 40	8	C6	40 ⎿ 1260 ⏋ 40	5

（1）模板图识读。

从图 7-12 中可以读取出 KTB-74-110 模板图中的以下内容：

① 预制空调板的具体尺寸。结合表 7-3 可以读取出空调板长度 $L=740$ mm，宽度 $B=1100$ mm，板厚度 $h=80$ mm。

② 预埋件和吊点的定位尺寸。由图 7-12（a）可知，预埋件共 4 个，空调板长度方向第一个预埋件距离空调板外表面 85 mm，相邻两个预埋件之间的距离 0.5L；空调板宽度方向外侧一排的预埋件距离两外边缘 100 mm，内侧一排的预埋件距离两外边缘 85 mm；预埋件钢板尺寸 50 mm×50 mm，厚 5 mm，与之相连接的支爪为 2 根直径 8 mm 的 HRB400 三级钢，每根长度 60 mm＋120 mm。吊件共 2 个，左右两个吊件距离左右外边缘 $B/4$，距离后侧边缘 $L/2$，吊件为直径 8 mm 的 HPB300 一级钢，细部尺寸如图 7-12（d）所示。

③ 预留洞口的定位尺寸。从平面图中可以读取出空调板预留 4 个洞口，预留孔尺寸均为 φ100，两个洞口之间的距离为 250 mm，距离外叶墙外表面 150 mm。

（2）配筋图识读。

从图 7-13 和表 7-4 中可以读取出 KTB-74-110 配筋图中共有 2 种类型的钢筋，各种钢筋信息内容如下：

① ①号钢筋为空调板长度方向的直径 8 mm 的 HRB400 三级钢筋，向支座锚固 1.1ℓ_a，两端弯锚 40 mm。

　　② ②号钢筋为空调板宽度方向的直径 6 mm 的 HRB400 三级钢筋,两端弯锚 40 mm。

　　2)预制混凝土阳台工程量计算

　　(1)钢筋工程量计算。

　　预制空调板钢筋工程量,设计有规定时按设计规定计算,如表 7-4 所示,给出了该预制空调板中 2 种钢筋的设计用量;设计未规定的,可按以下方法进行计算。

　　结合前面的工程概况,混凝土强度等级为 C30,板的钢筋保护层厚度为 20 mm,钢筋为 HRB400 三级钢,直径 $d \leqslant 25$ mm,查阅 16G101-1 可以得出 $l_a = 35d$。

　　①号钢筋长度=(740−20+1.1×35×8+40×2) mm=1108 mm。

　　②号钢筋长度=(1100−20×2+40×2) mm=1140 mm。

　　(2)混凝土工程量计算。

　　　　预制空调板混凝土工程量=0.74×1.1×0.08 m³=0.065 m³

　　假设混凝土的石子粒径<16 mm,参考山东省建筑工程消耗量定额 C30 混凝土每立方米水泥(32.5 MPa)用量 0.505 t,黄砂(过筛中砂)用量 0.355 m³,碎石(15 mm)用量 0.862 m³,水用量 0.21 m³,则该空调板各材料用量如下:

　　　　水泥用量=0.065×0.505 t=0.033 t

　　　　黄砂用量=0.065×0.355 m³=0.023 m³

　　　　碎石用量=0.065×0.862 m³=0.056 m³

　　　　水用量=0.065×0.21 m³=0.014 m³

课后习题

一、填空题

1.预制阳台包括预制_____阳台和预制_____阳台。

2.预制混凝土阳台板宜沿_____方向设置支撑_____或采用专用_____存放,叠放存储不宜超过_____层。

3.空调板宜_____,叠放层数不宜超过_____层,堆放时间不宜超过_____个月。

二、简答题

1.简要回答预制阳台在出货前应检查哪些事项、核对哪些资料。

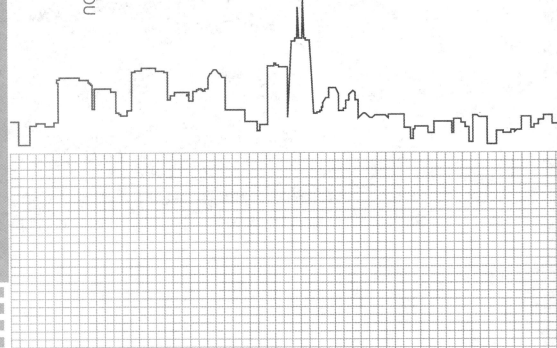

单元8

预制构件生产管理与验收

YUZHI GOUJIAN SHENGCHAN GUANLI YU YANSHOU

学习目标

知识目标：

1.掌握 PC 构件生产过程中的检查与验收的内容。

2.掌握 PC 构件产品的检查与验收。

3.掌握 PC 成品构件缺陷修补的相关知识。

能力目标：

1.能对 PC 构件生产过程进行正确的检查与验收。

2.能对 PC 构件产品进行正确的检查与验收。

3.能正确制订 PC 成品构件缺陷修补方案。

8.1 检验检测与验收

构件制作过程中,应对混凝土、钢筋连接接头及钢筋锚固板的质量进行抽样检验。

8.1.1 混凝土质量标准及检验要求

1. 质量标准

(1)混凝土配合比设计应符合现行国家标准《普通混凝土配合比设计规程》(JGJ 55)的相关规定和设计要求。混凝土配合比宜有必要的技术说明,包括生产时的调整要求。

(2)混凝土中氯化物和碱总含量应符合现行国家标准《混凝土结构设计规范》(GB 50010)的相关规定和设计要求。

(3)混凝土中不得添加对钢材有锈蚀作用的外加剂。

(4)混凝土强度应符合设计要求。预制构件混凝土强度等级不宜低于 C30;预应力混凝土结构的混凝土强度等级不宜低于 C40,且不应低于 C30。

2. 检验要求

预制构件一个检验批的混凝土应由强度等级相同、试验龄期相同、生产工艺和配合比基本相同的混凝土组成,试件的取样频率和数量应符合下列规定:

(1)每 100 盘,但不超过 100 m³ 的同配合比混凝土,取样次数不应少于一次。

(2)每一工作班拌制的同配合比混凝土,不足 100 盘和 100 m³ 时其取样次数不应少于一次。

(3)当一次连续浇筑的同配合比混凝土超过 1000 m³ 时,每 200 m³ 取样不应少于一次。

(4)每次取样应至少留置一组标准养护试件,同条件养护试件的留置组数应根据实际需要确定。

当混凝土时间强度评定不合格时,可使用非破损或局部破损的方法,按现行国家相关标准的规定对预制构件的混凝土强度进行推定,并作为处理的依据。

8.1.2 钢筋套筒灌浆连接接头检验

灌浆套筒进场时,应抽取灌浆套筒并采用与之匹配的灌浆料制作对中连接接头试件,并进行抗拉强度检验。检验结果应满足:

抗拉强度不应小于连接钢筋抗拉强度标准值,且破坏时应断于接头外钢筋。接头抗拉强度等于被连接钢筋的实际拉断强度或不小于 1.10 倍钢筋抗拉强度标准值,残余变形小并具有高延性及反复拉压性能。

检查数量:对同一原材料、同一炉(批)号、同一类型、同一规格的灌浆套筒,不超过 1000 个为一检验批,每批随机抽取 3 个灌浆套筒制作对中连接接头试件。

接头试件应模拟施工条件并按施工方案制作。接头试件应在标准养护条件下养护 28 d。

8.1.3 钢筋锚固板质量标准及检验要求

（1）质量标准：符合《钢筋锚固板应用技术规程》（JGJ 256）的规定。

（2）检验要求：同一施工条件、同一批材料的同类型、同规格的螺纹连接锚固板应以 500 个作为一个验收批；焊接连接锚固板应以 300 个为一个验收批。螺纹和焊接连接锚固板每个验收批均抽取 3 个试件做抗拉强度试验；螺纹连接锚固板每个验收批抽取 10％进行拧紧扭矩校核。

8.2 预制构件生产管理

8.2.1 质量管理

1.装配整体式混凝土结构工程质量管理的内容及特点

装配整体式混凝土结构工程的质量控制需要对项目前期（可行性研究、决策阶段）、设计、施工及验收各个阶段的质量进行控制。另外，由于其组成主体结构的主要构件在工厂内生产，还需要做好构件生产的质量控制。与传统的现浇结构相比，装配整体式混凝土结构工程在质量管理方面具有以下特点：

（1）质量管理工作前置。对于建设、监理和施工单位而言，由于装配式结构的主要结构构件在工厂内加工制作，装配整体式混凝土结构的质量管理工作从工程现场前置到了构件预制厂。监理单位需要根据建设单位要求，对预制构件生产质量进行驻厂监造，对原材料进厂抽样检验、预制构件生产、隐蔽工程质量验收和出厂质量验收等关键环节进行监理。

（2）设计更加精细化。对于设计单位而言，为降低工程造价，预制构件的规格、型号需要尽可能少，由于采用工程预制、现场拼装以及水电等管线提前预埋，对施工图的精细化要求更高，因此相对于传统的现浇结构，设计质量对装配整体式混凝土结构工程的整体质量影响更大，设计人员需要进行更精细的设计，才能保证生产和安装的准确性。

（3）工程质量更易于保证。由于采用精细化设计、工厂化生产和现场机械拼装，构件的观感、尺寸偏差都比现浇结构更易于控制，强度更稳定，避免了现浇结构质量通病的出现。

（4）信息化技术应用。随着互联网技术的不断发展，数字化管理已成为装配式结构质量管理的一项重要手段。尤其是 BIM 技术的应用，使质量管理过程更加透明、细致、可追溯。

2.装配整体式混凝土结构工程质量管理依据

质量管理的主体包括建设单位、设计单位、项目管理单位、监理单位、构件生产单位、施工单位，以及其他材料的生产单位等。质量管理方面的依据主要分为以下几类，不同的单位根据自己的管理职责依据不同的管理依据进行质量控制。

1）工程合同文件

建设单位与设计单位签订的设计合同、与施工单位签订的安装施工合同、与生产厂家签订的构件采购合同都是装配整体式混凝土结构工程质量控制的重要依据。

2）工程勘察设计文件

工程勘察包括工程测量、工程地质和水文地质勘查等内容，工程勘察成果文件为工程项目选址、工程设计和施工提供科学可靠的依据。工程设计文件包括经过批准的设计图纸、技术说明、图纸会审、工程设计变更以及设计洽商、设计处理意见等。

3）有关质量管理方面的法律法规、部门规定与规范性文件

（1）法律：《中华人民共和国建筑法》《中华人民共和国防震减灾法》《中华人民共和国能源法》《中华人民共和国消防法》等。

（2）行政法规：《建设工程质量管理条例》《民用建筑节能条例》等。

（3）部门规章：《建筑工程施工许可管理办法》《实施工程建设强制性标准监督规定》《房屋建筑和市政基础设施工程质量监督管理规定》等。

（4）规范性文件：例如山东省住房和城乡建设厅《山东省装配式混凝土建筑工程质量监督管理工作导则》、北京市住房和城乡建设委员会《关于加强装配式混凝土结构产业化住宅工程质量管理的通知》等。

4）质量标准与技术规范（规程）

适用于混凝土结构工程的各类标准同样适用于装配整体式混凝土结构工程，如《混凝土结构设计规范》（GB 50010—2010）、《混凝土结构工程施工规范》（GB 50666—2011）、《混凝土结构工程施工质量验收规范》（GB 50204—2015）、《混凝土质量控制标准》（GB 50164—2011）、《钢筋机械连接技术规程》（JGJ 107—2016）等。

3. 影响装配整体式混凝土结构工程质量的因素

影响装配整体式混凝土结构工程质量的因素很多，归纳起来主要有五个方面，即人、材料、机械、方法和环境。

1）人员素质

装配式混凝土工程由于机械化水平高、批量生产、安装精度高等特点，对人员的素质尤其是生产加工和现场施工人员的文化水平、技术水平及组织管理能力都有更高的要求。

2）工程材料

装配整体式混凝土结构是由预制混凝土构件或部件通过各种可靠的方式连接，并与现场后浇混凝土形成整体的混凝土结构，因此，与传统的现浇结构相比，预制构件、灌浆料及连接套筒的质量是装配整体式混凝土结构质量控制的关键。预制构件混凝土强度、钢筋设置、规格尺寸是否符合设计要求，力学性能是否合格，运输保管是否得当，灌浆料和连接套筒的质量是否合格等，都将直接影响工程的使用功能、结构安全、使用安全乃至外表及观感等。

3）机械设备

装配式混凝土结构采用的机械设备可分为三类：第一类是指工厂内生产预制构件的工艺设备和各类机具，如各类模具、模台、布料机、蒸养室等，简称生产机具设备；第二类是指施工过程中使用的各类机具设备，包括大型垂直与横向运输设备、各类操作工具、各种施工安全设施，简称施工机具设备；第三类是指生产和施工中都会用到的各类测量仪器和计量器具等，简称测量设备。不论是生产机具设备、施工机具设备还是测量设备，都对装配式混凝土结构工程的质量有着非常重要的影响。

4）方法

方法是指施工工艺、操作方法、施工方案等。在混凝土结构构件加工时,为了保证构件的质量或受客观条件制约需要采用特定的加工工艺,不适合的加工工艺可能会造成构件质量的缺陷、生产成本增加或工期拖延等。采用新技术、新工艺、新方法,不断提高工艺技术水平,是保证工程质量稳定提高的重要因素。

5）环境条件

环境条件是指对工程质量特性起重要作用的环境因素,包括:自然环境,如工程地质、水文、气象等;作业环境,如施工作业面大小、防护设施、通风照明和通信条件等;工程管理环境,主要指工程实施的合同环境与管理关系的确定,组织体制及管理制度等;周边环境,如工程邻近的地下管线、建(构)筑物等。环境条件往往对工程质量产生特定的影响。

8.2.2　进度管理

构件生产进度计划是将预制构件所涉及的各项工作、工序进行分解后,按照工作开展顺序、开始时间、持续时间、完成时间及相互之间的衔接关系编制的生产计划。通过进度计划的编制,使项目实施形成一个有机的整体。同时,进度计划也是进度控制管理的依据。

构件生产计划是工厂化施工组织设计的重要内容,需要统筹考虑工厂自身设计的生产能力、模具数量、项目构件特点、施工人员情况、室外场地存放能力及项目施工进度要求等。根据每个项目特点不同,有的需要提前生产若干层构件,存放在厂区堆场内才能满足施工现场的拼装进度,这便要求生产计划的编制要有合理性;有时生产项目较多时,为了保证各个项目的工期要求,需要穿插生产,生产计划又要考虑所有项目的全局性。理想情况下,现场拼装进度(即每日所拼装层数)与工厂每日生产层数、堆场内存放的数量、每日供应层数相匹配。

8.2.3　资料管理

预制构件生产企业应建立完善的技术资料管理体系,明确技术资料保管场所、设备,并指派相关技术资料管理负责人。资料管理的要求如下:

(1) 技术资料包括纸质文档和电子文档,包括但不限于构件生产相关的技术文件。

(2) 技术资料的收集是由预制构件生产企业各部门分别收集和保管,并记录到"技术资料管理表"。

(3) 技术资料档案宜根据类型进行汇编、标识和存档。应做到分类清晰,标识明确,查找方便,便于阅读,妥善保存。

(4) 技术资料的使用应经过相关管理负责人的同意。

(5) 技术资料的保管期限应符合"技术资料管理表"的规定,超过保管期限的技术资料方可销毁处理。

8.2.4　安全管理

1.安全生产三原则

(1) 整理、整顿工厂作业场地,形成一个整洁有序的环境。

（2）经常维护设备、设施、工具。

（3）按照规范标准进行作业操作。

2.安全管理要求

（1）预制构件生产企业应建立健全安全生产责任制,制定相应的安全技术规范及安全技术劳动保护措施,确保安全管理工作落到实处。

（2）根据职工的专业、工种的特点,进行技能和技术知识教育。加强对新进员工的三级安全教育,从而实现安全教育的基本要求。严禁无证上岗和违章作业。

（3）预制构件生产企业宜成立劳务工管理小组,进一步提高劳务工队伍的整体管理水平,确保安全生产无事故目标。

（4）预制构件生产区域操作人员应配备合格劳动防护用品。所有人员进入生产区域必须佩戴好安全帽。

（5）行车及各类电气、机械设备必须严格执行操作规程,操作人员必须经过培训,非操作人员不得擅自使用。行车及各类电气、机械设备须定期检查和维护保养。

（6）预制构件生产企业应建立消防管理制度,成立消防领导小组,按规定配备消防器材和设施,并进行定期检查和维护。

（7）易燃、易爆品必须储存在专用仓库、专用场地,并设专人管理。仓库内应当配备消防力量和灭火设施,严禁在仓库内吸烟和使用明火。

（8）严格遵守安全用电规定,严禁私拉乱接生产用电,必须做到三级配电加两级保护。

（9）生产区域原材料堆放整齐,全部设置标识牌。现场不得放置与生产不相关的材料、设备及工具。

（10）预制构件起吊时,下方严禁站人,必须待吊物降落至离地 1 m 以内方准靠近,就位固定后方可脱钩。

8.2.5　生产管理系统

1.准备阶段的生产管理

1）熟悉设计图纸及预制计划要求

技术人员及项目部主要负责人应根据工地现场的预制件需求计划和预制件厂的仓存量确定预制构件的生产顺序及送货计划；及时熟悉施工图纸,及时了解使用单位的预制意图,了解预制构件的钢筋、模板的尺寸和形式,混凝土浇筑工程量及基本的浇筑方式,以求在施工中达到优质、高效及经济的目的。

2）人员配置与管理

预制构件品种多样,结构不一,应根据施工人员的工作量及施工水平进行合理安排,针对施工技术要求和预制构件任务紧急情况以及施工人员配备情况,适当调配施工人员进行钢筋加工、模板安装以及混凝土浇筑作业。要经常对全体员工进行产品质量、成本及进度重要性的教育,要有明确、严格的岗位责任制,要有严格的奖惩措施。

3）场地的布置设计

为达到预制构件使用要求、运输方便、统一归类以及不影响预制构件生产的连续性等要求,场地的平整及预制构件场地布置规划尤为重要。生产车间高度应充分考虑生产预制构件高度、模具高度及起吊设备升限、构件重量等因素,应避免预制构件生产过程中发生设备超载、构件超高不能正常吊运等问题。

2. 原材料的生产管理

原材料主要包括水泥、细集料、粗集料等。只有优质的原材料,才能制作出符合技术要求的优质混凝土构件。

1) 水泥

配制混凝土用水泥通常采用硅酸盐水泥、普通水泥、矿渣水泥、火山灰水泥、粉煤灰水泥五大品种。通常普通硅酸盐水泥的混凝土拌和料比矿渣水泥和火山灰水泥的工作性好。矿渣水泥拌和料流动性大,但粘聚性差,易泌水离析;火山灰水泥流动性小,但粘聚性最好。用矿渣水泥或火山灰水泥预制混凝土小型构件,易造成外表初始水分不均匀,拆模后颜色不匀,掺入的矿渣或火山灰在混凝土表面易形成不均匀花带、黑纹,影响构件外观质量。因此,预制混凝土构件时,尽量选用普通硅酸盐水泥。

选用水泥的标号应与要求配制的构件的混凝土强度相适应。水泥标号选择过高,则混凝土中水泥用量过少,影响混凝土的和易性和耐久性,造成构件粗糙、无光泽;如水泥标号过低,则混凝土中水泥用量过大,非但不经济,而且会降低混凝土构件的技术品质,使混凝土收缩率增大,构件裂纹严重。通常,配制混凝土时,水泥强度为混凝土强度的 1.5~2.0 倍。

2) 集料

集料分为细集料和粗集料。细集料应采用级配良好、质地坚硬、颗粒洁净、粒径小于 5 mm、含泥量小于 3% 的砂。进场后的砂应进行检验验收,不合格的砂严禁入场,检查频率为 1 次/100 m³。粗集料要求石质坚硬、抗滑、耐磨及清洁,并符合规范的级配。石质强度要不小于 3 级,针片状含量小于 25%,硫化物及硫酸盐含量小于 1%,含泥量小于 2%。碎石最大粒径不得超过结构最小边尺寸的 1/4。进场后应进行检查验收,检查频率为 1 次/200 m³。

3. 预制构件的施工工艺管理

1) 振捣

采用插入式振捣时,移动间距不应超过振捣棒作用半径的 1.5 倍,与侧模应保持最少 5 cm 距离;采用平板振动器时,移位间距应以使振动器平板能覆盖已振实部分 10 cm 左右为宜;采用振动台时,要根据振动台的振幅和频率,通过试验确定最佳振动时间。要掌握正确的振捣时间,振捣至该部位的混凝土密实为止。密实的标志是:混凝土停止下沉,不再冒出气泡,表面呈现平坦、泛浆。

2) 拆模

预制构件待混凝土达到一定的强度、保证棱角不被破坏时,方可进行拆模。拆模时要小心,避免外力过大损坏构件。拆模后构件若有少许不光滑,边角不齐,可及时进行适当修整。

3) 养护

拆模后要按规定进行养护,使其达到设计强度。避免因养护不到位造成浇筑后的混凝土表面出现干缩、裂纹,影响预制件外观。当气温低于 5 ℃ 时,应采取覆盖保温措施,不得向混凝土表面洒水。

混凝土预制构件的生产涉及多个方面,尤其需要注意的是细节处理,在工程施工中处理好了构件的生产管理问题,工程质量自然会有所提高。

课后习题

一、填空题

1.预制构件混凝土强度等级不宜低于_____;预应力混凝土结构的混凝土强度等级不宜低于_____,且不应低于_____。

2.接头试件应在标准养护条件下养护_____d。

3.预制构件起吊时,下方严禁站人,必须待吊物降落至离地_____m以内方准靠近,就位固定后方可脱钩。

二、简答题

1.简要回答试件的取样频率和数量应符合哪些规定。

2.简要回答资料管理的要求。

单元 9

PC安装与管线预埋

PC ANZHUANG YU GUANXIAN YUMAI

学习目标

知识目标：

1.掌握管线安装的方法。

2.掌握卫生间排水系统的施工方法。

3.熟悉机电安装操作要求。

4.了解附件施工的质量与安全要求。

能力目标：

1.能够在现场进行装配式建筑附件的搭接安装。

2.能够对装配式建筑的室内施工进行识图、绘图并根据图纸进行安装。

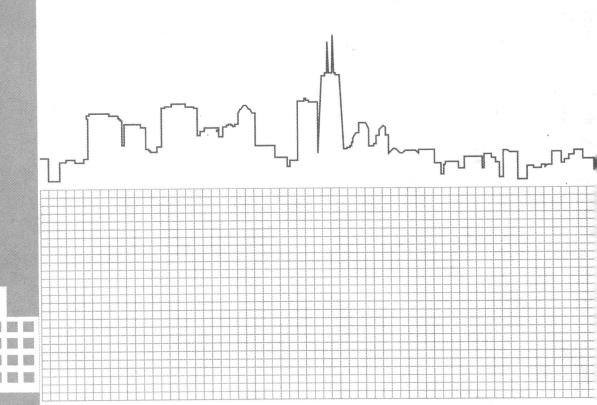

9.1 管线敷设与做法

（1）管线敷设必须横平竖直,设计尽可能减少弯曲次数。弱电线管应选用 TC 管（镀锌管）敷设,以防电磁干扰。

（2）PVC 灯头盒距管卡距离应≤200 mm,管卡与管卡的距离≤500 mm。现场弯管时根据管径选择助弯弹簧弯曲,转弯半径不应小于管径的 6 倍。转弯处的管卡间距应≤200 mm,管卡用 6 mm 尼龙膨胀螺管固定,禁用木榫替代。

（3）PVC 接线盒与线管用杯梳胶水连接。从接线盒引出的导线应用金属软管保护至灯位,防止导线裸露在平顶内,并按国标要求进行导线型号的选择。严禁双回路电线共用一根线管。

（4）PVC 接线盒盖板与金属软管需用尼龙接头连接。金属软管长度不得超过1000 mm。

（5）PVC 管道如遇交叉处,需要做过桥弯管,两边用管卡固定。

（6）导线穿管完毕后应用欧姆表进行通电绝缘测试。

管线敷设如图 9-1 所示。

图 9-1　管线敷设

9.2 卫生间排水系统

（1）卫生间排水系统施工要点:

先做好 JS 防水,在确保不渗漏的条件下,根据图纸确定马桶、地漏、台盆等立管的中心位置,然后按照立管进行排水管的固定。注意排水管道的坡度,避免泛水。然后在线管中间填补轻质材料,如珍珠岩之类。做完管道后应及时封闭管道口,避免杂物掉入管道内。

（2）配水点标高：

厨房水槽、台盆配水点标高为 550 mm,冷热出水口间距 200 mm;有橱柜的部位出水点应凸出墙面粉刷层 40 mm,其余出水点应与完成面平齐或低 5 mm 以内。浴缸水龙头配水点标高为 650～680 mm,坐标位置在浴缸中心线,冷热出水口间距 150 mm;坐便器、三角阀配水点标高为 150 mm;淋浴水龙头标高为 900 mm,冷热出水口间距 150 mm;莲蓬头出水点高度在 2000～2200 mm。洗衣机水龙头标高为 1100 mm;热水器配水点标高应低于热水器底部 200 mm,冷热出水口间距 180 mm;拖把池水龙头标高为 700～750 mm。

（3）管道安装完毕后按照国家标准进行试压测试。

卫生间排水系统如图 9-2 所示。

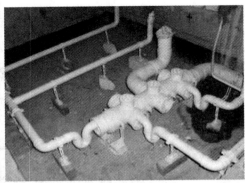

图 9-2　卫生间排水系统

9.3　机电安装操作要求

1. 施工操作控制要求

（1）人员的控制要求:专业管理人员必须具备相应的资质,并持证上岗。特殊工种人员必须持有效证件上岗。一般操作人员应经操作培训、考核后上岗。

（2）施工机械的控制要求:

a. 施工机械在进场前必须进行全面的检修,检修合格挂上设备完好卡后方可进场。

b. 施工机械实行定人、定机,专人操作、保养,并在设备上挂上机械管理卡。

c. 施工机械操作者必须持证上岗,在使用过程中必须严格按操作规程操作。

d. 现场配置专职机修工,对所有施工机械进行统一维修保养,从而确保施工机械的完好率。

2. 一般操作控制

（1）本项目一般过程指操作工艺较简单的过程,如设备、管道、电气、暖通、动力施工安装的全过程。

（2）由施工员按正确的施工技术对操作人员进行技术交底,由操作人员按交底的要求进行操作,在操作过程中的质量控制由班组长负责,并坚持"检查上道工序、保证本道工序、服务下道工序",使操作全过程处于受控状态。

(3)三检、三评:

a. 自检:由班组长按质量手册之"检验及试验程序"组织进行班组施工质量自检,上班进行交底,下班后对每一位操作工人每天施工全过程产品进行认真仔细的检查,并做好自检资料管理。

b. 互检:在工序交接时须坚持互检,互检由施工员会同质量员、班组长进行,合格后方可进行下道工序的施工,并做好记录。

c. 专检:公司质检部门与项目部技术负责人、质量员组织质检,相关施工员及班组长参加,进行质量检验。

d. 一评:分项工程完成后由施工员进行分项质量预检及填写分项质量检验评定表,由质量员组织评定,并核定等级。

e. 二评:单位工程由公司主任工程师组织质检部门、技术部门、项目经理部、技术负责人进行预检,进行分部工程质量评定,并及时填写分部工程质量评定表,并报送总包单位。

f. 三评:单位工程完工后的检验工作,邀请总包单位、建设单位和监理公司及当地工程质量监督站相关人员进行单位工程质量评定。

3. 关键部位操作要求

(1)关键部位操作指对本工程起决定作用的过程,如通风空调机、电气、弱电和自控系统等的安装调试。

(2)关键部位操作时,除向作业人员提供施工图纸、规范和标准等技术文件外,还需要专业的工艺文件或技术交底,明确施工方法、程序、检测手段,需用的设备和器具,以保证关键过程质量满足规定及投标书要求。

(3)专业工艺文件或技术交底由项目经理负责编制或收集,由施工员向作业人员进行书面交底,在施工过程中需指导监督文件执行。

(4)施工过程中由项目经理指定设备员负责施工机械设备的管理,并组织维护与保养,以确保施工需要。

(5)关键部位操作应具备的条件、试验、监控和验证与一般过程控制相同。

4. 特殊操作要求

特殊操作要求控制的环节有:

(1)给水、消防等管道的压力试验,污、废、雨水等管道的灌水试验,水冲洗,电气线路的绝缘测试,避雷接地、综合接地的电阻测试等,应会同建设单位、监理公司及相关单位共同检查验收。

(2)特殊操作,即过程的结果不能通过其后产品的检验和试验完全验证的过程。

(3)对特殊操作进行连续监控,对必要的参数加以记录标识和保存。

(4)采用 PC 新工艺、新技术、新材料和新设备施工时,按特殊操作要求进行连续监控。

课后习题

一、填空题

1.PVC 灯头盒与管卡的距离应不大于_____ mm,管卡与管卡的距离不大于_____ mm。

2.PVC 接线盒盖板与金属软管需用尼龙接头连接。金属软管长度不得超过_____ mm。

3.厨房水槽、台盆配水点标高为_____ mm,冷热出水口间距_____ mm。

二、简答题

1.简要回答施工机械的控制要求。